灾害预防与应急救援

（第二版）

主编 张 玲 付国庆 荣 爽 聂 磊
吕必华 王 飞 柳赟昊 曾 婧

编委（按姓氏音序排列）

付爱军（华中科技大学同济医学院附属荆州医院）
付国庆（武汉科技大学）
吕必华（武汉大学中南医院）
李文芳（武汉科技大学）
柳赟昊（武汉科技大学）
闵 洁（宜昌市疾病预防控制中心）
马 兰（武汉科技大学）
聂 磊（湖北省肿瘤医院）
荣 爽（武汉科技大学）
双超凡（武汉东湖新技术开发区公共卫生服务中心）
石玉琴（武汉科技大学）
王 飞（武汉市急救中心）
朱长才（武汉科技大学）
张宏伟（孝感市中心医院）
曾 婧（武汉科技大学）
张 玲（武汉科技大学）

图书在版编目(CIP)数据

灾害预防与应急救援/张玲等主编 .—2 版.—武汉:武汉大学出版社,
2020.9(2025.2 重印)
ISBN 978-7-307-21488-0

Ⅰ.灾… Ⅱ.张… Ⅲ.①灾害防治 ②突发事件—救援 Ⅳ.①X4
②X928.04

中国版本图书馆 CIP 数据核字(2020)第 070901 号

责任编辑:任仕元 责任校对:李孟潇 版式设计:马 佳

出版发行:**武汉大学出版社** (430072 武昌 珞珈山)
(电子邮箱:cbs22@ whu.edu.cn 网址:www.wdp.com.cn)
印刷:武汉图物印刷有限公司
开本:787×1092 1/16 印张:14 字数:332 千字 插页:1
版次:2017 年 9 月第 1 版 2020 年 9 月第 2 版
2025 年 2 月第 2 版第 7 次印刷
ISBN 978-7-307-21488-0 定价:40.00 元

前　言

有史以来，人类社会不断遭受着地震、水灾、海啸等各种自然灾害的严重破坏。即便是在人类文明高度发达的今天，人类在自然灾害面前仍显得无能为力，同时更面临战争、恐怖袭击、重大交通事故和各种生产安全事故等人为灾害的严重威胁。随着各种自然灾害和人为灾害在世界范围的频繁发生，国际减灾、救灾、消灾形势日益严峻。在灾害频发的背景下，我们应该怎么办？为了将灾害对人类生命、健康的伤害减小到最低程度，灾害预防和应急救援研究受到空前重视。大量的灾害应急救援实践证明，建立以急救医学、灾害医学、危害病监护医学为基础，融合灾害学、公共卫生与预防医学、社会学、生物医学工程等为一体的现代化灾害应急救援体系，有利于有效预防和应对灾害，并提高救援效率。

针对世界各国灾害事故频发和灾害严重危害公众健康的现状，为满足普通人群对临灾自救互救知识技能的需求，我们根据近十年来面向在校大学生开设灾害救援与防疫课程的教学经验，并结合目前我国常见的自然灾害和人为灾害类型，编写了《灾害预防与应急救援》教材。本教材共八章。第一章，灾害应急救援概述，重点介绍灾害的概念和分类、灾害造成的破坏与生命财产损失、灾害对人体健康的危害、灾害应急救援策略；第二章，突发性群体性伤害意外事件的应对与救援，讲述突发性群体性伤害事件的常见类型、对人体健康的危害、现场医疗救护及心理危机干预；第三章，地震救援与防疫，概述了地震发生后外伤应急处置和防疫工作；第四章，火灾逃生与施救，介绍火灾发生后如何逃生与施救；第五章，户外探险生存训练与事故救援，总结野外探险的生存训练、野外探险事故发生类型和营救措施；第六章，溺水事故及紧急救援技巧，重点讲述溺水事故发生后紧急救援技巧；第七章，急性化学中毒损伤的应急处理；第八章，暴雨后的各种生活自救常识。

本书在编写过程中得到了武汉科技大学、武汉大学中南医院、武汉市急救中心等单位的大力支持，各位作者还参阅了国内外大量文献资料，付出了辛勤劳动，在此一并致以谢意，并对所参考文献的作者表示衷心的感谢！

由于编写人员的水平有限，书中可能存在差错和失误，恳请读者批评指正！

张玲

2017 年 7 月

再版前言

有史以来，人类社会不断遭受着地震、水灾、海啸等各种自然灾害的严重破坏，也经历着日益增多的重大传染病疫情的挑战，更面临着战争、恐怖袭击、重大交通事故和各种生产安全事故等人为灾害的严重威胁。即便是在人类文明高度发达的今天，人类在各种复杂、不确定的灾害面前仍然显得那么渺小、那么猝不及防和避之不及。这种灾害威胁不断升级与应对能力不足之间的矛盾也对国际减灾、救灾、消灾形势提出了严峻的考验。大量的灾害应急救援实践证明，建立以急救医学、灾害医学、危重症监护医学为基础，融合灾害学、公共卫生与预防医学、社会学、生物医学工程等为一体的现代化灾害应急救援体系，有利于有效预防和应对灾害，并提高救援效率，将灾害对人类生命健康的伤害减小到最低程度。

针对世界各国灾害事故频发和灾害严重危害公共健康的现状，为满足普通人群对临灾自救互救知识技能的需求，我们根据近十年来面向在校大学生开设“灾害救援与防疫”课程的教学经验，并结合目前我国常见的自然灾害、人为灾害和突发公共卫生事件类型，编写了《灾害预防与应急救援(第二版)》。本教材共九章。第一章，灾害应急救援概述，重点介绍灾害的概念和分类、灾害造成的生态破坏与生命财产损失、灾害对人体健康的危害、灾害应急救援策略；第二章，突发性群体性伤害意外事件的应对与救援，讲述突发性群体性伤害事件的常见类型、对人体健康的危害、现场医疗救护及心理危机干预；第三章，地震救援与防疫，概述了地震发生后外伤应急处置和防疫工作；第四章，火灾逃生与施救，介绍火灾发生后如何逃生与施救；第五章，户外探险生存训练与事故救援，总结野外探险的生存训练、野外探险事故发生类型和营救措施；第六章，溺水事故及紧急救援技巧，重点讲述溺水事故发生后的紧急救援技巧；第七章，急性化学中毒损伤的应急处理；第八章，暴雨后的生活自救常识；第九章，新型冠状病毒引起的肺炎的防控。

本书在编写过程中得到了武汉科技大学、武汉大学中南医院、湖北省肿瘤医院、武汉市急救中心等单位的大力支持，各位作者还参阅了国内外大量文献资料，付出了辛勤劳动，在此一并致以谢意，并对所参考文献的作者表示衷心的感谢！

由于编写人员的水平有限，书中可能存在差错和失误，恳请读者批评指正！

张玲

2020 年 7 月

目　录

第一章 灾害应急救援概述

第一节 灾害的概念和分类

一、灾害的概念及特点

灾害是指任何能引起设施破坏、经济严重受损、人员伤亡、健康状况及卫生服务恶化的事件。联合国“国际减灾十年”专家组定义自然灾害为：“自然灾害是一种超出受影响社区现有资源承受能力的人类生态环境破坏。”除地震、洪灾、蝗灾等自然灾害外，越来越多的人为灾害亦可造成生态破坏、人员伤亡、社会动荡和经济严重损失，如近年来突发性群体事件、火灾、矿难等人为灾害频繁发生，除了给人们带来严重的生命财产和身体健康危害之外，也引起了较大范围的社会动荡和严重的经济损失。因此，灾害包括一切对自然生态环境、人类社会的物质和精神文明建设，尤其是对人们的生命财产和身心健康造成危害的天然事件和人为事件。

局部的、轻微的生态平衡失调尚不构成灾害，如果危害从局部和轻微进一步扩张和发展，造成较大范围和严重的生态破坏即演变成灾害。轻微的地壳运动随时随地在发生，只有当地壳运动导致地震达到较高级别，造成大量房屋倒塌、山体滑坡、交通阻塞等生态破坏，才成为地震灾害；蝗虫虫害现象在自然界广泛存在，当蝗虫大量繁殖、大面积传播并毁损农作物，造成较大范围饥荒时，即成为蝗灾；现实社会中，小范围的矛盾冲突时有发生，但不构成人为灾害，只有针对群体制造的恐怖袭击和不同地区或国家之间的战争等事件才成为人为灾害；生活中传染病散发随时存在，计算机病毒偶尔也会在某台计算机中出现，但这些情形不能被称为灾害，只有当传染病爆发流行或计算机病毒大面积传播，对公众生命健康安全、正常生活秩序造成巨大危害时，才可酿成突发公共卫生事件或突发公共事件。

灾害的发生和发展常常表现出突发性、群体性、严重性、衍生性和不可预测性等特点，研究灾害发生发展的特征和规律，制订灾害应急救援预案，指导政府、专业机构、社会公众有效预防和控制灾害发生发展造成的损失，成为防灾减灾工作的关键。

灾害形成的过程有长有短，有缓有急。有些自然灾害，当致灾因素的变化超过一定强度时，就会在几天、几小时甚至几分钟、几秒钟内表现为灾害行为，如地震、洪水、飓风、风暴潮、冰雹等，这类灾害属于突发性自然灾害。旱灾以及农作物和森林的病、虫、草害等，虽然一般要在几个月的时间内才能成灾，但灾害的形成和结束仍然比较快速、明显，也属于突发性自然灾害。虽然人为灾害中的突发性群体事件、战争等发生有前期准备过程，但事件发生往往非常突然，特别是受害公众完全没有应对灾害发生的应急准备。另外，还有一些灾害是在致灾因素长期发展的情况下，逐渐成灾的，如土地沙漠化、水土流失、环境恶化等，这类灾害通常要几年或更长时间的发展，故表现为缓发性灾害。

灾害可导致较大范围社区公众的身心危害，表现为群体性事件。自然灾害中的地震、海啸、泥石流可能危及一个村落、一个乡镇、一个县市，甚至危及更大范围地区的人群。恐怖袭击、踩踏事件、战争等人为灾害亦会导致众多人员伤亡。截至2008年9月18日12时，汶川大地震共造成69 227人死亡，374 643人受伤，17 923人失踪，是中华人民共和国成立以来破坏性最强、波及范围最广、灾害损失最大的一次地震灾害，也是唐山大地震后伤亡最严重的一次地震。① 在各种踩踏事故中，最常见的是进入型恐慌，即人们为了一个共同的目标走到一起。比如，重庆家乐福踩踏事件、宁夏北大寺踩踏事故、穆斯林朝觐踩踏事件等，当大家都在关注一个目标时，人群密度就在不知不觉中达到危险的程度，这时候一声大喊、一人摔倒、一句谣言等，都可能会引发连锁反应，造成人群的踩踏。发生在2015年9月24日的沙特阿拉伯圣城麦加朝觐者踩踏事件，至少导致1 300人死亡，这是沙特自1990年以来死伤最为严重的一次踩踏事故。②

灾害的严重性主要表现为生态破坏、生命财产损失和社会动荡。切尔诺贝利核事故，是一件发生在苏联时期乌克兰境内的切尔诺贝利核电站的核反应堆事故。该事故被认为是历史上最严重的核电灾害，也是首例根据国际核事件分级表被评为第七级事件的特大事故。1986年4月26日，该核电站的第4号核反应堆发生爆炸，据估算，这次灾难所释放出的辐射剂量是二战时期爆炸于广岛的原子弹的400倍以上。事故导致31人当场死亡，上万人由于放射性物质远期影响而患重病甚至死亡。如今，三十多年过去了，仍有因为受核辐射影响而导致的畸形胎儿出生。此次事故也间接导致了苏联的解体，解体后独立的国家包括俄罗斯、白俄罗斯及乌克兰等每年仍然需投入大量经费与人力致力于灾难的善后以及居民健康保健。由该事故而导致的直接或间接死亡人数难以估算，且事故的长期影响到现在仍是个未知数。③

灾害的衍生性包括自然灾害导致的生态破坏、衍生传染病的流行。此外，因为灾害场景对灾民、救灾人员和社会公众的影响，可衍生灾害心理危机及疾患。鼠疫原发于鼠疫自然疫源地中的啮齿类动物之间，主要通过鼠蚤叮咬传播给人类，另外人的破损皮肤黏膜与患病啮齿动物的皮肤、血液接触也可以发生感染。鼠疫是《中华人民共和国传染病防治法》中界定的甲类传染病。2008年5月12日，四川省汶川地区的大地震直接破坏了当地的基本生活设施，并造成了大量的人员伤亡。地震波及的甘肃、青海、云南、贵州等地区都分布有鼠疫疫源地。地震使环境遭到严重破坏，人接触疫源地动物及媒介的概率增大，

---

① 科技部社会发展科技司，中国21世纪议程管理中心．汶川特大地震科技抗震救灾实录[M]．北京：科学出版社，2012.

② 沙特阿拉伯麦加朝觐者踩踏事件．http://world.people.com.cn/n/2015/0924/c157278-27631051.html(人民网).

③ 切尔诺贝利事故．https://dy.163.com/article/EGP731PQ05370IFM.html.

存在鼠疫流行的风险。为保证震灾之后无大疫，国家和地方传染病防治机构制订了切实可行的地震灾区鼠疫防治方案。水灾后可能会出现经肠道感染的传染病有细菌性痢疾、伤寒、副伤寒、霍乱、甲型肝炎，以及经皮肤感染的钩端螺旋体病，经蚊子传播的疟疾、乙型脑炎，经呼吸道感染的上呼吸道感染等传染病。由灾害衍生的心理危机和生理疾患也较常见，如2014年马来西亚航空公司飞机失联灾害事故，家属要面对的不只是悲痛，还有未知带来的焦虑和恐惧。因该事件没有定论，从心理学上讲，家属会更多地停留在否认期和愤怒期，长期处于等待结果的状态会导致身心疲惫，出现焦躁不安、愤怒、敌意、抑郁等负面情绪，睡眠和饮食也会受到影响，一些原本就健康欠佳的家属更是会因此诱发诸多身体上的疾病。

灾害的特点还表现为不可预测性。到目前为止，世界各国还不能及时准确地预测地震发生的时间、地点和危害程度。恐怖袭击是世界性灾难，目前，世界各国已加大力度监测不同类型的恐怖袭击活动，但频繁发生的恐怖袭击事件仍呈现增多趋势。虽然灾害难以预测，但可以通过分析自然灾害发生的规律和特征，探讨人为灾害产生的原因和流行病学分布，做好各类灾害发生发展的预防和控制方案，尽可能将灾害的危害降到最低程度。

二、灾害的分类

灾害与人类诞生、发展相伴随，人类的发展史即是与灾害抗争的历史。一次行星的坠落、星系变化，以及地球自身的反应，可导致局部和全球性灾害。人类对自然资源争夺、对自然界过度开发，以及生态平衡破坏，也可导致灾害的发生或加重灾害的危害程度。根据灾害发生的性质，可将灾害分为战争和突发公共事件。按照灾害的诱发因素，可将灾害相对分为自然灾害与人为灾害。

1. 战争

战争是一种集体的和有组织的互相使用暴力的行为。战争是不同地区、不同种族之间争夺资源的暴力行为，无论是在石器时代、冷兵器时期、火炮战争时期还是现代信息化战争时期，战争都会导致人员的大量伤亡、财产的重大损失和生态的严重破坏，特别是近代和现代战争中出现了大量的化学性、生物性甚至核辐射武器，这些武器不仅导致急性的群体性危害，还会导致长期的环境污染和生物远期危害。战争是最大的人为灾害，人类越来越认识到战争的残酷性、破坏性甚至毁灭性。自有记载以来，世界范围内先后发生过上万次战争，这些战争作为阶级社会掠夺与反掠夺、压迫与反压迫、侵略与反侵略、争霸与反争霸、扩张与反扩张的工具，造成了大量人员伤亡和财产损失，成为人类社会一次次灾难深重的记忆。

1939年9月1日至1945年8月15日的第二次世界大战，从欧洲到亚洲，从大西洋到太平洋，先后有61个国家和地区、20亿以上人口卷入。据不完全统计，战争造成军民伤亡9 000余万人，经济损失达4万多亿美元。①

1941年太平洋战争爆发，空袭日本成为美国重要的战略战术之一，东京是美国空袭

① 军事科学院．第二次世界大战史（五卷本）[M]．北京：军事科学出版社，2015.

的首选目标。在美军的轮番轰炸下，这座繁华的城市变得满目疮痍，曾经为日军轰炸南京、重庆、珍珠港、马尼拉等城市和地区而欢呼的日本人也尝到了战争灾难的滋味。1945年3月10日，美军开始地毯式轰炸，当天大约有7.7万具死尸被临时掩埋在公园、寺院、学校等70多个场地。当时东京警视厅公布的资料是有8.7万人死亡，4.1万人受伤。而真实的数字为：16平方公里的范围被夷为平地，13万人死亡，10多万人受伤，27万座房屋被毁，百余万人受灾。8月6日，美军为了尽快结束太平洋战争，向广岛投下原子弹，最初的调查统计数目是死68 870人，伤72 880人，但后来的估计是有14余万人直接死亡。原子弹加快了实现和平的步伐，但从此，人类的和平又遭遇到核武器的威胁。

1980年9月，在猛烈的空军火力和地面炮火的掩护下，10万伊拉克陆军在长达480公里的边境地带向伊朗发起进攻。伊朗军队虽然一时出现慌乱和退却，但迅速调兵遣将，组织抵抗，有效阻滞了伊拉克军队的攻势。进入10月后，战争进入僵持状态。就这样，两伊战争持续了长达8年，双方死亡100余万人、伤残170余万人，伤亡人数约占两国人口总数的4.5%。战争期间，两伊共耗资5 000亿美元。仅以可计算的经济损失为例，伊朗的经济损失达3 500亿美元，相当于伊朗12年的国民生产总值。战争给伊拉克带来的是相同结局，战争不仅打光了伊拉克全部的外汇储备，而且还背上了800亿美元的外债。战争使得两个原本殷实阔绰的中东富国变成了满目疮痍的穷国。①

2. 突发公共事件

日本群岛地处亚欧板块和太平洋板块的交界地带，即环太平洋火山地震带，火山、地震活动频繁，危害较大的地震平均3年就要发生1次。

1923年9月1日，东京发生里氏7.9级地震，造成142 807人死亡。

1927年3月7日，西部京都地区发生里氏7.3级地震，造成2 925人死亡。

1933年3月3日，本州岛北部三陆发生里氏8.1级地震，造成3 008人死亡。

1943年9月10日，西海岸鸟取县发生里氏7.2级地震，造成1 083人死亡。

1944年12月7日，中部太平洋海岸发生里氏7.9级地震，造成998人死亡。

1945年1月13日，中部名古屋附近三川发生里氏6.8级地震，造成2 306人死亡。

1946年12月21日，西部大面积地区发生里氏8.0级地震，造成1 443人死亡。

……

1995年1月17日，西部神户及附近地区发生里氏7.3级地震，造成6 437人死亡或失踪。

2004年10月23日，中部新潟发生里氏6.8级地震，造成67人死亡。

2007年7月16日，新潟海岸地区发生里氏6.8级地震，造成至少9人死亡，1 000多人受伤。

2011年3月11日，日本东北部发生里氏9.0级地震，震中位于宫城县以东太平洋海域，震源深度10公里。

……

① 王宇博，张嵩. 和平之殇 人类历史上的战争灾难[M]. 南京：南京出版社，2006.

世界范围内的公路交通运输工具种类繁多，数量极大，而公路状况一般都不尽如人意。各种类型的汽车拥挤于窄小、弯曲、崎岖不平的公路上，争先恐后，你追我赶，极易发生撞车、翻车等事故。此外，驾驶人员技术水平的低下、体能状况的反常(如酗酒、疲劳、性格暴躁)也容易导致车祸的发生。在恶劣的气象条件下，发生车祸的可能性更大。即使是在设施齐全、标准化程度高、管理严格的高速公路上，也经常由于天气状况的恶劣、机械故障或驾驶人员和管理人员的操作与指挥失误而发生汽车翻车、撞车事故。

近年来，因汽车数量的猛增，汽车交通事故发生率呈直线上升趋势，全世界每年因车祸造成的死亡人数都在 30 万以上，因交通事故而负伤致残的人则更多。公路交通事故灾害造成的人员伤亡是最严重的。就交通死亡率而言，发达国家远低于不发达国家。但是，因发达国家汽车数量很大，其总事故数也相当多，交通灾害死亡人数亦很多。除公路交通事故外，铁路交通事故报道也是屡见不鲜。2011 年 7 月 23 日 20 时 34 分，北京南到福州南的 D301 次动车与杭州到福州南的 D3115 次动车发生追尾，事故造成 35 人遇难，192 人受伤，132 人住院。

航空交通受到气象状况的极大限制，同时，它对驾驶人员和管理人员的技术水平及飞行器机械性能的稳定性要求极为严格。天气状况的突变、飞行器的微小故障、驾驶人员与管理人员体能状况的反常都极易造成空难的发生。

目前，飞机越来越趋向大型化，这使得每一次空难造成的人员伤亡越来越多。2014 年全球发生大型空难造成的人员伤亡和财产损失让人触目惊心。2014 年 3 月 8 日，搭载 239 人、从吉隆坡飞往北京的马来西亚航空公司 MH370 航班失去联系，239 名乘客至今下落不明，[①] 空难造成航空公司经济损失数亿美元，马来西亚航空公司重组，裁员6 000余人。2014 年 7 月 17 日，马来西亚航空公司 MH17 航班由阿姆斯特丹飞往吉隆坡，途中在乌克兰顿涅茨克附近坠毁，机上 283 名乘客和 15 名机组成员全部罹难。[②] 2014 年 7 月 23 日，中国台湾地区复兴航空公司 GE222 航班，由高雄飞往澎湖马公，疑似因为台风影响，气候不佳，紧急迫降失败，坠毁在马公机场附近的湖西乡西溪村 62 号空地，造成 48 人死亡，10 人受伤，另外波及附近 11 栋民宅，引发火灾，造成 5 人轻伤。[③] 2014 年 7 月 24 日，阿尔及利亚航空公司 AH5017 航班从非洲布基纳法索首都瓦加杜古起飞 50 分钟后失联，随后确定坠毁于尼亚美，这架飞机原定从瓦加杜古飞往阿尔及利亚首都阿尔及尔，机上 118 人全部罹难。[④]

从人类开始接触并利用海洋资源，海难即不断发生。到了近代，大型和特大型船只成为航海的主要工具，每一次海难的发生都造成十分严重的后果。

20 世纪最为惨烈的海难是泰坦尼克号事件。1912 年 4 月 14 日深夜，号称“不沉之船”的奢华邮轮泰坦尼克号在北大西洋撞上冰山，于 2 个多小时之后，当地时间 15 日凌晨 2 点 20 分，载有2 207名乘客和工作人员的泰坦尼克号沉没，海难导致1 517人遇难。

---

① 马航 MH370 客机事件专题. http://cs.mfa.gov.cn/gyls/lsgz/ztzl/mhkjsl/default_1.shtml.

② http://www.chinanews.com/gj/2019/08-01/8913754.shtml.

③ http://china.cnr.cn/yaowen/201407/t20140724_516025948.shtml.

④ http://world.chinadaily.com.cn/2014-07/24/content_17917603.htm.

1987年12月20日,在菲律宾首都马尼拉以南海域,严重超载的渡轮多拉·帕兹号与维克托号油轮全速相撞,引起剧烈爆炸和大火,两艘轮船都沉入海底,造成3 000余人死亡。

2014年4月16日上午8时58分,一艘载有462名乘客的SEWOL号客轮(6 825吨级)在韩国全罗南道珍岛郡屏风岛以北20公里海域发生浸水事故。这艘客轮于4月15日21时从仁川港出发,在驶往济州岛的途中发生事故。乘客中有325名京畿道安山市檀园高中的学生和15名教师。截至北京时间4月17日21时,客轮发生海难时174人获救,4人证实死亡,284人失踪。①

矿难是由于安全生产管理缺位而引发的人为灾害,矿难事故造成矿工高死亡率,给职工生命健康和企业经济造成巨大损失。如2013年3月11日13时43分,黑龙江龙煤矿业集团股份有限公司鹤岗分公司振兴煤矿发生一起重大溃水事故,死亡18人,直接经济损失2281万元。②

在人类利用核能伊始,核污染事件即接连不断地发生。随着核能的广泛利用和核电站的日益增多,人类暴露于放射性物质的风险也在增加,核爆炸和核燃料泄漏有可能成为未来人类社会面临的一种主要灾害。日本福岛核电站是目前世界上最大的核电站,日本经济产业省原子能安全和保安院2011年3月12日宣布,受9级特大地震影响,福岛第一核电站的放射性物质发生泄漏。2011年4月11日16点16分福岛再次发生7.1级地震,日本再次发布海啸预警和核泄漏警报。受大地震影响,福岛第一核电站损毁极为严重,大量放射性物质泄漏到外部,给日本和周边国家居民造成巨大核辐射威胁。③

1945年夏,日本败局已定,但日本在冲绳等地的疯狂抵抗导致了大量盟军官兵伤亡。当时美军已经制订了在九州和关东地区登陆的"冠冕"行动和"奥林匹克"行动计划,出于对盟军官兵生命的保护,为尽快迫使日本投降,并以此抑制苏联,美国总统杜鲁门和军方高层人员决定在日本广岛、长崎投掷原子弹以加速战争进程。原子弹在广岛爆炸后尸横遍野,强烈的光波使成千上万人双目失明;6千多度的高温把一切都化为灰烬;放射雨使一些人在以后20年中缓慢地走向死亡;冲击波形成的狂风,把周围所有的建筑物摧毁殆尽。处在爆心极点的人和物,像原子分离那样分崩离析。离爆心远一点的地方,可以看到在刹那间被烧毁的人体的残骸。在更远一些的地方,有些人虽侥幸存活,但身体却受到了重创。④

大规模核战争不仅有可能使人口大量死亡,还会对全球气候和生态系统产生影响。有关预测和研究表明,多枚核弹爆炸产生滚滚浓烟,能使大量微尘上升到对流层的中上层,并在那里维持长达数周或更长的时间,截断大部分射向地面的阳光,使地面处于黑暗之中,同时,地表温度将急剧下降,给地球上的一切生命带来灾害性的后果。

2001年9月11日上午,两架被恐怖分子劫持的民航客机分别撞向美国纽约世界贸易

---

① http://bj.people.com.cn/n/2014/0417/c233087-21013342.html.

② http://www.chinacoal-safety.gov.cn/zfxxgk/fdzdgknr/sgcc/sgbg/202004/t20200422_350727.shtml.

③ 日本福岛核事故全解读. http://www.chinadaily.com.cn/hqzx/2011rbddz/2011-03/18/content_12192513.htm(中国日报网国际频道).

④ http://www.chinanews.com/m/gj/2018/08-06/8590371.shtml.

中心一号楼和二号楼，两座建筑在遭到攻击后相继倒塌，世界贸易中心其余5座建筑物也受震而坍塌损毁；9时许，另一架被劫持的客机撞向位于美国华盛顿的美国国防部五角大楼，导致五角大楼局部结构损坏并坍塌。“9·11”事件是发生在美国本土最严重的恐怖袭击行动，遇难者总数高达2 996人。联合国发表报告称，此次恐怖袭击造成美经济损失达2 000亿美元，相当于当年生产总值的2%，此次事件对全球经济所造成的损害甚至达到1万亿美元左右，而更为可怕的是，事件造成了公众长期的心理危机和世界各国反恐负担。

2014年3月1日21时许，我国云南昆明火车站广场发生蒙面暴徒砍人事件，10余名统一着装的暴徒蒙面持刀在火车站广场、售票厅等处砍杀无辜群众。截至2日6时，已造成29人死亡、130余人受伤。①

突发公共卫生事件是突发公共事件中的另一类常见灾害，是指突然发生的，造成或可能造成公众健康严重危害的重大传染病疫情、各类中毒事故和其他引起公众健康危害的事件。

近年，新发传染病疫情等突发公共卫生事件频发，对世界范围内公众健康造成严重危害，引起巨大经济损失，甚至影响社会正常秩序。

SARS(Serious Acute Respiratory Syndrome)是指严重急性呼吸系统综合征，也称为非典型肺炎(非典)。SARS于2002年11月16日在中国广东顺德首发，并扩散至东南亚乃至全球，直至2003年中期疫情才被逐渐消灭，是一次全球性传染病疫情。2003年4月16日，世界卫生组织正式确认非典病原体是变种冠状病毒，以前从未在人类身上发现。2002年11月16日至2003年7月31日，26个国家和地区报告SARS临床诊断病例8 098例，死亡774例，病死率9.56%；② 中国大陆和香港、澳门、台湾地区共发病7 748例，死亡685例，分别占全球总数的95.68%和88.50%，病死率为8.84%。③ 突发的非典疫情造成我国疫情地区居民抢购食醋、板蓝根、口罩等物品，疫情地区学校停课，国内取消五一黄金周假期。非典严重影响社会秩序，对国民经济短期内造成较大影响。初步估计，疫情带来的全球经济损失已达上千亿美元，尤其是亚洲的经济增长受到威胁，对旅游业和贸易影响巨大。中国内地直接经济损失约22亿美元，香港地区约17亿美元；印度尼西亚约4亿美元，韩国约20亿美元，马来西亚约6.6亿美元，新加坡约9.5亿美元，日本约11亿美元。

埃博拉疫情是自2014年2月开始爆发于西非的大规模病毒疫情。截至2014年12月17日，世界卫生组织发表数据显示，在埃博拉疫情肆虐的利比里亚、塞拉利昂和几内亚三国感染病例(包括疑似病例)已达19 031人，其中死亡人数达7 373人④。研究成果显示，此轮在西非爆发的埃博拉疫情很可能源于一名生活在几内亚的已经去世的两岁“小病人”，其生前曾被感染埃博拉病毒的果蝠叮咬。在被果蝠叮咬后，这名两岁的幼儿开始发烧，排

---

① 昆明火车站暴力恐怖事件直击. http://politics.people.com.cn/n/2014/0302/c1001-24502831.html.

② 胡志红. SARS研究回顾. 湖北省遗传学会代表大会暨学术讨论会，2004.

③ WHO：2002年11月1日至2003年7月31日SARS病例数[J]. 药物不良反应杂志，2003，5(5)：290-291.

④ 世卫组织称埃博拉病毒已致全球7 388人死亡.http://news.qq.com/a/20141221/012739.htm.

出黑色的粪便并且呕吐。研究人员认为其是“零号”病人。此名幼儿在发病 4 天后，于 2013 年 12 月 6 日死亡。研究人员事后追溯了这名幼儿的家族，发现了一系列感染埃博拉病毒的连锁反应。该名幼儿于 12 月 6 日死亡后，其 3 岁的姐姐也在 12 月 29 日死亡，并且症状也表现为发热、呕吐等。幼儿的祖母后来也有同样症状，并于 2014 年 1 月 1 日死亡。幼儿一家所在的村庄位于几内亚南部靠近塞拉利昂与利比里亚的边境地区，而就在几名村庄外部的人员参加了幼儿祖母的丧礼后，也陆续出现了感染症状。由于埃博拉病毒随着参加过葬礼的人越传越远，疫情范围越来越大。

此次埃博拉疫情除造成公众感染死亡外，还严重影响了社会生活的各个方面。2014 年 7 月 28 日，尼日利亚阿里克航空公司宣布，将暂停所有飞赴利比里亚和塞拉利昂的直航。2014 年 7 月 29 日，经营泛非洲航空运营业务的 ASKY 航空公司宣布，为防止埃博拉病毒在西非的进一步传播，暂停所有进出塞拉利昂首都弗里敦和利比里亚首都蒙罗维亚的航班。2014 年 8 月 27 日，法国航空公司宣布，鉴于塞拉利昂爆发的埃博拉疫情，法航决定采纳法国政府的建议，从 28 日起“暂时取消”巴黎至塞拉利昂首都弗里敦的航班。

2014 年 8 月 26 日，世界卫生组织表示，埃博拉疫情爆发后，已经有超过 240 名医护人员被感染，并造成至少 120 名医护人员死亡。医护人员的高感染率来自医护人员的防护用品短缺和防护措施不当；医护人员严重不足，导致他们必须超时工作也是主要原因之一。世界卫生组织估计，在 3 个疫情严峻的国家，每 10 万人仅有 1～2 名医师，而这些医师多半集中在城市地区。

此外，埃博拉疫情致相关国家经济受创和食品短缺。2014 年 8 月 26 日非洲开发银行总裁唐纳德·卡贝鲁卡接受媒体采访时表示，有史以来最为严重的埃博拉疫情爆发导致非洲西部地区经济遭受了巨大的损失。由于外资撤离、商业项目取消，预计西非经济将骤降 4%。几内亚、利比里亚、塞拉利昂几国刚从军事、政治危机中开始恢复，却又遭遇埃博拉疫情，各国的农业生产受到很大影响，并可能导致一场粮食危机。此外，边境的封闭将增加各国间贸易成本，钻石贸易也已经停滞，如果整个非洲关闭边境的国家数量逐渐增加，长期来看将打击整个非洲经济。当时世界银行报告称，随后两年时间内由埃博拉疫情引发的经济损失将高达 320 亿美元。报告指出，利比里亚、塞拉利昂和几内亚三国已经由于疫情爆发而蒙受了严重的经济损失。据统计，农业带来的经济价值分别占到三国 GDP 总量的 39%、57%和 20%，每年的 9 月和 10 月是当地水稻和玉米的收获时节，但由于担心疫情蔓延，各地开始实行宵禁政策，食品运输也因此受到限制。2014 年 9 月 2 日，联合国粮食及农业组织表示，西非利比里亚、塞拉利昂及几内亚三国因埃博拉疫情肆虐导致劳工短缺及贸易中断，正在面临粮食短缺及价格暴涨的人道主义危机。利比里亚首都蒙罗维亚粮价暴涨，有民众花去全部收入的八成购买粮食。几内亚、利比里亚和塞拉利昂均为谷物净进口国，其中利比里亚对外部供应的依赖程度最高。一些边境口岸的关闭和三国交界地区被隔离，以及作为大规模商业进口主要渠道的港口贸易不断减少，都导致了粮食供应紧张和粮食价格大幅提升。2014 年 10 月 8 日，联合国粮食及农业组织的评估显示，在塞拉利昂，47%的受访者表示，埃博拉疫情极大地破坏了他们的农业生产活动。在利比里亚受影响最大的农业县洛法，包括食品在内的商品价格涨幅仅在 8 月份就从 30%增至 75%。世界粮农组织首席兽医官胡安·卢布罗夫说，控制埃博拉疫情的措施，包括封锁道路并使道路在警方或军方的监控之下，使得农民可能无法到农田里去收割、耕种。此外，许多集市也关闭了，人们无法销售或购买粮食。

新型冠状病毒引起的肺炎是近百年来人类遭遇的影响范围最广的全球性大流行病，对全世界是一次严重危机和严峻考验。新冠肺炎疫情也是中华人民共和国成立以来发生的传播速度最快、感染范围最广、防控难度最大的一次重大突发公共卫生事件，自 2019 年 12 月 27 日湖北省武汉市监测发现不明原因肺炎病例起，截至 2020 年 5 月 31 日 24 时，我国 31 个省、自治区、直辖市和新疆生产建设兵团累计报告确诊病例83 017例，累计治愈出院病例78 307例，累计死亡病例4 634例，治愈率约 94. 3%，病亡率约 5. 6%。面对突发疫情侵袭，在以习近平同志为核心的中共中央坚强领导下，中国把人民生命安全和身体健康放在第一位，统筹疫情防控和医疗救治，采取最全面最严格最彻底的防控措施，前所未有地采取大规模隔离措施，前所未有地调集全国资源开展大规模医疗救治，不遗漏一个感染者，不放弃每一位病患，实现“应收尽收、应治尽治、应检尽检、应隔尽隔”，遏制了疫情大面积蔓延，改变了病毒传播的危险进程。①

3. 自然灾害

根据灾害成因，可将灾害分为自然灾害和人为灾害。自然灾害与人为灾害的分类只是相对的，许多灾害成因包含有自然因素和人为因素的综合作用。如火灾发生既有自然因素又有人为因素的作用。由于人类过度采伐资源和安全管理缺位，加之自然界的雨水、地下水、瓦斯气体作用，近年多发洪灾、泥石流、矿难等灾害，这些灾害的发生也包含人为因素和自然因素的双重作用。

自然灾害是指人类社会目前不能或难以支配和操纵的，自然界物质运动过程中具有破坏性的自然力，通过非正常的能量释放而给人类造成的危害事件。如大气层中气温和水汽成分的异常变化，可导致龙卷风、洪灾、雪灾、海啸、沙尘暴等极端气象灾害。当地壳运动引起地壳岩层断裂错动时，地壳快速释放能量可造成地震灾害。常见自然灾害包括气象灾害、地震灾害、海洋灾害、洪水灾害、地质灾害、生物灾害等。

我国是世界上自然灾害发生最为严重的地区之一，干旱、洪涝、台风、冰雹、雪灾、地震等都是我国常见的自然灾害。据统计，我国每年受灾人群约 2 亿人，因灾伤亡 2 万人左右。

近半个多世纪以来，我国各类自然灾害频发，其中以水灾和地震灾害最为常见。

1950 年 7 月，淮河大水，淮河流域全面告急，河南、皖北许多地方一片汪洋，洪水淹没土地3 400余万亩，1 300余万人受灾。1954 年 7 月，长江、淮河大水，长江中下游、淮河流域降水量普遍比常年同期偏多一倍以上，致使江河水位猛涨，汉口长江水位高达 29. 73 米，较历史最高水位的 1931 年高出 1. 45 米，洪水淹没农田 4 755万亩，1 888万人受灾，财产损失在 100 亿元以上。

1963 年 8 月上旬，河北省连续 7 天下了 5 场暴雨，其中，内丘县樟狐公社降水量达

① 中华人民共和国国务院新闻办公室：《抗击新冠肺炎疫情的中国行动》白皮书，2020-06-07. http：//www. scio. gov. cn/zfbps/32832/Document/1681801/1681801. htm.

2 050毫米。暴雨淹没 104 个县市7 294万亩耕地，致水库崩塌，桥梁被毁，京广线中断，2 200余万人受灾，直接经济损失达 60 亿元。

1975 年 8 月，7503 号台风在福建登陆，经江西南部、湖北，5 至 7 日在河南省伏牛山麓停滞和徘徊 20 多个小时，三天降水量达1 605毫米，使汝河、沙颍河、唐白河三大水系各支流河水猛涨，漫溢决堤，板桥、石漫滩水库垮坝失事，造成毁房断路、人畜溺毙，洪灾直接导致 10 多万人死亡，洪水引起的次生灾害导致 14 万余人死亡，直接经济损失 100 亿元。

1976 年 7 月 28 日，唐山地震，死亡 24. 2 万人，重伤 16. 4 万人，倒塌房屋 530 万间，直接经济损失 100 亿元以上。

1985 年 8 月，8507、8508、8509 号台风袭击东北地区，连降大雨，加上辽河流域河道年久失修，洪水宣泄不畅，造成中小河流决口4 000多处，致使 60 多个市(县)、1 200多万人、6 000多万亩农田和大批工矿企业遭受特大洪水袭击，死亡 230 人，直接经济损失 47 亿元，东北三省粮食减产 100 亿斤。

2008 年我国南方部分地区出现入冬以来最大幅度的降温和雨雪天气，雪灾造成湖南、湖北、贵州、安徽等 10 省区3 287万人受灾，房屋倒塌 3. 1 万间，直接经济损失 62. 3 亿元。

2016 年 7 月 6 日，武汉遭遇特大暴雨袭击，武汉观象台日降雨量达 242. 3 毫米，为历史同期最强暴雨。而 6 月 30 日 20 时至 7 月 6 日 20 时累计雨量 582. 3 毫米，创下近 130 年周降雨量最高纪录。自武汉 1886 年有气象资料统计以来，武汉市日降雨量超过 200 毫米的仅有 7 次，7 月 6 日的日降雨量排在历史第四位，为 18 年来最大。①

自 2020 年 6 月以来，受持续强降雨和上游来水叠加影响，中国南方多省河流水位暴涨，防汛形势十分严峻。截至 2020 年 7 月 12 日 12 时，洪涝灾害造成江西、安徽、湖北、湖南等 27 省(区、市)3 789万人次受灾，141 人死亡或失踪，224. 6 万人次被紧急转移安置，125. 8 万人次需紧急生活救助；2. 8 万间房屋倒塌；3 532千公顷农作物受灾；直接经济损失 822. 3 亿元。②

4. 人为灾害

人为灾害是指人类社会生产活动和生活活动中各种不合理、失误或故意破坏行为等所造成的灾害现象。

由于社会经济的高速发展、人类对环境资源过度利用，以及安全生产管理秩序紊乱等原因，造成了环境污染、土地沙化、干旱等诸多人为灾害事件。近年来，各类人为灾害呈现发生频率增加、危害程度加重的态势，特别是由于人类活动导致的环境不断恶化，严重威胁着人类的身体健康和社会的可持续发展。

由于工农业生产、交通和生活污染物过度排放，超出自然界自净能力，从而导致环境生态破坏，出现空气、水、土壤甚至食品被污染。大气污染源分自然源和人工源。自然源

① http：//hb. people. com. cn/n2/2016/0707/c194063-28626567. html.

② http://www.xinhuanet.com/politics/2020_07/12/c_1126228051.htm.

包括火山喷发、森林着火、风吹扬尘等，它们每年向大气排入约5.5亿吨污染物；而人工源包括工业污染源、农业污染源、城乡交通和居民生活污染源等，20世纪90年代，它们平均每年向大气排放的污染物超过6.5亿吨。环境污染的直接危害是导致公众急慢性中毒甚至远期危害。

二十世纪，发生在西方国家的“世界八大公害事件”对生态环境和公众生活造成巨大影响。其中，洛杉矶光化学烟雾事件，先后导致近千人死亡，75%以上市民患上红眼病。1952年12月首次爆发的伦敦烟雾事件，短短几天内致死人数高达4 000，随后两个月内又有近8 000人死于呼吸系统疾病，此后1956年、1957年、1962年又连续发生多达12次严重的烟雾事件。日本水俣病事件，因工厂把含有甲基汞的废水直接排放到水俣湾中，人食用受污染的鱼和贝类后患上极为痛苦的汞中毒病，患者近千人，受威胁者多达2万人。美国作家蕾切尔·卡逊的《寂静的春天》一书对化学农药危害的状况做了详细描述。①

近年来，我国京津冀地区出现广泛持续的雾霾天气，雾霾中的PM2.5颗粒及其化合物，除造成急慢性呼吸道疾患发病率增高外，还可引起呼吸道肿瘤等远期危害。世界卫生组织下属的国际癌症研究中心发布报告，PM2.5被确认为“Ⅰ类致癌物”。《2010年全球疾病负担评估》报告由50个国家、303个机构、488名研究人员共同完成，其中包括中国专家团队。报告显示，2010年室外空气PM2.5污染居全球20个首要致死风险因子第九位，在我国则位列第四位，排在“饮食结构不合理”“高血压”“吸烟”之后。从流行病学来归因，我国有40%的心脑血管疾病死亡、20%的肺癌死亡可归因于大气PM2.5污染。

历史上，森林曾覆盖了地球陆地面积的2/3，全球森林面积曾经为80亿公顷，直到19世纪后半叶，森林覆盖率还有50%左右。进入20世纪以后森林覆盖面积不断减少。

人类对森林大规模破坏大都是近百年的事，且破坏的速度越来越快。据联合国粮农组织最新公布的报告显示，截至1995年，全世界森林面积只剩35亿公顷，只占地球陆地面积的26.6%，1990—1995年世界森林面积净损失竟达5 630万公顷。在各类森林中，热带雨林的消失速度最快，发展中国家的森林资源衰竭尤为严重。

森林的丧失将使人类取得木材、药材、薪柴等生产和生活原料变得极其困难。森林的大面积丧失使生物圈初级生产量大大降低，次级生产量也随之降低，从而大大削弱人类生存和发展的物质基础。森林的大面积丧失将严重危害人们的健康。森林的大面积丧失还将使气候恶化，干旱、洪涝加剧，水土流失和土地沙漠化更为严重。最近科学家提出了一个令人深思的观点：21世纪将是全球多灾难的世纪，主要灾难是气象灾害，而干旱则是气象灾害的主要表现形式。

绿色森林是地球之肺，是气候调节器。防御未来气象灾害的战略性对策是大规模植树。世界绿色和平组织最近公布的调查结果表明，森林被毁的必然结果是：全世界90%的淡水将白白流入大海，地球上的风速将增大70%，90%的陆地生物将会消失。

美国1908—1938年由于滥伐森林9亿多亩，使大片绿地变成了沙漠。苏联1962—

① http://www.chinanews.com/gn/2019/05-18/8840462.shtml.

1965 年在西伯利亚开垦了1 700万公顷的处女地，结果是全部毁于尘暴，颗粒无收。

我国专家研究发现，我国未来主要灾害是大面积干旱，并导致城市缺水。目前我国有 400 座城市缺水，其中严重缺水的有 130 座。由于生态被破坏，可饮用水源被污染，干旱缺水问题日趋严重。干旱的“孪生”灾害是洪涝，这对祸星将会在我国不同地区不同时间出现。有时表现为北旱南涝或北涝南旱，有时表现为先旱后涝或先涝后旱。为什么未来会如此风不调、雨不顺呢？究其原因是宝贵的绿色森林遭受人类无情的砍伐。

我国的黄土高原，历史上曾是“翠柏烟峰，清泉灌顶”的中华文化发源地。但由于人口激增，毁林造地，导致 43 万公顷的土地变成荒山秃岭，沟壑纵横，草木不生，水土流失面积达 78.9%，部分地区已出现“荒地无村、鸟无窝”的景象。

第二节 灾害造成的生态破坏与生命财产损失

灾害一旦发生，可造成环境生态的破坏、重大人员伤亡和财产损失。同时，灾害导致的生态平衡破坏和人体免疫力下降，可诱发传染病爆发流行。亲眼目睹自然灾害和人为灾害造成的危机现场，灾民、施救人员及其他社会公众还可能罹患心理疾患。

一、生态破坏

生态是指一切生物的生存状态，是指各类生物之间以及生物与环境之间的关系，它们相互作用、高度适应、协调统一，处于一种平衡状态，即为生态平衡。也就是说，当生态系统处于平衡状态时，系统内各组成成分之间保持一定的比例关系，能量、物质的输入与输出在较长时间内趋于平衡，结构和功能处于相对稳定状态，在受到外来干扰时，能通过自我调节恢复到初始的稳定状态。在生态系统内部，生产者、消费者、分解者和非生物环境之间，在一定时间内保持能量与物质输入、输出动态的相对稳定状态。

生态平衡是动态的。在生物进化和群落演替过程中就包含不断打破旧的平衡、建立新的平衡的过程。人类应从自然界受到启示，不要消极地看待生态平衡，而是应该发挥主观能动性，去维护适合人类需要的生态平衡(如建立自然保护区)，或打破不符合自身要求的旧平衡，建立新平衡(如把沙漠改造成绿洲)，使生态系统的结构更合理，功能更完善，效益更高。

破坏生态平衡的因素有自然因素和人为因素。自然因素包括水灾、旱灾、地震、台风、山崩、海啸等。由自然因素引起的生态平衡破坏被称为第一环境问题。由人为因素引起的生态平衡破坏被称为第二环境问题。人为因素是造成生态平衡失调的主要因素。地震、水灾、旱灾、台风、海啸等自然灾害和火灾、交通事故、矿难、突发性群体事件等人为灾害，均可造成人类、动物、植物等各种生物大量死亡，以及生物赖以生存的环境发生恶化，导致生态平衡破坏。人类不合理地开发和利用，造成森林、草原等自然生态环境遭到破坏，从而使人类、动物、植物的生存条件发生恶化，如水土流失、土地荒漠化、土壤盐碱化、生物多样性减少等。环境破坏造成的后果往往需要很长时间才能恢复，有些甚至是不可逆的。

2008 年 5 月 12 日发生的四川汶川地震，导致山体松动和崩塌，森林毁坏，堰塞湖形成，河床结构改变，泥石流不断发生，土壤大量流失，灾区防疫药物污染环境，等等这些，造成了灾区生态的巨大破坏。

位于新疆塔里木盆地的楼兰古国，在我国汉代时期是一个水草丰美、经济繁荣的文明之邦，也是丝绸之路上商贾云集的一颗璀璨明珠。但是，随着塔里木河上、中游人口的增多，区域开发过度频繁，楼兰人赖以生存的塔里木河水量急剧减少，甚至出现了断流，导致楼兰地区的生态环境破坏，最终被沙漠吞噬而亡国。如今，人们只能在漫漫黄沙中探寻古楼兰的文明残迹。

空气、水、土壤等组成的人类赖以生存的生态环境，是维系社会经济发展的基础。然而，随着科学技术的发展，人类活动严重影响着生态环境，甚至导致生态破坏。全球气候变暖、资源匮乏、生物物种灭绝、环境污染、土地沙化、水土流失、沙尘暴等全球生态问题日益突出，不仅会对社会经济发展形成挑战，而且还会对公众生命健康造成威胁。

据调查，全球每年因各种生态灾害所造成的“生态灾民”达1 000万人以上，因生态问题引发的各种冲突也与日俱增。我国生态平衡问题越来越引起关注，我国水资源贫乏，水体污染严重，人均水资源只有2 000多吨，是世界人均占有量的1/4，为世界上13个贫水国家之一。而且，我国水资源分布贫富不均，华北、西北地区缺水严重。同时，我国主要河流普遍存在水污染，其中，辽河、海河污染严重，淮河水质较差，黄河水质不容乐观。主要淡水湖泊富营养化严重，多数城市地下水受到一定程度的污染，且污染还有逐渐加重的趋势。我国土壤酸化、盐渍化严重，耕地面积减少，土壤肥力下降。我国土壤酸化面积已占国土面积的25%，盐渍化土地面积占国土面积的8.5%。

二、生命财产损失

无论自然灾害还是人为灾害，都可造成人员伤亡和国家、集体、个人财产损失。财产损失包括固定资产和流动资产的毁损以及因此而引起的停工损失、善后清理费用等。

经民政部、国家减灾委办公室核定，2014年各类自然灾害共造成全国24 353.7万人次受灾，1 583人死亡，235人失踪，直接经济损失3 373.8亿元。2015年，各类自然灾害共造成全国18 620.3万人次受灾，819人死亡，148人失踪，644.4万人次被紧急转移安置，181.7万人次需紧急生活救助；24.8万间房屋倒塌，250.5万间房屋不同程度受到损坏；21 769.8千公顷农作物受灾，其中2 232.7千公顷绝收；直接经济损失高达2 704.1亿元。

战争、火灾、突发性群体事件等人为灾害造成的人员伤亡和经济损失更是触目惊心。美国兰德公司最新报告预测，假若因美国亚太再平衡战略和南海危机导致中美战争，一年的战争将会导致美国的GDP减少5%~10%，中国的GDP甚至会减少25%~35%。这是一场打不起的战争，经济总量排名全球第一第二的两个国家的战争，其导致的生命财产损失将是全球性的灾难。

第二次世界大战导致约6 000万人死亡，中国死于第二次世界大战的人数约为1 800万人①。第二次世界大战还不是历史上死亡人数最多的战争，历史上死亡人数最多的战争是

① 第二次世界大战的残酷后果. http://junshi.xilu.com/2011/0609/news_343_164463.html.

13 世纪的蒙古扩张战争，该战争的战场涉及欧亚两个洲，战争覆盖面积2 500万平方千米，战争造成上亿人员死亡，仅在中国，人口便从战前的11 000万降至战后的5 000万人。

2015 年，我国共接报火灾 33. 8 万起，造成1 742人死亡、1 112人受伤，直接财产损失 39. 5 亿元。其中，较大以上火灾63 起，造成234 人死亡，114 人受伤，直接财产损失 2. 5 亿元；重大火灾 2 起，特别重大火灾 1 起。2015 年，云南昆明“3 · 4”东盟联丰农产品商贸中心工业酒精爆燃、天津港“8 · 12”特大火灾爆炸事故、山东东营“8 · 31”化工厂爆炸、安徽芜湖“10 · 10”小吃店燃气爆炸等多起火灾事故，导致了重大人员伤亡和财产损失。

2001 年9 月11 日，发生在美国的9 · 11 恐怖袭击事件，造成世界贸易中心摩天大楼轰然倒塌，化为一片废墟，3 000多人因此丧生，直接损失 600 亿美元。事件对一些产业造成了直接经济损失和影响。地处纽约曼哈顿岛的世界贸易中心是 20 世纪 70 年代初建起来的摩天大楼，造价高达 11 亿美元，是世界商业力量的汇聚之地，来自世界各地的企业共计1 200家之多，平时有 5 万人在大楼上班，每天来往办事的业务人员和游客约有 15 万人。两座直冲云霄的大楼一下子化为乌有，人财损失难以用数字估量。

“9 · 11 事件”的经济影响不仅局限于事件本身的直接损失，更重要的是影响了人们的投资和消费信心，使美元相对主流货币贬值，股市下跌，石油等战略物资价格一度上涨，并实时从地域上波及欧洲及亚洲等主流金融市场，引起市场的过激反应，从而导致美国和世界其他国家经济增长减慢。据美国国会研究所整理的最新数据显示，自 2001 至 2014 财年，美国用于全球“反恐战争”的花费已达 1. 6 万亿美元。

第三节　灾害对人体健康的危害

一、生理损伤

突发灾害可导致受灾人群的意外伤害甚至死亡。意外伤害是指因各种意外事故导致的身体受到伤害事件，是外来的、突发的、非本意的、非疾病的因素使人的身体受到伤害的客观事件。地震、群发事件可导致受害人群机体出现机械性伤害，轻者仅伤及肌肤，重者可累及骨骼、头颅、内脏，甚者可危及生命。机械性伤害一般分为开放性伤害和闭合性伤害两类。开放性伤害即外伤，伴有体表组织破裂、疼痛、出血等临床表现；闭合性伤害俗称内伤，多为外力导致的机体软组织损伤、骨折、脱臼或内脏损伤。

火灾、瓦斯爆炸等灾害事故可产生各种有害气体，特别是窒息性气体。窒息性气体是指被机体吸入后，可使氧的供给、摄取、运输和利用发生障碍，使人体组织细胞得不到或不能利用氧，导致组织细胞缺氧而引起人体窒息甚至死亡的一类有害气体。包括单纯性窒息性气体和化学性窒息性气体。单纯性窒息性气体包括氮气、甲烷、二氧化碳等，化学性窒息性气体包括一氧化碳、硫化氢、氰化物等。火灾、天然气泄漏、煤矿瓦斯爆炸等灾害常常伴随有窒息性气体造成的中毒死亡。灾害事故中产生的有毒气体可导致受灾人员的急性中毒甚至死亡。急性中毒是指毒物短时间内经皮肤、黏膜、呼吸道、消化道等途径进入人体，使机体受损并发生器官功能障碍。急性中毒起病急骤，症状严重，病情变化迅速，不及时救援常危及生命，必须尽快作出判断和进行急救处理。环境毒物一次性大量释放、食品中剧毒污染等均可导致受害人群的急性中毒事件。

火灾现场的火源及高温物体可直接导致受灾人员和施救人员的烧烫伤，特别是呼吸道烧烫伤可继发呼吸道水肿，进而引发人群窒息死亡。野外探险人员可能会遭受虫兽咬伤，特别是被毒蛇咬伤可导致急性中毒甚至死亡。常见的虫蜇伤有蜂蜇伤、蜈蚣咬伤、蝎蜇伤等，被这些虫螫伤，轻者局部红肿疼痛，重者会出现高热、寒战等全身中毒症状。兽咬伤常见的是疯狗咬伤，处置不及时可能会罹患狂犬病。

二、心理危机

心理危机是指由于突然遭受严重灾难或重大生活事件，出现了以现有的生活条件和经验难以克服的困难，使当事人陷于痛苦、不安状态，常伴有绝望、麻木不仁、焦虑以及植物神经功能紊乱和行为障碍。

心理危机是一种正常的生活经历，并非疾病或病理过程。每个人在人生的不同阶段都会经历心理危机。由于自我应对方法和专业人员心理干预措施的不同，心理危机的后果也不同。一般有四种结局：第一种是顺利度过危机，并学会了处理危机的方法策略，提高了心理健康水平；第二种是度过了危机但留下了心理创伤，影响今后的社会适应；第三种是经不住强烈的刺激而自伤自毁；第四种是未能度过危机而出现严重精神障碍，也称为创伤后应激障碍(Post-Traumatic Stress Disorder，PTSD)。创伤后应激障碍是一种使人非常虚弱的精神疾病，患者一般在经历或目睹了令人极其害怕的事件或者创伤后发病，通常会持续惊恐并不断地回忆起那件令人煎熬的事件。罹患创伤后应急障碍的患者可表现出在夜晚的噩梦中或在白天令人不安的回忆中不断地重温创伤，与此同时，病人还可能表现出睡眠障碍、抑郁、感情冷漠或麻木、易受惊等症状。针对灾害心理危机特别是重大灾害引发的创伤后应急障碍，心理学专业人员应采取有针对性的干预措施。

各类自然灾害和人为灾害事件均属于危机事件，会同时对受害者、救援者及其他公众造成心理危机。有研究显示，经历灾害后的灾民均表现有紧张、焦虑、睡眠障碍等心理危机症状，因为应激障碍罹患各种心身疾患、心理行为障碍疾患。据某研究报道，某地震受灾居民的3个月和9个月内的创伤后应激障碍发生率分别为18.8%和24.2%，最常见的创伤后应急障碍是抑郁症。据估计，灾难事件后抑郁症患病率在20%左右，受灾人群中，多发生酒精依赖和药物依赖情形，其中，酒精依赖发生率约为35.5%，药物依赖发生率约为22.9%。

参加过海湾战争的美英等国士兵普遍反映，他们都出现了程度不同的长期疲劳、压抑、烦躁、胸痛、视觉模糊等身体和心理不适，医学界称之为“海湾战争综合征”。在参战的美国10万大兵中，已经有8 000余人悲惨地死去，仍有成千上万的人正在忍受着神秘疾病的折磨；而参加过海湾战争的5.3万名英国老兵中，就有9 000余人患有海湾战争综合征。

MH370航班坠海消息公布前，在煎熬中等待的家属们身心俱疲。家属身体和心理健康状况监测结果显示，呼吸道感染、高血压、心脑血管疾病等应急反应性疾病呈明显上升趋势；心理应激反应症状也明显增多，主要表现为不同程度的抑郁、焦虑症状和易激动症状，总是出现与失联家人在一起场景的回想症状、失眠症状以及植物神经紊乱症状。

在“9・11 事件”之后，大约 1/5 的美国人感到比以往任何时候都更加抑郁和焦虑。大约 800 万美国人报告自己因为“9・11 事件”而感到抑郁或焦虑。8 个月后，纽约的很多学龄儿童还会做噩梦。7%的美国人说他们曾因为“9・11 事件”去找过精神卫生专业人员。

三、传染病流行

传染病是由各种病原体引起的能在人与人、动物与动物或人与动物之间相互传播的一类疾病。由于大量传染源进入，细菌、病毒、原虫等病源生物变异，人群免疫力下降，以及具备传染病传播的合适途径，可造成传染病在某个地区人群中流行。地震、洪灾等灾害发生后，可造成饮用水供应系统的受损或破坏，增加肠道传染病爆发流行的风险。受灾地区的水体往往受到环境垃圾、生物尸体及生活污水的污染，为介水传染病大规模流行创造了条件。灾区燃料短缺迫使灾区群众喝生水，进食生冷食物，从而增加肠道传染病发生蔓延的机会。由于生态环境恶化，苍蝇、蚊虫、老鼠等传染病媒介生物大量滋生，加之灾区居民居住环境简陋，居民身体免疫力下降，可增加生物媒介传播疾病发生的机会。

灾害发生后常常引发消化道、呼吸道、虫媒传播等传染病流行。其中，最常见的传染病为消化道传染病。针对传染病流行的三个环节：传染源、传播途径和易感人群，受灾地区居民在配合救援工作人员做好水源修复、食品安全、污染物消毒、生物媒介杀灭等工作的基础上，还应注重环境卫生、个人卫生、食品卫生，饮用洁净水，食用熟食品，不乱扔垃圾，保持愉快向上的健康心理。当出现传染病爆发流行时，应配合专业人员做好传染病应急处置工作，同时，还应做好个人应急免疫接种。

1997 年非洲暴雨水灾后发生了霍乱的爆发流行，发病数占当年全世界报告病例数的 80%，病死率大于 20%。1988 年 5 月，孟加拉国水灾后发生大规模霍乱流行，一周内登记霍乱病人12 194例，死亡 51 例。

我国灾后也曾发生肠道传染病的爆发流行。1931 年长江洪水泛滥，我国先后有 9 省流行霍乱，发病 10 万余例，死亡 3 万余人。1991 年，安徽发生水灾，肠道传染病的发生率比前一年上升了 44. 5%，肠道传染病的死亡率也升高了 34. 78%。1998 年我国多地遭受洪涝灾害，防疫人员发现，灾区学生血清中甲型肝炎抗体的阳性率是非灾区学生的 4 倍。同年，卫生部和中国预防医学科学院对江苏、江西、湖北、安徽、黑龙江、吉林和内蒙古等 7 个省(自治区)甲型肝炎的流行情况进行了调查，也发现灾区居民甲型肝炎抗体的阳性率为 51. 27%，明显高于非灾区的 42. 21%，尤其是 10 岁以下儿童，说明甲型肝炎病毒感染也会受到洪涝灾害的影响。

除自然灾害引发传染病发病增多外，人为灾害也可导致传染病流行。1918 年，大批运输船将美国士兵从大西洋彼岸运到欧洲，在海上航行期间，流感病毒在美军士兵中肆虐。据记载，一个营就有 500 多人罹患流感，患病死亡的就有 50 多人，幸存的士兵又将流感病毒带到欧洲战场，引发了欧洲乃至世界的流感大流行。这次流感流行所造成的严重后果从以下数字可以说明：美国在第一次世界大战中战死人数为50 385人，而非战斗死亡人数为55 868人，其中绝大多数是患流感死亡。全世界在此次流感大流行中死亡人数高达 5 000万人。

第四节　灾害应急救援策略

为减轻灾害造成的人员伤亡和财产损失，减少灾害引发的伤残、心理危机和传染病流行，在建立有效的灾害应急救援体系和提高灾害应急救援能力的基础上，必须遵循生命第一、快速反应、科学救援的应急救援原则。

一、灾害应急救援体系建立

1. 法制体系

灾害紧急救援管理是一项非常庞大复杂的社会系统工程，不同灾害种类的差别也给紧急救援管理造成不同的复杂性和艰巨性。美国在建立灾害应急救援体系方面有丰富的经验，可供我们学习借鉴。

美国政府在建立统一的灾害紧急救援法律以前，其灾害紧急救援管理暴露出了一些弊端，诸如美国联邦政府部门之间以及联邦政府与州、郡、地方政府之间职责不明、效率低下等。从20世纪70年代初，美国政府组织有关部门、救援专家和专业人士，开展灾害紧急救援管理立法工作。他们总结美国以往灾害紧急救援管理的成功经验和失败教训，历经20多年的艰苦努力，终于在1992年由国会批准了《美国联邦灾害紧急救援法案》。这是一部极具美国灾害紧急救援管理特色的权威性法律，以大法的形式定义了美国灾害紧急救援管理的基本原则、救助的范围和形式，政府各部门、军队、社会组织、美国公民等在灾害紧急救援中应承担的责任和义务，明确了美国政府与州、郡政府的紧急救援权限，同时对灾害救援资金和物资的保证也作了明确规定。

虽然我国灾害应急法律建设取得了较大进展，但与经济社会快速发展的客观要求相比，我国灾害应急法律建设还相对滞后：一是宪法在应急法制体系中的根本法功能尚未完全体现。如宪法中对有关紧急权的规定，尤其是公民对突发公共事件的知情权的规定尚不明晰，致使公民的知情权在不少突发事件中被剥夺，这既不利于以人为本的执政理念的实现，也不利于依法治国基本方略的落实。二是应急基本法律层次尚显单薄。

应急法制体系必须存在着不同的等级层次，每一层次的法律制度应是具有结构性、动态性和整体性的系统。在该体系中，多个法律制度及其相应的法律规范的优化搭配和组合，才能在应急实践中发挥积极的调整作用。当前，我国急需化解应急实践与应急基本法空缺之间的矛盾，应尽快出台应急基本法，在此基础上，加强不同类型灾害的应急预案编制，强化应急预案的针对性和实用性。我国急需健全具有中国特色的灾害应急法制体系。一方面，应将公共应急法制纳入宪法的调整范围，明确其在我国宪政体制和“依法治国”基本方略中的应有地位，要更明确规定“紧急状态制度”，制定《紧急状态法》，将紧急状态的确认、宣布、期限、解除等重大环节确立为宪法规范。另一方面，要强化重要领域单行法的立法，逐步完善应急法制体系。为健全灾害性突发事件应急法制体系，应根据需要出台一些新的灾害防治法，如《台风防治法》《沙尘暴防治法》等；为加强综合减灾和灾难救助，应出台《灾害救助法》《灾害补偿法》等，进一步修改完善有关灾害应急的单行法律和行政法规。

2. 管理体系

根据《美国联邦灾害紧急救援法案》，美国专门成立了联邦紧急救援管理局，它是独立的政府部门，直接对美国总统负责，具有极强的协调能力，一旦突发自然灾害、技术灾害或恐怖事件，可以调动一切人力、物力进行紧急救援，尤其是可以有效指挥协调 28 个政府部门和组织。美国政府紧急救援管理局还在全美划分了 10 个灾害大区，并分别建立了直属联邦紧急救援管理局领导的 10 个分支机构。联邦紧急救援管理局共2 500人，其中 900 人在联邦管理局总部，其余1 600人在全美 10 个分支机构，另外还聘有满足灾害紧急救援各方面需求的、具有一定专业知识的5 000名志愿者队伍。

在美国联邦政府与州、郡政府关系的处理上，由于美国法律赋予联邦各州高度自治的权力，灾害紧急救援管理主要或首先由州政府实施，州、郡政府也都建有相应的紧急救援管理局，当灾害救援超出了州政府能力时，州长才直接向总统提出救援请求，联邦政府紧急救援管理局各分支机构代表联邦政府立即参与并协助地方开展紧急救援工作。除联邦紧急救援管理局以外，美国的相关部门和组织均成立有专门的灾害紧急救援管理机构，这些机构分工明确，各司其职，协调合作。同时，全美灾害紧急救援管理系统还建有 29 个应急小组，每组 10 人，包括医疗、化学、交通、警察、消防等各方面专业人士，24 小时昼夜值班，随时应对不测事件。

美国联邦政府对州、郡地方政府的灾害救援支持主要表现在两个方面：一是约 70% 的资金和物资用于公共项目支援，如对河道、公路、铁路、医院、学校、商业服务等设施的恢复重建给予资金、物资帮助；二是约 30% 的资金和物资用于对受灾公民家庭和个人的援助，如提供食品、洁净饮用水、毛毯、衣物，开展伤员医治、避险转移，帮助重建因灾害倒塌毁坏的民用住宅，搜寻遇难者和失踪人员等。

美国的灾害紧急救援管理并不局限于针对传统意义上的自然灾害，其针对的范围非常宽广，既包括龙卷风、台风、地震、洪水、干旱、火山爆发、泥石流、病虫害等自然灾害，又包括工业生产安全事故、交通事故及化学有毒物质泄漏、放射性污染等工业和环境灾害，更包括以针对平民生命财产、损害国家利益为目标的恐怖事件。如 1996 年发生在美俄克拉荷马州的政府大楼爆炸案，2001 年 9 月 11 日发生在纽约的“9 · 11 事件”，2002 年 10 月发生在马里兰州、维吉尼亚州的连环枪击案等，都纳入了政府灾害紧急救援管理的范围。人们说，“9 · 11 事件”改变了美国的一切。确实，“9 · 11 事件”使美国的国内安全观念发生了深刻变化，从灾害救援管理角度看，“9 · 11 事件”以后，美国政府更加突出地重视恐怖事件的救援管理，可以不惜动用一切资源进行预防和施救。

灾害应急工作的管理体制，主要是指应急指挥机构、社会动员体系、领导责任制度、专业救援队伍和专家咨询队伍等组成部分。我国的灾害应急工作的管理体制建设重点要解决三个问题：一是要明确指挥关系，建立一个规格高、有权威的应急指挥机构，合理划分各相关机构的职责，明确指挥机构和应急管理各相关机构之间的纵向关系，以及各应急管理机构之间的横向关系；二是要明确管理职能，科学设定一整套应急管理响应的程序，形成运转高效、反应迅速、规范有序的突发公共事件行动功能体系；三是要明确管理责任，按照权责对等原则，通过组织整合、资源整合、信息整合和行动整合，形成政府应急管理的统一责任。

目前，我国灾害应急救援工作的管理体制按照统一领导、综合协调、分类管理、分级负责、属地管理为主的原则，已初步形成了以中央政府坚强领导、有关部门和地方各级政府各负其责、社会组织和人民群众广泛参与的应急管理体制。从机构设置看，既有中央级的非常设应急指挥机构和常设办事机构，又有地方政府对应的各级应急指挥机构，县级以上地方各级人民政府设立了由本级人民政府主要负责人、相关部门负责人、驻当地中国人民解放军和中国人民武装警察部队有关负责人组成的突发公共事件应急指挥机构；根据实际需要，设立了相关突发公共事件应急指挥机构，组织、协调、指挥突发公共事件应对工作；建立了志愿者制度，有序组织各类社会组织和人民群众参与到应急救援中去。从职能配置看，应急救援管理机构在法律意义上明确了在常态下编制规划和预案、统筹推进建设、配置各种资源、组织开展演练、排查风险源的职能，规定了在灾害事件中采取措施、实施步骤的权限，给予政府及有关部门“一揽子授权”。从人员配备看，既有负责日常管理的从中央到地方的各级行政人员和专司救援的队伍，又有高校和科研机构的专家。为进一步加强我国灾害应急救援工作的管理体制建设，我国于 2018 年 3 月成立了中华人民共和国应急管理部，统一领导全国灾害应急管理工作；建议建立健全国家、省、市、县四级综合减灾协调机制，形成“政府领导、部际联动、上下互动、社会参与”的灾害应急管理体制。认真落实责任制，各地区、各部门各司其职、各负其责，分解目标、明确任务、细化责任，建立减灾工作绩效评估制度、责任追究制度，确保行政领导责任制落到实处。要加强应急工作的协调联动，建立国家灾害应急管理委员会与成员单位、地方政府及相关部门和单位的协调机制，建立健全动员社会力量参与灾害应急的制度。

3. 支撑体系

美国从联邦政府到州、郡政府都有比较充裕的灾害救援资金预算，资金实行分级管理，分级负担，各负其责。联邦政府和州、郡政府除正常的灾害救援资金预算外，当遇到特大灾害时，可以临时由政府向议会提出增拨灾害救援资金议案，增加紧急救援资金。《美国联邦灾害紧急救援法案》规定，遇有自然灾害和技术灾害时，首先动用地方资金、物力，当灾害救援超出地方资金和物力承受能力时，州、郡政府可以分别向上一级政府申请援助。而针对恐怖事件的紧急救援资金和物资则全部由美国联邦政府承担，如“9·11事件”救援所发生的 120 亿美元就是由美国政府全部承担的。一般情况下，美国联邦紧急救援管理局每年调配的资金有 20 亿美元。相关部门也都有各自的预算，如美国陆军工程兵总部每年用于民用救灾的资金预算是 12 亿美元；农业部农场服务局每年用于对受灾农场主的救助资金为 30 亿~40 亿美元(补助受灾损失的 50%~70%)；农业部食品和营养品管理局每年对处于贫困线以下的1 900万人的食品救助资金为 210 亿美元(按每月每人 78 美元给予食品救济，同时又安排 40 亿美元用于妇女儿童食品营养计划)。在大多数情况下，美国政府承担了更多的救援义务。对特大灾害，72 小时内发生的救援费用全部由美国政府负担，72 小时之外发生的救援费用 25%由地方负担，75%仍由美国政府负担。而农场主遭灾后，补助资金的 95%则来自美国政府，5%来自所在的州政府，郡、县不拿钱。

对个人的救助资金，政府全部通过电子货币方式划转，公开透明。

美国政府在灾害紧急救援管理中，普遍运用了先进的技术装备。美国政府的地球气象卫星、资源卫星的遥感技术早已运用于灾害检测、预警预报和跟踪。仅美国林业局、消防局就装备了114辆消防坦克、96架巡逻直升机。美国陆军工程兵装备有数百套具有先进计算机数字技术的指挥车辆，用于现场指挥。美国红十字会在全国装备有320辆食品快餐车，以解决灾民临时就餐问题。如救援装备不能满足需要，根据法律还可征用民航、铁路、商船抢运救援物资，必要时还可动用联邦正规部队参与抢险救援。

在美国，无论是综合协调机构——联邦紧急救援管理局，还是各专业部门，都十分重视灾害紧急救援管理的规划。按照《美国联邦灾害紧急救援法案》规定，灾害紧急救援管理各部门全都制订有应急救援预案，紧急救援管理局负责制订全面的综合性的救援规划，教育、农业、交通、环保、消防、健康与福利、军方工程兵、警察、海岸警备队、红十字会、国际救援委员会等政府部门或非政府组织，根据自己的职责分工与服务对象分别制订应急救援规划和预案，健全组织指挥机构，做好人员、资金、物资、技术等方面的储备。各灾害紧急救援规划的预案中尤其重视专业技术人员和志愿者的培训，每年安排大量培训资金用于人员培训，仅美国政府每年就安排8亿美元用于培训直属系统的专业人员和志愿者。

美国的紧急救援之所以取得较好效果，其中一个重要原因是建立了一支庞大的具有较高专业技能的半职业化志愿者队伍。这些志愿者有医师、护士、司机、消防人员、退役士兵、大学毕业生、保险经纪人等，他们参加灾害救援分两种形式：一是半职业化的相对固定地参加某一部门的灾害救援工作；二是根据协议临时被招募参加灾害救援工作。志愿者与专业灾害救援管理部门的关系、权利和义务，是通过双方签订合同来确定的。志愿者参加政府灾害救援一般不取报酬，带有奉献性质，但国家还是发给志愿者一定补贴。

二、灾害应急救援能力提升

1. 队伍建设

要全面提高灾害应急管理工作人员的素质，建立各级灾害应急指挥中心，配备必要的专职工作人员。要加强灾害应急管理队伍建设，提高其应对灾害的能力。采取各种办法，对应急管理工作人员进行基本技能和专业技能的教育培训，并使之制度化。创造有利于吸引人才、留住人才的良好环境，通过培训、交流、考察、锻炼等各种方式，努力造就一支高素质的应急管理工作队伍。建立国家专业灾害应急抢险救援队伍。

按照“一队多用、一专多能、军民结合、平震结合、多灾种结合救援”的思路，建议把公安消防队伍建设成为综合性专业化应急救援队伍；充分发挥医疗卫生、矿山救护、交通救援、防核辐射等专业技术队伍的作用；充分利用人民防空等应急资源。要深入调查、全面掌握各类专业救援队伍的主管单位、分布情况、队伍规模等，逐一建档，适时组织综合培训和演练，确保“招之即来，来之能战，战之能胜”。

建立灾害应急专家队伍。建立一支由民政、卫生、水利、气象、地震、国土资源等各方面专家组成的国家灾害应急专家队伍，为我国灾害应急提供评估及灾害管理等方面的意见、建议和咨询，提高我国灾害应急工作水平和处置能力。要加强灾害应急管理科普宣教工作，提高社会公众维护公共安全的意识和灾害应急处置能力。要深入宣传各类灾害应急预案及相关法律法规，全面普及预防、避险、自救、互救、减灾等知识和技能，逐步推广灾害应急识别系统。

2. 条件保障

要加强救援物资储备体系建设，首先明确应急物资管理的行政主体，建立跨部门、跨地区、跨行业的应急物资保障综合协调机制，建立健全救灾物资紧急调拨和运输制度，形成自然灾害救助应急物资储备保障体系。在重大自然灾害多发地区增设若干应急物资保障基地，整合自然灾害救助物资储备信息资源，调整储备品种，充实储备数量。改造扩建国家救灾物资储备库；灾害多发地的省、市、县建立健全救灾物资储备库(点)。

建立物资储备信息管理系统，实现物资储备、运输、调剂的科学化与规范化。建立救灾物资生产厂家名录，必要时签订救灾物资紧急购销协议。深化应急运输保障能力建设。建立健全应急运输保障协调机制，建立应急救援物资和队伍的紧急快速运输通道，补充完善重要公路交通枢纽的工程抢修装备，提高清障及交通线路修复能力，充分利用公路、铁路、民航、驻军、民间已有的运输能力，形成联合运输网络系统。

加强灾后恢复重建能力建设。灾后恢复重建要与防灾减灾相结合，坚持统一领导、科学规划、加快实施的原则，以政府投资为主，积极调动社会力量的积极性，形成全方位、多层次的灾后恢复重建投入机制。要健全社会捐助和对口支持等社会动员机制，动员全社会力量参与重大灾害应急救助和灾后恢复重建。要设立基本生活保障和心理救助服务站点，为灾民提供切实的人文关怀，稳定灾民情绪。要及时组织恢复受影响地区正常的生产、生活和社会秩序。

建立突发事件应对基金、专项巨灾保险基金和再保险制度。除严格按照预算确保当年应急处置经费在各级财政预算中足额列支外，还应设立政府突发事件应对基金，实行逐年滚动发展，以提高各级政府应急经费保障能力，以及突发事件发生后对于应急过程中政府预算外费用和社会各方公共支出成本的财政补偿能力。同时，逐步建立针对重大自然灾害的专项巨灾保险基金，由所有保险公司共同参与，分摊巨灾赔款。

3. 科学研究

要加强灾害应急管理科学研究，设立灾害应急管理基础科学研究专项基金，建立相应的组织协调机构，完善和组建相关科研机构，完善科技产业结构，依靠各种科研力量，组织、支持各方面专家在应急相关领域开展基础性和应用性研究。通过政府科技计划、基金等，对应急管理基础理论和关键技术的研究开发给予支持，推动科技成果转化，力争实现灾害应急成套核心技术与重大装备的突破，形成配套的国家灾害应急技术与重大装备的研究、开发、生产体系。

要加强国际合作与交流，借鉴先进经验和模式，积极跟踪国际应急科技发展动态，将国际上先进经验和理念与我国灾害应急管理基础科学研究相结合，提高我国灾害应急管理基础科学研究能力和水平。加强灾害预警体系建设，以科技手段提高我国灾害预警能力和水平。自然灾害、人为灾害等是人类社会面临的共同挑战，灾害预警体系建设是有效降低灾害损失的关键环节，世界各国都将加强灾害预警体系研究和应用作为重要的战略。

应加强对自然灾害孕育、发生、发展、演变、时空分布等规律和致灾机理的研究，为科学预测和预防自然灾害提供理论依据。在完善现有气象、水文、地震、地质、海洋、环境等监测站网的基础上，增加监测密度，提升监测水平，实现灾害立体监测、实时监测，逐步完善灾害预警体系。要加快遥感、地理信息系统、全球定位系统、网络通信技术的应用以及防灾减灾高技术成果转化和综合集成，建立国家综合减灾和风险管理信息共享平台，完善国家和地方灾情监测、预警体系。

要应用科技手段提高灾害应急工作水平。加强自然灾害救助装备、设备和科学技术的研究与应用，提高减灾救灾工作的科技含量。加快科技开发，不断提高监测、预警和预防、应急处置等技术装备的科技水平。组织相关人员的技术培训，有效掌握各种现代化指挥设备、通信工具和处置设备的使用，不断增强相关人员的科技意识和科技素质。积极鼓励和支持企业研究、开发应急领域的新产品、新工艺和新技术，大力开发公共安全技术和产品。

对公共安全、应急处置重大项目和技术开发、产业化示范项目，政府要给予直接投资或资金补助、贷款贴息等支持，扶持一批在公共安全领域拥有自主知识产权和核心技术的重点企业，实现成套核心技术与重大装备的突破，增强安全技术保障能力。

要加强通信保障能力建设。建立应急通信协调机制和制度，充分利用现有通信网络资源，构建各级应急管理机构指挥调度通信网络，以专业应急通信为主，公用应急通信为支撑，形成快速搭建现场应急通信平台的能力。

要加大硬件和软件投入，扩大覆盖范围，形成覆盖乡镇并实现与公安、气象、水利、农业等有关部门信息共享的灾情信息网络，提高灾情信息管理水平，满足灾害应急工作的需要。在各地、各有关部门现有专业信息与指挥系统基础上，加快建设国家、省、市三级政府灾害应急综合信息和指挥平台，实现应急信息资源整合与共享，健全信息综合研判、指挥调度、辅助决策和总结评估等功能，形成完整、统一、高效的应急管理信息与指挥协调体系。

要抓好灾害评估和统计分析工作，提升灾害信息资源开发、利用和共享水平。应建立健全突发公共事件的评估制度，研究制订客观、科学的评估方法。各地、各有关单位在对各类突发公共事件调查处理的同时，要对事件的处置及相关防范工作作出评估，并对年度应急管理工作情况进行全面评估。要加强应急管理统计分析工作，完善分类分级标准，明确责任部门和人员，及时、全面、准确地统计各类突发公共事件发生起数、伤亡人数、造成的经济损失等相关情况，并纳入经济和社会发展统计指标体系。突发公共事件的统计信息实行月度、季度和年度报告制度。要研究建立突发公共事件发生后统计系统快速应急机制，及时调查掌握突发公共事件对国民经济发展和城乡居民生活的影响并预测其发展趋势。加强灾害应急领域信息资源开发利用工作，逐步完善灾害数据收集。完善灾害应急标准化体系。对可能发生和可以预警的突发公共事件要进行预警，规范预警标识，制订相应的发布标准，同时明确规定相关主管领导、主责单位、协作单位应履行的职责。

要根据各地灾害应急指挥的不同特点，研制国家灾害应急平台建设分类指导标准，包括技术标准和管理标准。加强技术标准建设，实现应用层标准的统一，保障各部门之间通信网络和数据传输网络的互联互通与信息共享。加强信息安全标准建设，完善信息安全等级保护有关技术要求和标准。制订信息资源开发利用标准体系，出台应急体系信息资源目录体系与交换体系技术标准，支撑市、区(县)两级应急指挥平台的建设，制订应急基础数据库、应急共享数据库及应急专业数据库建设技术标准，推进相关数据库建设。

要强化网络安全意识。互联互通的通信网络已经把世界各国紧密地联系在一起，使各国的信息安全彼此关联甚至紧密依存。任何一个国家都难以独善其身，都不可避免地受到信息安全威胁。因此，要树立和强化共同安全意识，这是保障各国信息安全的重要基础。尤其是当恐怖主义和极端势力成为新的安全威胁时，强化共同安全意识则更有现实意义。要构建和谐网络空间，严格遵循《联合国宪章》和国际关系的基本准则，坚持平等互利，妥善解决信息安全问题，维护国际社会安全与稳定。倡导和平利用网络空间，反对针对公共基础设施和信息系统的任何形式的黑客攻击或其他破坏行为，反对利用信息网络从事任何形式的恐怖主义活动和影响他国安全稳定的信息传播。要深化信息安全国际合作。国际社会有必要就信息安全问题通过对话和协商，建立多种合作、磋商机制，进行深入研究以扩大共识，并在打击跨国信息网络犯罪、信息安全应急响应、国际互联网基础设施共建共享等方面尽快形成国际合作框架。

三、灾害应急救援基本原则

1. 生命第一

在各种资源中，人是最宝贵的资源。“生命第一”是灾害救援基本原则和策略，尽最大的努力抢救受灾人员的生命是政府的要求，是公众的期待。落实“生命第一”应急救援原则要完善法律制度，健全快速反应体系，提升应急救援能力，要加强对公众临灾自救宣传教育，确保尊重生命原则贯穿在灾害救援的每一个细节中。国家应通过灾害应急救援立法保障，建立健全各种灾害应急救援体系，专业机构应加强快速反应科学研究和队伍培训。在灾害发生时，救援人员应尽快抢修生命救援通道，保障第一时间到达受灾地区，确保72小时黄金救援时间的生命搜救，始终遵循营救生命过程中“有1%的希望尽100%的努力”。

鉴于地震、火灾、群体性事件等灾害可能导致人员伤亡严重，必须加强对受伤人员的院前急救，在维持伤者生命体征的基础上，加紧组织伤员的转运，确保伤者及时得到最好的医院救治，减少伤害导致的伤者死亡或残疾。在紧急抢救生命的同时，要加强灾区环境治理、灾民生活安置和心理危机干预，减轻灾区生态环境破坏和灾民身心健康损害程度。

“生命第一”策略更应体现在社会公众临灾自救细节中。在地震、火灾、群发事件等灾害发生时，灾民务必不能贪恋自家财产，要在第一时间逃离危险现场，如逃离有困难，应科学选择避难场所，减少身体伤害，当出现身体伤害和掩埋情形时，务必坚守生命，设法自救，等待营救。

火灾初期，可以采取科学灭火方法，紧急扑灭火情。一旦火情无法控制，应尽快逃离火灾现场，逃生时切勿贪恋财物，否则可能烧伤自己甚至还可能丢掉自己的性命。

2013 年 11 月 19 日，发生在北京小武基村村南一处 200~300m^2 的出租大院内的大火共造成 12 名妇女儿童死亡。大火致人死亡的主要原因是火灾初期，家里的男主人没有及时组织妇女、孩子逃生，而是去抢救财物，等抢救财物后火势蔓延，错过了组织妇女、孩子逃生的机会，导致大量妇女儿童死亡。

1977 年 2 月 18 日，我国传统的大年初一，新疆伊犁农垦局 61 团礼堂放映电影，大人小孩欢聚一堂。由于小孩燃放鞭炮导致突发大火，在不到半个小时的时间内，694 条生命被火魔吞噬，161 人在大火中受伤致残。① 导致火灾巨大伤亡的原因除礼堂安全通道仅剩南侧唯一大门外，主要是由于在我国改革开放前，人们物质条件比较匮乏，在大量人员逃离火场时携带自家凳子，凳子散落卡在了狭窄的门口，严重影响人员安全逃离。

2. 快速反应

灾害发生的突然性、群体性、严重性特点，可能短时间内就会造成大量人员伤亡和生命财产损失。要在第一时间到达现场，了解灾害情形，制订救灾策略，快速组织伤员搜救、院前急救、伤员转运，同时，抓紧抢修受灾的基础设施，输送救灾物资，确保灾民基本生活需求。

灾害救援快速反应应体现在政府层面的快速反应体系建设与公众主动参与灾害救援两个方面。以美国为例，根据《联邦灾害紧急救援法案》，美国专门成立了联邦紧急救援管理局，一旦突发灾害事件，通过统一调动指挥，可保证各个部门和组织步调一致快速行动。我国按照统一领导、综合协调、分类管理、分级负责的原则，也初步形成了以政府统一指挥，专业机构、社会组织和公众广泛参与的快速反应体系。加强灾害救援快速反应，应进一步强化灾害应急体系中不同部门和组织的协调联动，通过中华人民共和国应急管理部与成员单位、地方政府及相关部门和组织的协调机制，健全动员社会力量广泛参与灾害应急救援的制度体系，确保快速反应落实到行政领导以及其他不同机构和组织的行动细节。

在加强灾害快速反应体系建设的基础上，应强化公众灾害应急救援意识。通过各类灾害应急预案的广泛宣传，提高公众临灾自救的主动性。社会公众应学习和掌握地震、火灾、突发性群体事件等常见灾害事件快速反应知识和技能，特别是快速逃生的基本方法和注意要点。在灾害事件发生的第一时间，应在尽快识别和报告灾情的基础上，组织快速逃生。

再以美国为例，2001 年 10 月 15 日上午 9:45，美国国会大厦六楼一名工作人员打开了一封含有炭疽病菌的信件。此前，该大厦的工作人员已经同许多人一样，在美国遭受前期的炭疽病菌袭击之后，接受了如何应对可疑信件的培训。可疑粉末的出现引起了工作人员的警觉，她立即通知警察。9:55，第一现场应对者到达现场，包括警察和突发事件应对人员。10:00，危险品检测部门到达现场并开始对炭疽病菌进行初始检测。10:15，第一次快速检测呈炭疽阳性。10:30，通风系统关闭，组织化学预防药品的分发。此后，开始组

---

① 新疆生产建设兵团大事记（1977 年）. http://www.chinaxinjiang.cn/bingtuan/btdsj/5/201408/t20140820_440070.htm.

织流行病学调查和可疑暴露人员隔离。从此次事件的应急处置来看，反应迅速、合作有效的应对措施避免了炭疽病菌的扩散。

3. 科学救援

近年来，世界各国开展广泛协作，将人类最新科技成果应用于灾害应急救援，在防灾减灾工作上取得了长足进步。但是，面临全球自然灾害和人为灾害事件发生呈现频度高、种类多、危害大的新形势，进一步加强灾害应急科学研究，制定有针对性的灾害救援策略，成为灾害应急救援工作亟待解决的课题。

第一，科学救援应首先制订科学的应急预案，不同类型灾害和不同地区灾害呈现自身的危害特征，应在广泛调查研究的基础上，制订科学可行的灾害应急预案，保证灾害监测、预警、预防、救援、处置、恢复重建等应急救援工作运行效益。第二，应加强灾害应急救援基础理论和关键技术研究，将研究成果尽快应用于灾害应急救援实践，全面提升灾害事件的监测、预警、预防、应急、救援能力。第三，应注重专业救援人员科学演练，提高专业人员灾害应急救援工作中的现代化指挥设施、通信工具、救援设备使用效率。第四，要强化灾害医学现场应用，提高院前急救、检伤分类、伤员转运、专科治疗和多学科协作救治的专业水平。第五，应加强社会公众灾害科学知识普及教育，提高公众临灾自救互救的知识技能。

比如，2010 年 8 月 5 日，智利首都圣地亚哥以北约 800 千米的圣何塞铜矿塌方，33 名矿工受困地下 700 米处。在被困 69 天后的 10 月 12 日，33 名被困矿工重见天日。智利矿难的救援奇迹验证了科学的力量：如救援通道钻探邀请了美国航空航天局助阵，被困者依靠避难所储存的食物维持生命，采用“白兰鸽”的救援器材给矿工补给物品，通过通风管道维持矿工避难处空气质量等措施，其间大量科学技术的现场应用，确保了智利矿难救援的成功！①

① “智利奇迹”里的中国力量. http://www.xinhuanet.com/world/2016-11/20/c_129371272.htm.

第二章　突发性群体性意外伤害事件的应对与救援

群体性事件是指由某些社会矛盾或突发性事件引发的，使特定或不特定群体临时聚合而形成的规模性聚集事件。这种聚集常常对社会秩序和社会稳定造成重大负面影响，在这些事件中造成的人体伤害远比在其他事故中造成的伤害要重得多。

突发性群体性意外伤害事件比较常见的有：恐怖袭击中的爆炸、枪击、劫持人质等；某些状态下由于人群拥挤而导致的踩踏等。

第一节　恐怖袭击的概述和分类

恐怖袭击可以分为常规手段恐怖袭击与非常规手段恐怖袭击两大类。常规手段恐怖袭击包括非枪械暴力事件(如纵火，砍杀，劫持人、车、船、飞机等)和枪械暴力事件(如爆炸、枪击等)。非常规手段恐怖袭击包括核与辐射恐怖袭击、生物恐怖袭击、化学恐怖袭击、网络恐怖袭击等。

(1)核与辐射恐怖袭击：指通过核爆炸或放射性物质的散布，造成环境污染或使人员受到辐射照射的恐怖袭击。

(2)生物恐怖袭击：指利用有害生物或有害生物产品侵害人、农作物、家畜等的恐怖袭击。

(3)化学恐怖袭击：指利用有毒、有害化学物质侵害人、城市重要基础设施以及食品与饮用水等的恐怖袭击。

(4)网络恐怖袭击：指利用网络散布恐怖袭击消息、组织恐怖活动、攻击电脑程序和信息系统等的恐怖袭击。

第二节　常见恐怖袭击事件的自救

一、非枪械暴力事件——砍杀逃生与自救

2014 年 3 月 1 日昆明火车站的砍杀事件是这类事件的典型代表，在我国已发生多起，施暴者既有恐怖分子，也有仇视社会者，或精神病人等。一旦发生此类事件，我们身陷其中，保护自身安全是最主要的。而要保护自身安全应做到的是记住三原则：逃离、躲避、反抗。

(1)逃离：逃离是保护自身安全的第一选择，甚至可以说是唯一选择。不要太相信影视作品传授给公众的任何所谓英雄主义画面，空手夺白刃的事情永远只会发生在屏幕里。人在跑，子弹在身后永远打不到，那也只是屏幕上的演绎。真实的世界是残酷的，生命是脆弱的，不要逞英雄，在感知到危险发生的时候，你能做的最好选择，就是逃离。

逃离过程中应牢记以下几点：①保持镇静；②辨明方向；③选择路径；④别贪恋财物。

保持镇定是要在心理层面有所准备，只有了解对方的心理，我们才好应对。暴力事件多半归为恐怖事件，恐怖主义的目的主要是达到恐怖的效果。恐怖的效果就是让人感到害怕和恐惧。从行为上，暴徒会直接攻击人的要害部位，例如头部、脖颈、腹部等要害部位，造成死亡或重伤。因此，在这种事件中，不要妄想暴徒冲过来只是给你一个耳光，他们的目的是要置你于死地。所以，遇到这种情况，逃离是首选甚至是唯一选择，因为其他选择的获救率太低。逃离过程中尽量带走更多的人，但不能让他们成为你的累赘。这种正确判断在国外的一些反恐培训中是有的，除了道德层面的帮助之外，一个暴徒看到一群人扎堆是会有恐惧心理的，相对而言，他们更愿意袭击落单的人。所以，和更多的人聚集在一起要更安全一些。当逃离和躲避都不能选择的时候，必要的反抗也是建立在多人互相协助的基础上的。

逃离过程中如果方向选择错误，则很可能会从事件范围的边缘冲到事件范围的核心区域从而导致不良的后果。判断方向的方法：①看人流的方向：从事件发生点开始的四散奔逃是最容易判断事件发生点的方法，跟着大队人马一起，是较为安全稳妥的。因为对于袭击者来说，攻击身边最近而且单独的目标是那个时候的第一反应，造成最大的恐怖结果是他们的目的。但这种判断方式不适合多人从多点同时进行的恐怖袭击，所以你还要配合后面的方法。②看袭击头目：一般来说，为了更好地组织恐怖活动，都会有一个或几个主要操控者，他们主要是指挥和观察周边情况，而比较少拿着凶器四处袭击。除了大声喊叫以外，他们还会站在较高的地方例如车顶、楼梯等处进行指挥。要注意行动怪异的女人，因为女性领导者这时候较容易脱离现场(曾有多起恐袭事件的指挥者为女性，因为人的固定思维认为男性更有暴力倾向)。若事件中心地带有女性没有恐慌和逃跑，则多半她就是事件的现场指挥者，确定事件指挥者后要学会立即向着相反方向逃离。

撤离路径要分情况，室内和室外是不同的，下面分情况说明。①室内事件：当发生室内的恐怖事件时，首先考虑的是通过正常通道(不包含电梯等容易造成损坏和人员被困的场所)撤离，正常通道指消防撤离通道、楼梯、紧急疏散通道等。如果在公共场所，撤离通道的标识一般都会比较明显，但大家最好有一个习惯，就是自己主动去看。例如在酒店，每个房间都有一张紧急撤离图，可以自己把楼层走一遍，以熟悉所处环境。②室外事件：这时候要根据现场情况来确定撤离路径，而不是想当然。恐怖事件中，暴徒选择的路径是由事件本身决定的，一般来说会排除监控较多的主要干道、政府机关、较难进入的建筑物等。而他们不选择的都是我们可选择的。不要考虑钻小道，虽然那样看上去容易躲避，但你要知道，暴徒也是一样希望不见光，为了免遭警察和军队的搜捕，他们在逃跑的时候也会选择小道，可以想象，当你遇到慌不择路、穷凶极恶的暴徒时，你的下场会是怎样的。更惨的是，如果你在小道上受伤，救援车辆也比较难到达，反而给救助增加了难度。

命比钱重要，逃跑的过程就是逃命的过程，这个过程的中心是保护你的生命安全，不要在意那些身外之物，甚至你的面子。身上多余的影响你快速撤离的东西都是会降低你的安全属性的。除了手机，其他的都可以临时舍弃。保留手机也不是因为它贵重，而是因为通信工具要在手上。

(2)躲避：在没办法逃离的前提下才选择躲避，因为已经无法逃离，或者本身就在一个封闭的空间，没有快速撤离的方案可选。记住，躲避时要注意以下几点：

①安静：安静格外重要，你要做的事是任何时候都不能发声并及时将手机置于静音状态。②阻拦：所谓阻拦是指尽可能地利用一切方法阻拦施暴者的接近，如用重物阻挡通路、锁门等。③求救：求救是从始至终都要有的，但要有技巧。尽量使用短信和微信这类利用流量的互联网工具(在保持安静的同时，语音通信很容易阻塞，数据通道在危机时比语音通信顺畅稳定)。在向警方报告时要讲明地点、时间、位置和发生的问题。④镇定：镇定在躲避阶段也同样重要，因为高度紧张状态下的尖叫和失态会让你更加危险。因此，这时候你可以害怕，但一定要镇定；你可以恐惧，但不要恐慌。

(3)反抗：反抗是最差的选择，在特殊的情况下，如果你采用了不当的反抗方法，不但你会受到伤害，而且还可能会连累更多无辜的人。反抗这些暴徒的事交给专业的人会比较好。但是，如果你已经处在事件中心地带，根本无法逃离或躲避，这时你要根据形势立即作出决定进行反抗；或身边有妇女和儿童，你们都处在极度危险之下，无法逃离和躲避，这个时候那也就只能拼死一搏了。

二、非枪械暴力事件——被劫持后自救

在劫持事件刚发生时，劫持者为了让人质听从自己的指挥，往往会用言语或暴力恐吓人质。这一阶段，劫持者的情绪也处于紧张和敏感之中，自我控制能力下降，冲动行为居多，如果此时人质有任何过激的语言和行为都可能激怒劫持者，使劫持者伤害甚至杀掉人质。因此，被劫持者在此阶段一定要保持冷静，尽量顺从劫持者，不要轻举妄动，以免给自己带来不必要的伤害。经过被劫持之初的混乱和紧张之后，劫持者往往会冷静下来，开始向有关方面提出自己的条件而进行谈判。此时，作为被劫持者必须接受自己已被作为人质的事实(自己的人身安全暂时由劫持者控制)，理智地面对这一点，防止陷入冲动或出现精神崩溃。被劫持者可自行调节进行深呼吸，也可以用无声的语言或自言自语来转移自己的注意力，放松紧张情绪。同时，应该冷静隐蔽地观察劫持者和所处场所的情况，如劫持者人数、所持武器装备情况、目前的情绪以及所处场所有哪些物品等，以便在有机会时向营救方传递这些信息。同时还可以劝说情绪不稳定的其他被劫持者，增强团体力量，以免同伴产生对抗行为激怒劫持者。如果劫持者情绪不激烈，可以适当与其进行沟通，拉拉家常，这样有助于劫持者情绪的稳定。歹徒劫持人质，一般来说都是处于思维偏差状况，可以通过拉家常，引导他们回到正常的社会道德规范上来。一旦不幸被劫持，为保护自身的生命安全，应尽量做到：

①保持冷静，不反抗；②不对视，趴在地上，动作要缓慢，以免激怒劫持者或引起劫持者的误解，因为快速的动作可能被误认为反抗；③尽可能保留和隐藏自己的通信工具，

及时将手机置于静音状态；④适时用短信等方式向警方求救，报告自己所处的位置、人质人数、劫持者人数；⑤在警方发起突击的瞬间，更需要保持冷静的头脑，尽可能趴在地上，在武力解救开始时按照已经观察到的最安全逃脱路线逃生，或者寻找安全的庇护场所，在警方掩护下脱离现场。

三、枪械及爆炸暴力事件自救

1. 爆炸

(1)如有关于爆炸的传言，应谨慎对待，有效预防，做到：

①信：要“宁可信其有，不可信其无”，不能心存侥幸；②快：尽快从“现场”撤离；③细：细致观察周围的可疑人、事、物；④报：迅速报警、让警方了解情况；⑤记：用照相机或者摄像机等将“现场”记录下来。

(2)提高警惕，有效识别，及时识别可疑现象，是预防爆炸危害最有效的方法之一，如何识别爆炸实施嫌疑人、爆炸实施可疑车辆、可疑爆炸物等都有一定的规律可循。

①爆炸实施嫌疑人的识别：实施恐怖袭击的嫌疑人脸上不会贴有标记，但是会有一些不同寻常的举止行为引起人们警惕，如：神情恐慌、言行异常者；着装、携带物品与其身份明显不符，或与季节不协调者；冒称熟人、假献殷勤者；在检查过程中，催促检查或态度蛮横、不愿接受检查者；频繁进出大型活动场所者；反复在警戒区附近出现者；疑似公安部门通报的嫌疑人员等。

②爆炸实施可疑车辆的识别：状态异常：观察车辆结合部位及边角处的车漆颜色与车辆颜色是否一致，车辆是否被改色；车的门锁、后备箱锁、车窗玻璃是否有被撬压破损痕迹；车灯是否破损或被异物填塞；车体表面是否附有异常导线或细绳。车辆停留异常：违反规定停留在水、电、气等重要设施附近或人员密集场所。车内人员异常：在检查过程中，神色惊慌、催促检查或态度蛮横、不愿接受检查；发现警察后启动车辆企图逃离。

③可疑爆炸物的识别：在不触动可疑物的前提下，可通过一看、二听、三嗅来识别可疑爆炸物。一看：由表及里、由远及近、由上到下无一遗漏地观察、识别、判断可疑物品中或可疑部位有无暗藏的爆炸装置；二听：在寂静的环境中用耳倾听是否有异常声响；三嗅：如黑火药含有硫磺，会放出臭鸡蛋(硫化氢)味，自制硝铵炸药的硝酸铵会分解出明显的氨水味等。

④常见爆炸物可能放置的地方：标志性建筑物或其他附近的建筑物内外；重大活动场合，如大型运动会、检阅、演出、朝拜、展览等场所；人口相对聚集的场所，如体育场馆、影剧院、宾馆、运动员村、商场、超市、车站、机场、码头、学校等；宾馆、饭店、洗浴中心、歌舞厅及其易于隐蔽且闲杂人员容易进出的地点；各种交通工具上；易于接近且能够实现其爆炸目的的地点，甚至是行李、包裹、食品、手提包及各种日用品之中。

(3)发现可疑爆炸物时的处置原则：①不要触动；②及时报警；③迅速撤离，疏散时，有序撤离，不要互相拥挤，以免发生踩踏造成伤亡；④协助警方的调查。目击者应尽量向警方说明发现可疑物的时间、位置，可疑物大小、外观、有没有人动过等情况，如有可能，可用手中的照相机进行照相或录像，以便为警方提供有价值的线索。

(4)爆炸发生时的逃生与自救：①寻找掩体降低伤害，防止吸入过多的有毒烟雾；②保持镇静，观察有无二次爆炸或二次伤害，切记不可惊慌乱跑(易成为袭击目标)；③身上着火时就地打滚及时灭火；④及时逃生，不贪念财物。

2. 枪击事件

遇到枪击事件时第一反应应该是快速趴下、寻找掩体、择机逃离、及时报警、等待救援。枪击事件中有效掩蔽是保命的根本。选择掩体时要因地制宜，原则是选择密度质地不易被穿透的掩蔽物；选择能够挡住自己身体的掩蔽物；选择形状易于隐藏身体的掩蔽物。不易穿透的物体有墙体、立柱、大树干、汽车的发动机舱等。

第三节　踩踏事件的逃生与救援

2014年12月31日晚23点35分左右，很多市民和游客聚集在上海外滩迎接新年，上海市黄浦区外滩陈毅广场突然发生拥挤，引发多人摔倒、叠压致使踩踏事件发生，截至2015年1月2日上午，已有36人死亡，49人受伤。2015年1月21日，上海市公布12.31外滩拥挤踩踏事件调查报告，认定这是一起对群众性活动预防准备不足、现场管理不力、应对处置不当而引发的拥挤踩踏并造成重大伤亡和严重后果的公共安全责任事件。①

本来是想迎接新年的到来，但最终，30多条鲜活的生命却定格在了2014年那最后一刻。事实上，在全世界，还有不少类似的踩踏事故发生。

2010年11月22日晚间，柬埔寨为期三天的传统送水节的最后一天，300万人涌向金边观看庆祝活动，在一座通往活动地的桥上，因游人太多导致桥体产生晃动，引起人们恐慌踩踏，近400人丧命。②

2013年10月13日，印度中央邦一座寺庙附近桥面发生踩踏事件，造成90多人死亡，至少100人受伤。事故发生时，桥上至少有2.5万人前往寺庙朝拜，庆祝杜尔加女神节。一些朝拜者为了插队，故意散布“桥快要断了”的谣言，导致民众惊慌并造成踩踏事件。③

一、踩踏事件发生的常见原因

人太多是发生拥挤踩踏事件的根本原因，所以踩踏事件常发生于学校、车站、机场、广场、球场等人员聚集的地方；发生的时间常见于节日、大型活动举办日等。发生拥挤踩踏事件的诱因很多。常见情况是人群因兴奋、愤怒等过于激动的情绪，从而发生骚乱；有时候发生爆炸、砍杀或枪击等恐怖事件，人们急于逃生而致局面失控；也有一些人好奇心

---

① 上海外滩踩踏事件．http：//www.xinhuanet.com/politics/szjcxzt/shwtctsg/.

② 柬埔寨首都金边发生踩踏事件．http：//news.china.com.cn/node_7105604.htm.

③ 印度一座大桥发生踩踏事故 造成至少91死100伤．http：//www.chinadaily.com.cn/hqzx/2013-10/14/content_17029977.htm.

图 2-1　印度一座大桥发生踩踏事故

重，哪里人多就往哪里挤，凑看热闹而致踩踏事件发生；当人群较为集中时，前面有人摔倒(或只是蹲下来系鞋带)，后面人群未留意，没有止步，发生踩踏。

二、如何预防踩踏事件

(1)时刻保持冷静，提高警惕，尽量不受周围环境的影响。

(2)熟悉所处环境的安全出口，保障安全出口的通畅。

(3)已经处于拥挤人群中时一定要双脚站稳，同时抓住身边稳固的物体。

(4)志愿者有权利和义务组织人群有序疏散，并及时联系外援。

三、踩踏事件发生过程中的自我保护

踩踏事件中常见的人体伤害有创伤性窒息、胸部肋骨骨折、腰背部软组织挫伤等。踩踏事件造成伤害的直接原因，在于拥挤的人群重力或推力叠加。如果有十来个人推挤或压倒在一个人身上，其产生的压力可能达到1 000公斤以上。造成伤害或死亡的原因正是这种无法承受的压力，人的胸腔被挤压到难以或无法扩张，就会发生挤压性窒息。这种挤压往往又不能在短时间内解除，于是受压力超过极限的人员会发生创伤性窒息甚至死亡。甚至有案例中受害者并非倒地被踩踏，而是在站立的姿势中被挤压致死。

身处踩踏事件中的对策：

(1)躲：行进过程中若发现慌乱人群向自己方向涌来，应快速躲向一旁，或蹲在附近的墙角下，以避开人群(图 2-2)。

(2)稳：尽量站稳身体，不要倒下，在拥挤混乱的情况下，要顺势而行，切莫逆行

(图 2-3)，双脚站稳抓住身边稳固的物体(栏杆或柱子)，但要远离店铺和柜台等有大块玻璃的地方。

1. 珍爱生命，远离拥挤，不凑热闹。

2. 一旦感到周围过度拥挤或者人群情绪过于高涨时，应该及时想办法离开现场。

3. 一旦发现慌乱的人流向着自己涌来，应该尽快想办法避到一旁。

图 2-2　如何远离拥挤的人流，避免踩踏事件发生

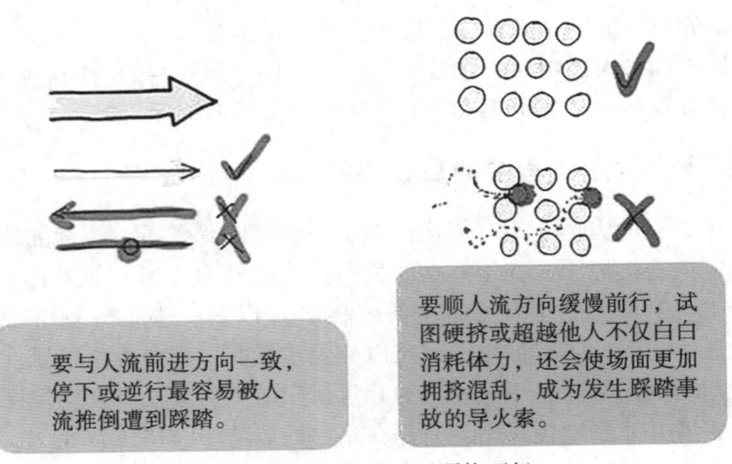

图 2-3　在拥挤混乱时要顺势而行

(3)通：保证呼吸通畅，在人群中前行时要用一只手握紧另一只手的肘关节撑开平放于胸前，微微向前弯腰，以形成一定的呼吸空间。

（4）护：一旦被挤倒在地，应设法将身体蜷曲成球状，双手紧扣置于颈后，以保护好头、颈、胸、腹等重要位置。如图 2-4 所示。

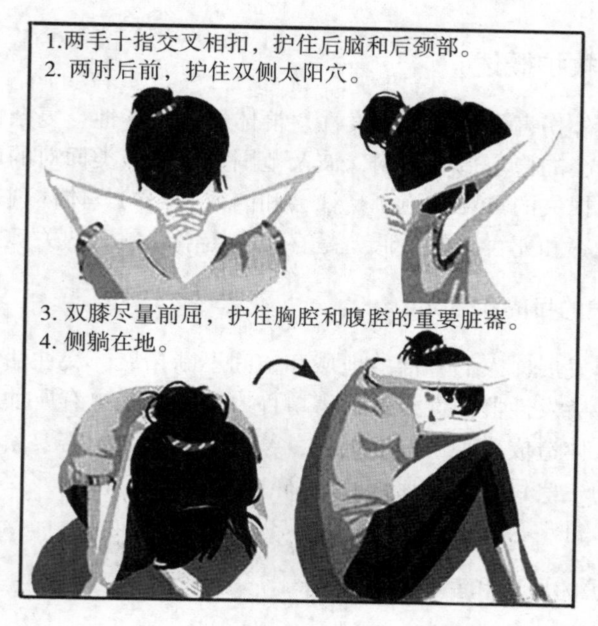

图 2-4　不慎倒地时的自我保护动作

四、踩踏事件中的他人急救

踩踏事件发生后，现场急救应有所为、有所不为。最终的目的是减少死亡、减低损伤、抚慰伤者。

（1）对于昏迷失去反应者：此类伤者是最严重的，若伤者无反应、无呼吸、无颈动脉搏动，则为心脏骤停，需要即刻实施心肺复苏。由于伤者合并窒息缺氧因素，应该给予包括人工呼吸在内的标准心肺复苏，按压和人工呼吸的频次为 30 ：2，具体步骤见“溺水急救”章节。单纯胸外按压仅适用于日常生活中常见的心源性心脏骤停，对窒息因素导致的心脏骤停效果不佳。对于那些无反应但有呼吸和脉搏者，虽然无需马上进行心肺复苏，但是他们随时可能出现心跳骤停，应保持其气道通畅，密切观察其呼吸和脉搏，随时准备对其做心肺复苏，并等待救援。

（2）对于呼吸困难、神志淡漠、咯血者：此类伤者存在严重内出血、休克、气道窒息风险，随时可能心跳呼吸骤停，应保持其气道通畅、下肢抬高的休克体位，必要时给予通气支持或心肺复苏，并等待救援。

（3）对于神志清醒能喊叫但存在活动障碍、肢体畸形者：对于此类伤者，切记不可随意搬动，以免其颈椎、腰椎、肢体骨折部位的二次损伤，应等待救援，同时给予其鼓励、安慰和陪伴。

第四节　常见突发性群体性意外伤害事件现场医疗救护

一、现场医疗救护概述

突发性群体性意外伤害事件具有突发性、群体性、破坏性、复杂性，往往造成众多群众的伤害，甚至对社会的稳定造成影响，波及范围大，是人类面对的严峻挑战。现场医疗救护是降低人民生命损失的重要措施，是社会和国家利益的具体体现。现场医疗救护水平直接决定了伤患致残率和死亡率的高低，是直接决定事件预后的关键。

1. 现场医疗救护的目的和意义

随着经济的快速发展，人们生活的地域和空间不断拓展，交往活动越来越频繁，各种意外伤害明显增多，突发性群体性意外伤害事件出现的几率也有所加大。突发性群体性意外伤害事件往往对人体造成各种不同的损伤，甚至危及生命，需要紧急医疗救护。

现场医疗救护的主要目的就是要抢救生命、稳定伤情、减少残疾、缓解痛苦。时间就是生命，如何及时、科学、有效地做好现场救护至关重要。

2. 现场医疗救护的原则和基本要求

1) 现场医疗救护的原则

突发性群体性意外伤害事件现场往往比较混乱，有的人在呼喊、哭泣，有的人在奔跑、逃离现场。伤员受伤情况轻重不同，在这种情况下，首先需要做到心中有数，临危不乱；其次要采取积极的医疗救护措施，最大限度地减轻伤者受到的伤害，为下一步医院内救治争取有利条件和宝贵时间。

总的原则是经过现场医疗救护，能存活或存活希望较大的伤者优先抢救。在现场急救时，应遵守下列六项基本原则：

(1) 先急救后转运：在医疗救护现场，伤者的伤情各不相同，对危重伤者要先进行适当的抢救，待其情况稳定后再送医院进一步救治。如果未经检伤分类或任何处置就转运，易在转运途中造成不应有的死亡。

(2) 先救命后治伤：在救治过程中，注意观察伤者的生命体征，特别是心跳和呼吸，如果伤者心跳呼吸停止而又有身体的骨折，应先进行心肺复苏，待其心跳呼吸恢复后，再进行骨折部位的固定。

(3) 先重伤后轻伤：当有大量伤者时，伤情轻重不等，应先救治生命垂危但有成活希望的重伤者，后抢救伤情较轻的伤者，对没有成活希望的伤者可以暂时放弃抢救。

(4) 先止血后包扎：如果伤者有伤口正在大出血，应马上处理伤口进行止血治疗，待出血停止后再处理其他创伤，保证伤者生命体征稳定，为后续的救治奠定基础。

(5) 边急救边呼救：在急救现场有大量的伤者、少数的救护人员无法应对时，应在开展医疗救护的同时大声呼救，争取周围更多的人来参与抢救，并拨打120急救电话。

(6) 对伤者进行心理关怀：伤者在突如其来的事件面前，受到惊吓而惊慌失措，面对自身的伤情和眼前血腥的场景，心灵受到极大的创伤，容易出现紧张、恐惧、忧虑、烦躁等各种心理反应，甚至丧失理智、自控能力和自救能力。此时，急救人员应该保持镇静，紧张有序地进行救护，指导伤者等待救援或采取有效的自救，并给予伤者心理上的关怀和安慰，减少其心理上的伤害。

2)现场医疗救护的基本要求

随着社会进步和经济发展，广大人民群众对自身健康的需求和保护意识不断增强。面对突发事件，群众不仅希望不死亡，还希望减少伤残，迫切希望和要求医疗救护工作反应更加迅速，处置更为有效。同时，社会各界的关注度和舆论监督也日益增强，极容易引发焦点、热点问题和社会矛盾，给突发性群体性意外伤害事件控制和医疗救护工作带来更大的困难和考验，这对现场医疗救护提出了更高的要求。做好突发性群体性意外伤害事件现场医学救护应把握以下几个重要环节：

(1)反应快捷的组织领导：各级卫生行政部门成立医疗救护领导小组和专家组，领导小组领导、组织、协调、部署突发事件的医疗救护工作，专家组对突发事件医疗救护工作提供咨询建议、技术指导和支持；医疗卫生救援机构承担突发事件的医疗救护任务；现场医疗卫生救援指挥部统一指挥、协调现场医疗救护工作。

(2)层次分明的急救网络：突发事件后的救护不是某个或几个医院能独立完成的，事件发生后，政府往往需要采取行政手段，调动一切可以利用的医疗资源参与救护，增设不同级别不同梯队的急救站点，由点成网，这样既可缩短救援半径，又可缩短紧急救护反应周期，使伤者能在最短时间内得到有效救护，以遏制伤情的进一步发展。

(3)技术全面的急救力量：在群众人身受到伤害时，急救人员应该第一时间到达现场，争分夺秒地开始医疗救护工作，并争取周围群众和其他医务相关人员的协助，要具备相关的急救知识，如事故现场危险性评估以及伤者生命体征监测、伤情判断、心肺复苏、止血、包扎、固定、搬运等。

(4)性能良好的急救器材：先期到达突发事件现场时，可能缺乏相关的急救器材，此时要徒手操作并就地取材，如将衣服撕成布条作包扎用、用木板或树枝作固定用、将伤者的健肢与患肢捆绑在一起进行固定、用门板或床板作担架转运伤者等。但随后应该使用依托性能良好的急救器材开展现场医疗救护工作，以提高现场急救的效果。

(5)畅通无阻的急救通道：救护人员要在紧张有序的救援过程中，利用各种交通工具和设施，集中海陆空优势进行立体转运，争取在黄金一小时内将伤者送到有条件的医院进行进一步治疗。

(6)有求必应的保障系统：现场医疗救护要统一领导，各级部门要明确职责，做好服务，反应及时，措施果断，有良好的保障系统，做到有求必应。要充分整合各方资源，信息共享。要有信息化通道，医务人员能通过网上查询或紧急网上远程会诊等手段，在极短的时间内获取相关资料，以便统一抢救思想，统一抢救方案，提高抢救水平。

3. 现场医疗救护的内涵

现场医疗救护是指对伤者从突发事件现场到进入医院以前的医疗救护全过程。包括伤者或目击者的呼救、急救中心(站)和其他急救人员到达现场、迅速搜救、检伤分类、初步的紧急医疗处置、分级救治，然后将伤者安全搬运后送到医院的全过程(包括途中监测与救护)。

急救医疗服务体系(Emergency Medical Service System，EMSS)是负责实施有效的现场急救、合理分诊、有组织地转送病人及与基地医院密切联系的机构。以现场医疗救护为手段，最大限度地挽救伤者的生命，将突发事件对人民群众造成的伤害减低到最低程度，这将关系到群众的生命安全、社会的和谐安定和政府的威信。所以，要充分认识到先进救援体系的建立运行、现场及时正确有效地抢救伤员、迅速地分级转运，对减轻已发生的严重突发事件伤害所起的重要作用。

二、现场医疗救护的基本环节

到达现场开始医疗救护时，要有步骤、科学、合理地按照一定的程序进行。现场医疗救护一般包括以下几个基本环节。

1. 现场评估

对现场进行评估，包括对突发事件规模、事发地点、受伤对象、伤亡人数、创伤类别、伤病程度，以及现场的安全性，可能危及伤员、抢救人员和周围群众的潜在因素，进行尽快的全面的评估。

2. 紧急呼救和现场功能分区

将现场评估结果，立即向上级指挥员和地方政府报告。根据伤者受伤情况，启动现场急救程序。立即向有关部门拨打呼救电话，增派急救医务人员到现场开展医疗救护。

为了提高医疗救护的效率，保证有条不紊地推进工作，可以进行现场功能分区。现场一般分为五个区：①检伤分类区；②重症抢救区，红色标志；③轻症等待区，黄色标志；④候转区，绿色标志；⑤太平区，等待尸体辨认及殡葬等处理，黑色标志。

3. 检伤分类

检伤分类的目的是在医疗救护条件有限的情况下，以有限的人力和资源，在最短时间内救治最多的伤者，最大限度地提高伤者救治成活率，降低伤者致残率和死亡率。

检伤人员的注意力要集中在对伤情的评估上，一般只对极紧急的情况进行简单处理，如解除伤者呼吸道的堵塞及对大出血者进行紧急止血。对救援现场伤者多进行两次分流，初步分流是第一时间接触伤者，快速判断，指出红色类别及部分黄色类别，将伤者依次编号及记录人数。第二次分流是对现场等候的伤者作出详细的评估，确定初检未检出的应归入黄色区域的伤者。

1)检伤分类的标准及标志

救护现场根据危害生命的程度及优先救治的程度分为4类。伤患的分类以标志明显的卡片表示，通常采用红、黄、绿(蓝)、黑四色系统。以5cm×3cm的不干胶材料做成，或用塑料材料制成腕带，扣系在伤者或死亡人员的手腕或脚踝部位。

(1)红色：极危险，第一优先。标识有非常严重的创伤，但如及时治疗即有机会生存的伤者。包括呼吸停止或呼吸道阻塞、被目击的心脏停止、动脉断裂或无法控制的出血、稳定性的颈椎受伤、严重的头部受伤且意识昏迷、开放性胸部或腹部伤害、休克、令远端脉搏消失的骨折、50%皮肤二度或三度烧伤。

(2)黄色：危险，第二优先。标识有重大创伤，但仍可短暂等候而不危及生命或导致肢体残缺的伤者。包括背部受伤(不论是否有脊柱受伤)、中度的流血(少于2处)或失血量少于1 000mL、严重烧伤、头部严重受创但仍然清醒、颈椎以下的脊柱受创、开放性或多处骨折、稳定的腹部伤害、眼部伤害。

(3)绿(蓝)色：轻伤，第三优先。标识可自行走动，没有严重创伤，其损伤可延迟治疗，大部分可在现场完成治疗而不需送院的伤者。包括不造成休克的软组织创伤、不造成远端脉搏消失的肌肉或骨骼损伤、轻微流血、小型或简单型骨折。此外，凡是由于受伤过于严重(如头部外伤且脑组织外露、三级灼伤且灼伤面积超过体表面积的40%以上)且存活机会不太大者，也归入绿(蓝)色区域。

(4)黑色：标识已死亡的伤者，没有呼吸及脉搏、双侧瞳孔散大固定者。包括头部不见者、没有脉搏超过20分钟者(除了冷水溺水或极度低体温者)、没有呼吸者、躯干分离者等。

目前国际上的检伤分级：T1(immediate treatment)：重伤员，伤情危及生命，需要立即救治，红色；T2(delayed treatment)：中度伤员，伤情非危及生命，但需要医疗处理，可延后治疗，黄色；T3(minimal treatment)：轻伤员，轻微轻伤，无需医院处理，绿色；T4(expectent treatment)：死亡遗体，送达时已死亡，黑色(英国等少数国家用白色)。

2)检伤分类和方法

理想的检伤分类系统应具有简单、无需特殊器材和技能、快速(每个人不超过1分钟)、无需特别的诊断、可稳定伤患及容易教和学的特点。检伤分类应是一个动态且连续的过程。初步检伤分类指导初步医疗处理并决定是否需要转运；二级检伤分类应进一步分配医疗资源并分流伤者。

(1)初步检伤分类。第一步：救援人员到达现场后喊："能够走动的伤员到我这来。"凡是能走到救援人员面前的伤员给予绿色标识(T3区救治)。第二步：救援人员喊："凡是不能走动但是能够说话或能够示意的病人请示意。"所有能够示意的病人表明有意识存在，给予黄色标识(T2区救治)。第三步：检查意识丧失的伤员，凡是呼吸和脉搏存在，或呼吸、脉搏停止不到10分钟的伤员给予红色标识(T1区救治)。

(2)START (Simple Triage and Rapid Treatment)分类。START分类法主要通过对伤员行动能力、呼吸、循环及意识状态4个方面进行评估，根据以下操作步骤进行简单的分类(图2-5)：第一步，对行动自如的伤员，给予其绿色标识，可安排其到轻伤接待站，暂不处理或仅给予绷带、敷料等自行包扎。第二步，如果伤员不能行走，进一步检查其自主呼吸。具体方法为：采用双手托颌法开放其气道，采用一听、二看、三感觉的方法判断伤员是否有呼吸。听，即倾听伤员有无呼吸声；看，即观察伤员的胸腹有无起伏；感觉，即将脸颊贴近伤员鼻孔，感受气流。务必牢记：检查时间一定不要超过10秒。若伤员没有自主呼吸，则给予黑色标识，暂不处理；若伤员呼吸微弱或呼吸频率大于30次/分或小于6次/分，则给予红色标识，第一优先处理；若伤员有自主呼吸，且呼吸次数为6~30次/

分，则进一步检查其循环情况。第三步，循环检查，可以通过触及伤者桡动脉搏动和观察其指端毛细血管充盈时间来完成。搏动不存在且充盈时间大于2秒者为危重伤员，应给予红色标识并优先救治，这样的伤员一般合并活动性大出血，须立即有效止血和补液；搏动存在和复充盈时间小于2秒者，可以进行下一步意识状态检查。第四步，在判断意识状态前，首先检查伤者头部外伤，然后简单询问并指令其做张口、睁眼、抬手等动作。不能正确回答问题和按照指令做动作者，多为危重伤，应给予红色标识并优先处理；能够准确回答问题并按照指令做动作者，可按照轻伤员处理，给予黄色标识，暂不给予处置。

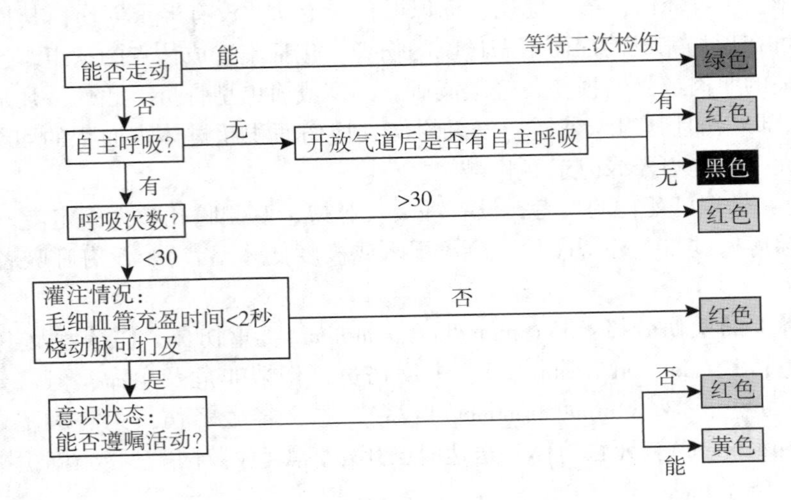

图2-5　START检伤分类法

但需要警惕的是：初检为轻伤的伤员可能隐藏有内脏严重损伤，如肝、脾破裂等，或可能逐渐发展为重伤，应注意对轻伤伤员进行二次分类。另外，如果伤员有气道阻塞、大出血或大面积烧伤这三种情况，也应该标记为红色，立即处理。

(3)SAVE(Secondary Assessment of Victim Endpoint)原则。最终伤员的二次评估使用在伤者很多、分布范围很广、资源严重不足，且持续时间很长的严重大灾难中。可配合START原则一起使用。它主要将伤者分为3类：不管怎么治疗都不太可能存活的伤者；有治疗就会存活，没有治疗就会死亡的伤者；不管有没有治疗都会存活的伤者。

4. 现场急救

现场急救的宗旨就是立足于一个"急"字，着眼于一个"抢"字，着手于一个"救"字，通过对疾病或损伤引起的肢体、器官、生命的严重威胁进行早诊断、早治疗，最大限度地降低发病率、伤残率、病死率。

发生伤亡或意外伤害后4~8min是紧急抢救的关键时刻，失去这段宝贵时间，伤者的伤势会急剧变化，甚至发生死亡。所以，要迅速了解事件或现场情况，机智、果断、迅速和因地制宜地采取有效应急措施和安全对策，争分夺秒地进行抢救，冷静科学地进行紧急处理，防止事故、事态的进一步扩大和伤者的伤情进一步恶化。

当突发性事件现场十分危险或危急，伤亡或灾情可能会进一步扩大时，要及时稳妥地帮助伤者脱离危险区域或危险源，在紧急救援过程中，要防止发生二次事故或次生事故，并要采取措施确保急救人员自身和伤者的安全。

要正确迅速地检查伤者的伤情，重点检查伤者的意识、呼吸、大动脉等可能危及生命的重要体征，以及全身外伤、出血、骨折等伤情。遵循“先抢后救，抢救结合；先命后伤，先重后轻”等现场急救原则。如发现伤者心跳和呼吸停止，则要立即对其进行人工呼吸、胸外按压；如伤者出现大出血，则要立即对其进行止血；如发生骨折，则要设法进行固定等。

5. 伤者的转运

在对伤者进行初步处理后，按照一定的原则，下一步要开始对伤者进行转运。对伤者的安全转运，将有效挽救其生命，减少死亡和残疾。要按照伤者的优先级进行转运，最大限度地抢救伤者的生命，降低转运途中危急重症伤者的死亡率。要就近、就急、就能力将所有伤者尽快送往医院，但不可同一时间将大量伤者送到同一医院，更不可把大量“绿”色伤者先送医院而延迟对“红”色或“黄”色伤者的救治。应有计划地根据医院的救治能力进行分流。

要选择合适的搬运方法和工具，科学搬运，避免对伤者造成二次损伤。转运途中要密切观察伤者伤情变化，注意其唇周、面色、呼吸，有意识地与伤者交谈，轻拍伤者，判断其意识。注意监护仪参数变化，并确保治疗持续进行。转运途中要保持各方联络，互相报告现场伤者救治情况及院内接收伤者的准备情况。

三、现场心肺复苏术

突发性群体性意外伤害事件现场急救经常要面对心脏骤停伤者，应做好组织工作，并要求急救人员熟练掌握心肺复苏技术。

1. 心脏骤停的概述

心脏骤停系指心脏泵血功能的突然终止。心脏骤停虽偶有自发恢复，但通常会导致死亡。如予以及时的抢救措施，则伤者有可能逆转而免于死亡。

在正常室温下，心脏骤停 3 秒钟之后，人就会因脑缺氧而感到头晕；10~20 秒钟后，人就会丧失意识；30~45 秒钟后，瞳孔就会散大；1 分钟后就会出现呼吸停止、大小便失禁；4 分钟后脑细胞就会出现不可逆转的损害。一般最佳黄金抢救时间为 4~6 分钟，如果在 4~6 分钟内得不到抢救，伤者随即便会进入生物学死亡阶段，生还希望极为渺茫。

猝死是指平素看来健康或病情基本稳定的人，在出乎意料的短时间内，因自然疾病而突然死亡。心源性猝死(Sudden Cardiac Death，SCD)是指急性症状出现后 1 小时内发生的以突然意识丧失为特征的、由心脏原因引起的无法预料的自然死亡。所有生物学功能的不可逆性停止，80%由冠心病及其并发症引起。但只要抓住时间和机会，在任何地方，有效的心肺复苏都有可能使猝死逆转，给伤者提供生存的机会。

心脏骤停是临床死亡的标志，其症状和体征依次如下：①心音消失；②脉搏摸不到、血压测不出；③意识突然丧失或伴有短阵抽搐，抽搐常为全身性，多发生于心脏停搏后10秒内；④呼吸断续，呈叹息样，以后即停止，多发生在心脏停搏后20~30秒内；⑤昏迷，多发生于心脏停搏30秒后；⑥瞳孔散大，多在心脏停搏后30~60秒出现。但此时尚未进入生物学死亡。如予以及时恰当的抢救，伤者仍有复苏的可能。

生物学死亡期是死亡过程的最后阶段。此时，自大脑皮质开始，整个神经系统以及其他各器官系统的新陈代谢相继停止，整个机体出现不可逆变化，已不能复活，但个别组织在一定时间内仍可有极细微的代谢活动。

从心脏骤停向生物学死亡的演进，主要取决于心脏骤停心电活动的类型和心肺复苏的及时性。脑细胞对缺氧十分敏感，一般在血液循环停止后4~6分钟，大脑即发生严重损害，甚至脑死亡。心肺复苏开始得越早，伤者存活率越高，4分钟内进行心肺复苏者可能有一半能被救活；4~6分钟开始心肺复苏者，10%可以被救活；超过6分钟进行心肺复苏者存活率仅为4%。如在心脏骤停8分钟内未予以心肺复苏，除非在低温等特殊情况下，否则几无存活的可能。10分钟以上开始心肺复苏者，存活可能性就更小①。从统计资料来看，救援者立即对伤者施行心肺复苏术和尽早除颤，是避免伤者生物学死亡的关键。

2. 心脏骤停的处理

对心脏骤停或心脏性猝死者的处理主要是立即进行心肺复苏（Cardiopulmonary Resuscitation，CPR）。

院外心脏骤停生存链是5环5步：5环是识别与呼叫、高质量心肺复苏、早除颤、基础与高级院前急救、高级生命支持与骤停后治疗。如图2-6所示。5步是非专业急救者、院前急救组、急诊科、导管室和重症监护室。

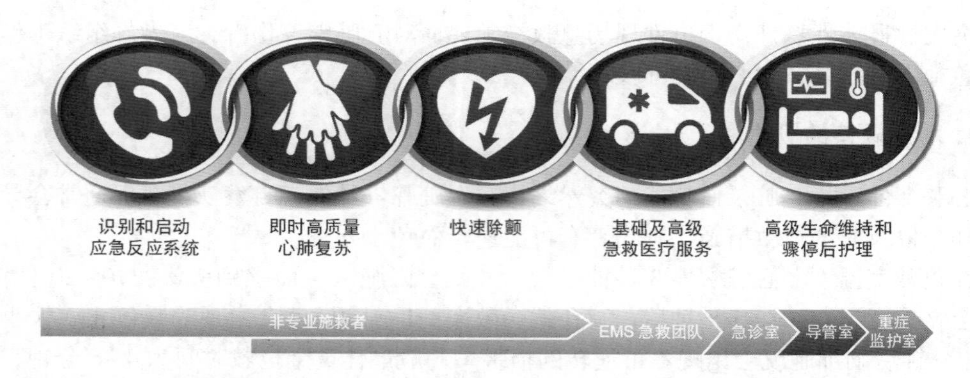

图2-6　院外心脏骤停生存链(2015年美国心脏协会心肺复苏与心血管急救更新指南)

① 何忠杰，刘庆阳，王永刚. 白金十分钟时效应急理论发展及其在应急救援中的实践意义[J]. 中国急救复苏与灾难医学杂志，2019，9：810-814.

心肺复苏内容如下：

1)识别心脏骤停

在现场环境安全的情况下，迅速识别心脏骤停。心脏骤停出现较早而可靠的临床征象是意识的突然丧失伴以大动脉(如颈动脉和股动脉)搏动消失。有这两个征象的存在，心脏骤停的诊断即可成立。在成人中以心音消失诊断心脏骤停并不可靠，血压测不出也未必都是心脏骤停，因此对怀疑心脏骤停的病人反复听诊或测血压，反而会浪费宝贵的时间而延误复苏的进行，影响复苏后的存活率。通过瞳孔变化来判断心脏骤停的可靠性也较低，瞳孔缩小不能排除心脏骤停，尤其是在用过鸦片制剂的病人或老年病人中；而瞳孔显著扩大也不一定发生在心脏骤停时，当心排血量显著降低、严重缺氧、应用某些药物包括神经节阻滞剂以及深度麻醉时，瞳孔也会扩大。

2)呼救、启动应急反应系统

在不延缓施行基础心肺复苏术的同时，应设法通过他人或应用通信设备通知急救系统。因为仅作基础心肺复苏术而不进一步予以高级复苏，效果也是很有限的。

3)初级心肺复苏

初级心肺复苏即基础生命活动的支持(Basic Life Support，BLS)，旨在迅速建立有效的人工循环，给脑组织及其他重要脏器以氧和血液而使其得到保护。其主要措施包括胸外按压、开通气道和人工呼吸。

(1)胸外按压。

胸外按压是建立人工循环的主要方法，通过胸外按压可以使胸内压力升高，直接按压心脏，进而维持一定的血液流动，配合人工呼吸，可为心脏和脑等重要器官提供一定含氧量的血流。在进行人工胸外按压时，应使患者仰卧平躺于硬质平面，胸外按压的部位是胸骨下半部，双乳头之间，用一只手掌根部放在患者胸部正中双乳头之间的胸骨上，另一手平行重叠压在手背上，手掌根部横轴与胸骨长轴方向一致，保证手掌用力在胸骨上。按压时肘关节伸直，依靠肩部和背部的力量垂直向下按压；放松时双手不要离开胸壁，按压和放松的时间大致相等。高质量的胸外按压要求以足够的速率和幅度进行按压，将胸骨压低5~6cm，频率100~120次/分钟。对婴儿按压幅度为4cm，对儿童(1~12岁)为5cm，对青少年的按压幅度与成人相同。保证按压后胸廓回弹至原来位置。尽可能减少胸外按压的中断，若中断也应将中断控制在10秒钟之内。

人工胸外按压不当可导致患者发生肋骨骨折、胸骨骨折、肋骨与肋软骨脱离、气胸、血胸、肺挫伤、肝或脾脏撕裂及脂肪栓塞等并发症。

(2)开通气道。

保持呼吸道通畅是对患者成功进行心肺复苏的重要一步，可采用仰头抬颌法开放患者气道，清除患者口中的异物和呕吐物，若有义齿松动也应取下。意识丧失的伤者舌根常后移而堵塞气道，必要时可将其舌头拉出。

(3)人工呼吸。

气管内插管是建立人工通气的最好方法，但当时间或条件不允许时，可以采用口对口、口对鼻或口对通气防护装置呼吸的方法。口对口呼吸是一种快捷有效的方法，在一般情况下，人呼出的气中含氧15.5vol%，已能满足维持患者生命所需；如作深吸气后再呼气，则其中含氧量可达18vol%，可使患者肺中氧浓度恢复到近乎正常水平。每次吹气应持续1秒以上，确保呼吸时患者胸廓起伏。急救者在实施人工呼吸前正常呼吸即可，无需深吸气。按压和通气的比例为30∶2，交替进行。

4)高级心肺复苏

如果现场条件允许，可以对患者进行高级心肺复苏，即高级生命支持(Advanded Life Support，ALS)，以恢复患者的自主心搏和呼吸。具体措施包括：①气管插管建立通气；②除颤复律和(或)起搏；③建立两条以上有效的静脉通路，必要时行深静脉穿刺并选用留置针，保障快速而通畅的液体的流速，并应用必要的药物维持已恢复的循环。

(1)纠正低氧血症。

通气及给氧，一般可迅速逆转缺氧和酸中毒。若无氧气可立即供应，则即使是在普通空气的条件下，也应立即对患者给予适当的通气与换气。

(2)除颤和复律。

除颤和复律速度是心肺复苏的关键。在可能的条件下，应在气管插管和建立静脉通道前先予以立即电除颤。若明确是心室颤动或室性心动过速，则应立即以200J电除颤或电复律。若心室颤动或室性心动过速持续存在，则应进一步予以较高能量的电除颤，直至360J。

(3)药物治疗。

可用胺碘酮、肾上腺素、阿托品等进行药物治疗。

四、常见突发性群体性意外伤害事件中创伤急救

比较常见的突发性群体性意外伤害事件主要有暴恐袭击中的爆炸、枪击、砍杀、劫持人质、拥挤而导致踩踏等引起的爆炸伤、枪伤、利器刺伤、出血、骨折、内脏伤等创伤。

1. 伤口种类

(1)割伤：刀、玻璃等锋利的物品将组织整齐切开，伤口可达皮下组织。割伤容易发生出血等问题，如伤及大血管，伤口会大量出血，也有损伤神经和肌腱的可能性。

(2)瘀伤：由于受硬物撞击或压伤、钝物击伤，血管破裂血液流出渗入周围的组织，使皮下或身体深部组织出现瘀肿，呈蓝色、紫色或黑色，逐渐转为黄色，最后可自行消退。

(3)刺伤：被尖锐的小刀、针、钉子等扎伤，伤口小而深，可伤及深部组织和脏器。

(4)枪伤：子弹可穿过身体或停留于体内，身体可见1~2个伤口，弹头在经过人的身体时会震伤体内组织、脏器等。

(5)挫裂伤：外界暴力引起的组织撕裂和断裂，其连续性遭受破坏，组织变性、坏死，伤口表面参差不齐，血管撕裂出血，并黏附污物。

2. 伤口判断

现场处理时，要仔细检查伤口的位置、大小、深浅、被污染程度等。

(1)伤口深，出血多，可能有大的血管损伤。

(2)胸部伤口可能伴有气胸。

(3)腹部伤口可能有肝脾或胃肠损伤。

(4)肢体畸形可能有骨折。

(5)比较窄和深的伤口细菌不易被排出，容易引发感染，还有患上破伤风的危险。

3. 创伤救护四项技术

创伤是各种致伤因素造成的人体组织损伤和功能障碍。轻者会造成体表损伤，引起疼痛或出血；重者可导致功能障碍、残疾甚至死亡。创伤救护包括止血、包扎、固定、搬运四项技术。

1)止血

出血是由血管破裂引起，出血可分为外出血和内出血。外出血体表可见到，是体表的伤口出血，血管破裂后，血液经皮肤损伤处流出体外；内出血体表见不到，是身体深部组织或内脏损伤出血，血液由破裂的血管流入组织、脏器或体腔内。

成人的血液约占其体重的8%，当失血量达到总血量的20%以上时，伤者会出现脸色苍白、冷汗淋漓、手脚发凉、呼吸急促、心慌气短等症状，脉搏快而细，血压下降，继而出现出血性休克。当出血量达到其总血量的40%时，就会有生命危险。

根据出血部位的不同，可以采取不同的止血方法，主要有直接按压止血法、加压包扎止血法、屈肢加垫止血法、止血带止血法、填塞止血法和钳夹结扎血管止血法。对于皮下出血，出现肿起青紫色块，不要习惯性地去按揉，因为按揉反倒会加重内出血，渗出的血液会使周围组织更加肿胀疼痛。正确的方法是给予冷敷(在受伤后24小时之内)，使局部血管收缩，降低神经敏感性而达到止痛的效果。对有(或可疑)内出血的伤员，应保持其安静不动、头低足高体位，有条件的先输液，并迅速送往就近医院抢救。

2)包扎

包扎的目的是保护伤口、减少污染、固定敷料、帮助止血和减轻伤者痛苦等。应根据伤情和受伤部位选择适当的包扎方法和材料。包扎方法主要有绷带包扎法、三角巾包扎法和特殊包扎法。常用的包扎材料有三角巾、四头带、纱布、棉垫、绷带等，也可用毛巾、手帕、衣服等替代。包扎材料最好要消毒灭菌。

3)固定

固定对骨折、关节损伤和大面积软组织损伤等能起到很好的作用，可以减轻伤者痛苦，减少并发症，有利于伤者后送。固定又分内固定和外固定。内固定主要通过手术进行，现场急救主要是采用外固定。夹板是最常用的固定材料，无夹板时，可用树枝、木棒、竹片、硬纸板等来替代，在无替代材料时，也可把断肢固定于健侧肢体上。

4)搬运

搬运是在经过现场初步急救处理后，用合适的方法和交通工具将伤员后送，使伤员迅速脱离危险地带，以免再受伤，到医院去做进一步的诊治。常用搬运方法有徒手搬运法、担架搬运法和车辆搬运法等。可根据伤员的伤情和转运的距离而选择合适的搬运方法。

第五节　突发性群体性意外伤害事件后心理危机干预

心理危机干预是心理专业人员通过交谈、疏导、抚慰等方式，帮助心理遭遇短期失衡的患者进行调整，帮助当事人从危机状态中走出，尽快恢复正常心理状态的一种治疗方式。突发性群体性意外伤害事件多发生在公共场所，如地震、洪涝、海啸、重大车祸等，具有发生突然、危害大且影响广泛的特点，极大地超出个人及团体的应对能力。心理危机干预的主要目的，一是避免患者自伤或伤及他人，二是恢复患者心理平衡与动力。它与创伤治疗的区别在于，它是一种为了防止进一步造成患者身心伤害，必须在危机事件发生后的短期内完成的心理急救和预防性工作。

一、突发性群体性意外伤害事件的危机干预模型

在突发性群体性意外伤害事件中，受到心理冲击的是众多群众，因此，干预的对象数量庞大，也复杂多样。如大地震这类严重的自然灾害，危机干预的对象几乎涉及整个社会的各个阶层，但对于不同处境的人群，可能受到不同的心理冲击，干预的内容和重点亦有所不同。根据受灾难影响的程度不同，可以将需要重点干预的对象分为：①幸存者。亲身经历生死之后，心有余悸，受噩梦惊扰，抑郁、焦虑是相当普遍的反应；也可能在逃过劫难之后，自觉苟活而对不起死者，产生负罪感。严重受伤致残者则可能悲观失望，对未来忧心忡忡。②救难人员。夜以继日地投入救灾，除了睡眠不足、工作强度大、体力严重透支、疲惫不堪之外，目睹越来越多死伤人员之惨状，惊骇、悲哀、无能为力和挫折感油然而生，甚至因此而改变人生价值观。③罹难者家属。焦急、痛心的哀伤情绪十分常见，当亲人获救的希望落空时，愤怒和指责可能接踵而来。④其他社会大众。事实上，每一个见证灾难的人都是受难者，因人而异地进行危机干预是最基本的工作方法。

(1)危机干预组织体系的构建与应激方案的启动。在应激事件中，群众最容易盲从，容易出现社会动乱，此时，冷静、有组织和有次序是最重要的。

(2)保持灾难后的通信和交通运输通畅，既是保证抗灾指挥效率的必要条件以及让社会各界得知实情最便捷的手段，也是保证将危机救助人员和抗灾救助物资及时送达灾难现场，实现各种社会支持的重要条件。

(3)突发性群体性意外伤害事件的处理要实现政府、军队、企事业组织、社会团队以及社会义工和专家、自发群众等多元力量的整合，调动国际和国内一切可以利用的力量，大胆使用先进的、科学的救助装备和技术，接受一切自愿的人道主义的帮助。

(4)突发性群体性意外伤害事件的处理措施往往是综合性的，包括医疗救助、疾病控制、心理干预、生活救助、环境保护、疏散撤离、紧急避难、资金救助、物质支持、交通运输等多个方面，环环相扣，缺一不可。因此，要有动员和指挥全社会力量参与抗灾活动的保障机制。

(5)危机干预要有预见性，要注意避免事件有可能带来的次生、衍生和偶合事件，对重建、环境污染处理、物资与劳务的征用、保险补偿等都要统筹安排，将危机转化为重建机遇。

(6)建立快速反应的信息系统，做好危机事件的信息收集、分析与报告。

二、突发性群体性意外伤害事件的心理危机干预原则

1. 正常化原则

该原则强调在应激干预活动中建立一个心理创伤后调整的一般模式，涵盖在这个模式中的任何想法和情感都是正常的，尽管有时这些情感体验是痛苦的。干预者必须建立起“合理即正常”的理念。只有“正常”，才意味着一切应激反应都在干预者的掌握中。在干预者向当事人解释为什么这些反应是正常的同时，被干预者就已经主动参与到自己的情绪调整过程中。

2. 协同化原则

干预活动双方的关系必须是协作式的，最好建立一个联盟或俱乐部。对于那些自尊心和安全感降低的人要给予适当的授权，让其恢复自我意识。这条原则对于那些目睹了亲朋好友遇难的创伤场景的人尤为重要，因为一些极端残酷的创伤场景会使他们的自我意识和生存价值感下降，严重者甚至会出现精神分裂状态。

3. 个性化原则

个体在遭受急性事件应激后康复的通道是独特的。Wevbrew 等人早在 1967 年就指出人类应激反应非常复杂，个体的反应就如其手印一样与众不同。这条原则给予的启示在于当个体受到各种急性事件应激时，这条独特的通道应该被期待和重视，而不是被担心或轻视，干预者在意识到解决问题的一般指导原则的同时，也要估计将遇到的困难。应和当事人共同面对问题，一起寻找适合他们的调整模式和调节方式。

三、心理危机干预的实施

1. 建立心理危机干预专业队伍

针对重大灾难事件，构建心理危机干预体系显得尤为重要。心理危机干预队伍的组建应当以受灾当地精神卫生机构的精神科医生为主，精神科护士、心理咨询师、社会工作者为辅。如果当地缺乏相关人员，则非灾区的其他精神卫生机构应该积极组织后备医疗队，及时培训，随时准备支援灾区的急性期心理救援和恢复期心理健康的重建工作。为了使心理危机干预能及时、顺利、有效地进行，心理危机干预团队应该在相关部门的统一指挥下，承担相应职责，确保各个范围内的工作协调进行。相对于传统的心理咨询，心理危机干预对专业队伍的每名成员提出了更高的要求。作为一名心理危机干预人员，首先应当具有生活经验，并能灵活地应用于危机干预中。其次，还要有专业知识和技巧，专心致志、准确地倾听并做出合适的反应。在治疗中思维、情感和行动方面保持一致，具备分析、综合与诊断的基本能力、评估能力和转诊技巧等。最后，在态度上要镇静，创造一个稳定、理性的氛围，从而为受害者提供一种有利于恢复平衡的模式。且要有较高的创造性与灵活

性，充沛的精力，良好的组织和定向能力以及作出系统反应的能力，快速的心理反应以及其他特征，如坚韧、知足、勇气、乐观、现实、客观、冷静、自信和对人类战胜危机的信心等。

2. 学习掌握危机干预的方法技能，提高专业水平

心理危机干预需要专业技术人员来进行，它需要很强的专业基本知识和技能。众多心理志愿者的热情是值得称赞的，但在实际工作中，一定要学会运用科学的方式方法，否则就起不到应有的作用，甚至还会带来一些副作用。而且，在心理危机干预中要谨慎地使用各种创伤治疗技术。此外，还应避免对受灾人员过度的心理干预。危机干预主要应用三类技术：沟通技术、心理支持技术和干预技术。

(1)沟通技术。建立和保持医患双方的良好沟通和相互信任，有利于当事者恢复自信和减少对生活的绝望感，保持心理稳定并维持有条不紊的生活，以及改善人际关系。在沟通过程中，危机干预人员应该避免使用专业性或技术性很强的语言，多运用通俗易懂的言语交谈；应该避免给予过多的保证，多利用可能的机会改善受害者的自我内省和感知，提升其自信。

(2)心理支持技术。心理支持技术包括解释、鼓励、保证、指导、促进环境的改善这五种成分。危机干预人员应以同情的心态听取并理解受害者的处境；给受害者以适当的支持与鼓励，帮助受害者振作精神、鼓起勇气，增强其应付危机的信心；对于某些因缺乏知识和观念不正确而带来苦恼的受害者，应提供其所需的知识，帮助其减低烦恼的程度。心理危机干预人员还应指出受害者的优点、问题的可解决性，让受害者有信心和动机去解决自己面对的困难。值得注意的是，干预过程不应带有教育目的。

(3)干预技术。干预技术一般包括通过会谈疏泄被压抑的情感，让受害者认识和理解危机发展的过程及与诱因的关系，并学会问题的解决技巧和应对方式，帮助受害者建立新的人际关系网络，鼓励他们积极面对现实，并认识到社会支持系统的作用。危机干预人员可根据受害者的实际情况并结合自身的专长选择合适的心理干预技术。

3. 心理危机干预步骤

(1)保证受害者安全。首先要把受害者对自己和他人的生理与心理伤害尽可能降低。为此，心理危机干预者应注重与受害者进行沟通与交流，积极、无条件地接纳和支持受害者，并帮助其寻求社会支持网络。比如，汶川特大地震发生后，宏观层面上充分依托社会支持系统，引导灾区群众尽快走出地震灾难的阴霾，点燃重建家园的希望；微观层面上帮助灾区群众充分利用家庭、亲朋、村组的社会资源，相互支持，共渡难关。如有必要，还可考虑使用药物。

(2)提出并验证应对危机的变通方式。大多数受害者会认为已经无路可走，危机干预者要帮助受害者了解更多解决问题的方式和途径，充分利用环境资源，采用各种积极应对方式，使用建设性的思维方式，帮助他们解决问题。

(3)制订危机干预方案和计划。危机的解除必须有良好的计划，这样可以避免走弯路或减少不必要的意外发生。要针对当时的具体问题，并结合当事者的功能水平和心理需要来制订干预计划，同时要考虑到有关文化背景、社会生活习惯以及家庭环境等因素，要充分考虑到受害者的自控能力和自主性，从而制订符合个体实际情况的干预方案。危机干预计划应是限时、具体、实用和灵活可变的。

(4)实施治疗性干预并获得承诺。在危机干预计划实施过程中，危机干预者应帮助受害者回顾有关计划和行动方案并从受害者那里得到诚实、直接的承诺。例如危机干预者可以问受害者："请你给我说一下，你将采取哪些行动以保证你不会大发脾气?"该步骤旨在确保受害者能够坚持实施为其制订的危机干预计划。

(5)危机解决和随访。一般经过4~6周的危机干预，绝大多数的危机当事者会度过危机，情绪危机会得到缓解，这时可考虑中断干预性治疗，以减少其依赖性。在结束阶段，应提前告知当事人，以避免因突然分离而让其再次受到伤害，应鼓励当事者在今后面临类似挫折时，能举一反三地应用解决问题的方式和原理，自己解决问题和处理危机，提高自我的心理适应和承挫能力。治疗结束后，危机干预者可以通过电话或上门等方式定期了解当事人的最新情况。随访中，危机干预者主要观察治疗效果及某些反应，并根据具体情况继续指导；远期随访可获得某一治疗方案的长期效果，有利于筛选出更有效的治疗方法。

(6)效果评估。评估不仅是危机干预的重要步骤之一，也贯穿危机干预过程的始终。危机干预者对评估技巧掌握的程度极大地影响着危机干预效果。心理干预的评估效果标准为：第一次是接受心理干预者能不能主动用语言与心理干预者建立交流；第二次是接受心理干预者能不能用语言来表述心里的痛苦；第三次是接受心理干预者能否认知现实，清楚自己目前的处境，并从悲惨的处境中解脱出来。干预者应在有限的时间内迅速评估受害者在危机干预过程中的改变情况，以便及时采取相对应的措施。

第三章　地震救援与防疫

第一节　地　　震

一、什么是地震

地震又称地动、地震动，是地壳快速释放能量的过程中造成震动，其间会产生地震波的一种自然现象。地球上板块与板块之间相互挤压碰撞，造成板块边缘及板块内部产生错动和破裂，是引起地震的主要原因。

就像海啸、龙卷风等灾害一样，地震也是地球上经常发生的一种自然灾害。发生地震时最直观的表现就是大地震动。地震不仅可使建筑物倒塌、人员伤亡，还可引起火灾、水灾、有毒气体泄漏、细菌及放射性物质扩散，甚至还可能造成海啸、滑坡、崩塌、地裂等次生灾害。据统计，全球每年发生地震约550万次。

我国地处世界上两个最大的地震带——环太平洋地震带与欧亚地震带之间，受太平洋板块、印度板块和菲律宾板块的挤压，地震断裂带十分丰富。唐山地震与汶川地震是近40年来，发生在中华大地上的两次破坏力最大的地震灾难。

1976年7月28日，唐山发生7.8级地震，地震震源深度为12千米，地震的震中位于唐山市区。这是中国历史上一次罕见的城市地震灾害，顷刻间，一个百万人口的城市化为一片瓦砾，人民生命财产及国家财产遭到惨重损失。由于地震发生在深夜，当时市区80%的人来不及反应，被埋在瓦砾之下。京山铁路南北两侧的47平方千米内所有的建筑物几乎荡然无存。一条长8千米、宽30米的地裂缝带，横切围墙、房屋、道路和水渠，出现大量井喷、坍塌、滚石、地基沉陷及采空区坍塌等。全市供水、供电、通信、交通等生命线工程全被破坏，所有工矿企业全部停产，所有医院和医疗设施全被破坏。地震时行驶中的7列客货车和油罐车全部脱轨，两座大型公路桥梁塌落，切断了唐山与天津和关外的公路交通。地震共造成24.2万人死亡，16.4万人受重伤，直接经济损失达54亿元。①

2008年5月12日下午2时28分，四川省一个有着10万人口的县城发生了8.0级特大地震，让全世界在一夜之间知道了她的名字——汶川。交通中断，通信中断，这次特大地震的震中汶川，在灾情发生后的十几个小时内杳无音信，前往救援的水、陆、空三路人员均受阻途中。汶川地震是中华人民共和国成立以来破坏力最严重的灾难，道路、桥梁、

① 郭安宁．中国唐山大地震[M]．西安：陕西科学技术出版社，2008.

隧道、城镇、学校、房屋、通信等基础设施损毁严重。

二、地震类型

根据地震性质的不同可将地震分为人工地震和天然地震。由人类活动(如开山、开矿、爆破等)引起的地震叫人工地震，除此之外的便统称为天然地震。按照震级大小，地震大致可分为弱震、有感地震、中强震和强震。按照震源深度的不同，地震可分为浅源地震、中源地震和深源地震。按照地震发生在地球内部相对于地壳板块的不同位置，还可以将地震分为板内地震和板间地震。

1. 天然地震

(1)构造地震：构造地震是由于地下深处岩层错动、破裂所造成的地震。这是发生次数最多、破坏力最大的地震。构造地震占全球地震数的90%以上。

(2)火山地震：火山地震是发生次数较少、影响范围较小的地震，是由于岩浆活动、气体爆炸等火山作用引起。火山地震约占全球地震数的7%。

(3)陷落地震：陷落地震是由于地层陷落引起的。例如，当地下岩洞或矿山采空区支撑不住顶部的压力时，就会塌陷引起地震。这类地震更少，大约不到全球地震数的3%，引起的破坏也较小。

2. 弱震、有感地震、中强震和强震

(1)弱震：震级小于3级的地震。如果震源不是很浅，小于3级的地震人们一般不易察觉。

(2)有感地震：震级大于或等于3级、小于或等于4.5级的地震。这类地震虽然人们能够感觉到，但一般不会造成破坏。

(3)中强震：震级大于4.5级、小于6级的地震。此类地震可能造成损坏或破坏，但破坏程度的轻重还与震源深度、震中位置等多种因素有关。

(4)强震：震级大于或等于6级的地震。其中，震级大于或等于8级的地震又称为巨大地震。

3. 浅源、中源和深源地震

(1)浅源地震：震源深度小于70千米。

(2)中源地震：震源深度在70~300千米。

(3)深源地震：震源深度大于300千米。

4. 板间地震和板内地震

(1)板间地震是指发生在板块边界上的地震。环太平洋地震带上绝大多数地震属于此类。

(2)板内地震是指发生在板块内部的地震。欧亚大陆内部(包括我国)的地震多属此类。板内地震不仅与板块运动有关，还受局部地震环境的影响，因此，它的发震原因与规

律比板间地震更复杂。

三、地震的特点

1. 震源和震源深度

产生地震的源就是震源，即地下岩层断裂错动的地区。震源垂直向上到地表的距离就是震源深度。目前有记录的最深震源深度达 720 千米。震源深度不同的地震，即使震级相同，其影响范围及影响程度也不一样。震源越深，影响范围越大，地表破坏越小。反之，震源越浅，影响范围越小，对地表的破坏就越严重。当震源深度从 20 千米减小到 10 千米，或从 10 千米减小到 5 千米时，震中烈度甚至可以提高 1 度。这常常是有些震源深度很浅的地震虽然震级并不太高，但破坏程度却较严重的原因之一。

2. 震级与地震烈度

震级与震源释放出来的弹性波能量有关，主要用于表明地震本身的大小。震级越高，说明震源释放的能量越大。震级相差一级，能量相差约 30 倍。

通常是通过地震记录仪记录到的地面运动振幅来测定震级。不同台站所测定的震级不尽相同，这是因为地震波传播路径、地震台台址条件等均存在差异的缘故，因此地震部门常常取各台的平均值作为一次地震的震级。

地震震级根据地震时释放的能量大小来确定。一次地震释放的能量越大，地震级别就越高。目前，人类有记录的震级最大的地震是 1960 年 5 月 22 日智利发生的 9.5 级地震，所释放的能量相当于一颗1 800万吨 TNT 当量的氢弹，或者相当于一个 100 万千瓦的发电厂 40 年的发电量。汶川地震所释放的能量大约相当于一颗 90 万吨 TNT 当量的氢弹，或相当于 100 万千瓦的发电厂 2 年的发电量。

目前，国际上一般采用美国地震学家查尔斯 · 弗朗西斯 · 芮希特和宾诺 · 古腾堡于 1935 年共同提出的震级划分法，即现在通常所说的里氏地震规模。里氏规模是地震波最大振幅以 10 为底的对数，并选择距震中 100 千米的距离为标准。里氏规模每增强一级，地震释放的能量约增加 30 倍，相隔二级的震级，其能量相差约1 000倍。

地震烈度是指地震时地面场地和工程结构受到的影响或破坏的强弱程度。而震级是用来说明地震本身力量大小的一种标度，它和地震释放出来的能量大小有关。释放出来的能量越大，震级就越高。震中区的烈度叫"震中烈度"，是烈度最大的地方。烈度的大小取决于地面受震动的各种综合现象，一次地震对各地方的影响不同，其烈度就不一样。

总而言之，地震的大小用"震级"来表示，影响（晃动或破坏）的大小用"烈度"来表示。地震烈度是衡量地震影响和破坏程度的一把尺子，而震级反映地震本身的大小，只与地震释放的能量多少有关，烈度则反映的是地震的后果。所以，每次地震后，我们所看到的不同的地点其烈度都不同。打个比方，震级好比一盏灯泡的瓦数，烈度好比某一点受光亮照射的程度，它不仅与灯泡的功率有关，而且与距离灯泡的远近有关。因此，一次地震只有一个震级，而烈度则各地不同。

四、地震灾害

地震灾害包括直接灾害和次生灾害。直接灾害是指由地震引起的原生现象，即它的破坏作用(包括地震引起的强烈震动和地震造成的地质灾害)导致的如地震断层错动、大范围地面倾斜、升降和变形，以及地震波引起的地面震动等所造成的直接后果，包括建筑物和构筑物的破坏或倒塌。房屋倒塌不仅造成巨大的经济损失，而且还可能砸压屋内人员，造成人员伤亡和财产损失。地震使地面破坏，如地面裂缝、地基沉陷、喷水冒沙、山崩、滑坡、泥石流等。地震还会造成水体的震荡，引发海啸等，破坏人工建造的基础设施，如交通、电力、通信、供水、排水、燃气、输油、供暖等生命线系统，使牲畜、车辆等室外财产也遭到破坏。

以上破坏是造成震后人员伤亡、生命线工程毁坏、社会经济受损等灾害后果最直接、最重要的原因。

地震灾害打破自然界原有的平衡状态或社会正常秩序从而导致的灾害，称为地震次生灾害。如房屋倒塌破坏而使火炉翻倒、燃气泄漏、电器短路等引起的火灾；水坝在地震时垮坝或堰塞湖决口引起的水灾；仓库、储罐、容器倒塌破坏造成的毒气或有害气体扩散；房屋和设备破坏造成非正常工作状态导致的爆炸；房屋设施破坏、环境恶化、水源污染造成的瘟疫流行；因破坏严重、救灾不力、供应中断或地震谣言引起的社会骚乱；等等。这些并非直接源自强烈的地震灾害，而是地震破坏后的后续灾害。

这些灾害还会进一步导致一系列其他负面后果，引起衍生灾害。衍生灾害和次生灾害没有明显的界线，可以统称为次生灾害。

五、地震灾害的影响因素

地震对建筑物的破坏，不仅取决于地震强度的大小，而且还取决于场地条件、建筑物结构等因素。

(1)地震带来破坏的首要因素是所发生地震的强度。震级越高，释放的能量也就越大，那么可能造成的灾害当然也就越大。如果震级相同，那么震源深度越浅，离地面越近，则地面受到的地震作用就越强，所造成的破坏也就越大。比如，汶川地震震中区烈度达11度，震源深度为10千米，地震影响的范围广，所造成的损失非常严重。

(2)地震带来破坏的第二个因素是建筑物所在地区的场地条件。主要包括土质、地形，是否有断裂带通过，是否有滑坡、崩塌、液化、震陷、沉降等地震地质灾害影响等。如果土质松软、地下水位高、地形起伏大或有地裂缝通过等，都可能加重地震灾害。根据汶川地震考察的结果，这次地震的震中区造成的地表位移达几米。如果建筑物正好位于断层上，往往会发生很大的破坏。

(3)地震带来破坏的第三个因素是建筑物结构的抗震能力。国外经验表明，实行抗震设防特别是通过制订和实行抗震设计规范对提高和保证建筑结构抗震能力有巨大作用。1976年唐山大地震，当时城市没有设防，地震使整个城市变成一片废墟。而在汶川大地震中，经过设防的都江堰市，虽然离震中很近，但倒塌的建筑却并不多。即使在极震区，经过良好抗震设计和施工的部分房屋基本完好。

除了上述因素之外，人口密度和经济发展程度、震前是否准备好救灾以及公民的防震减灾意识和技能等也会影响地震灾害的大小。

如果地震发生在荒无人烟的高山、沙漠，即使发生再大的地震，也不会造成人员伤亡和损失。相反，如果地震发生在人口稠密、高楼耸立的大城市，就可能造成巨大的伤害。不过，如果平时做好了应对大地震破坏的准备，在地震发生后，能够迅速组织和实施有效的救援救助等，就可以最大限度地减少地震造成的人员伤亡和财产损失。如果平时我们就注重学习抗震避震的科普知识和技能，有计划地进行避震演练，就能够在发生紧急情况时保护好自己。历次地震实践证明，自救互救是震后抢救生命最重要和有效的途径。

第二节　地震的预防

一、地震前征兆

1. 地下水异常

地下水异常包括井水、泉水、海水有发浑、冒泡、翻花、升温、变色、变味、涌出等。人们总结了震前井水变化的谚语："井水是个宝，前兆来得早；无雨水质浑，天旱井水冒；水位变化大，翻花冒气泡；有的变颜色，有的变味道；天变雨要到，水变地要闹。"

2. 动物行为异常

许多动物的某些器官感觉灵敏，能比人类提前预知一些灾难事件的发生，伴随地震产生的物理、化学变化往往能使一些动物的某些感觉器官受到刺激而发生异常反应。地震前地下岩层早已在逐日缓慢活动，呈现出蠕动状态，而断层面之间又具有强大的摩擦力，那些感觉十分灵敏的动物在感触到这种声波时，便会惊恐万分、狂躁不安。我国民间就流传着这样的谚语：地震来临前，马牛羊驴不进圈，老鼠搬家往外逃；鸡飞上树猪拱圈，鸭不下水狗狂叫；兔子竖耳蹦又撞，鸽子惊飞不回巢；冬眠长蛇早出动，鱼儿惊惶水面跳。动物的听觉比较灵敏，往往可以听到人类听不到的次声波。而穴居动物易于感受地下深处的微妙变化。所以，它们往往表现出或躁动不安，或迟缓呆滞等一些有悖于生活习性的行动。

3. 气象条件异常

气象条件的异常主要有震前闷热、久旱不雨或阴雨绵绵、黄雾四散、日光晦暗、怪风狂起、六月飞雪，等等。

4. 地声异常

地震前来自地下的声音，有如炮响雷鸣，也有如重型车行驶等。当地震发生时，有纵波从震源辐射，沿地面传播，使空气振动发声，由于纵波速度较大但势弱，人们只能闻其声而不觉地动，需要横波到达后才有动的感觉。地声是地下岩石的构造及其所含液体、气体运动变化的结果，有相当大部分地声是临震前的征兆。掌握地声知识就有可能对地震起到较好的预防效果。

5. 地光的异常

地震前，地光常常出现反常。地光反常指地震前来自地下的光亮，其颜色多种多样，可见到日常生活中罕见的混合色，如银蓝色、白紫色等，但以红色与白色为主。一般地光出现的范围较大，多在震前的几小时到几分钟内出现，持续几秒钟。唐山地震前，在秦皇岛北戴河一带出现了海火，渔船驶过海面时溅起的海水像跳动的火苗。

6. 地磁异常

地震前的地磁异常会导致家用电器如收音机、电视机、日光灯等出现异常。最为常见的现象是收音机失灵，日光灯在地震前自明的现象也较为常见。

二、地震前物资准备

大地震往往可以使整座城市顷刻间化为废墟，整座城市陷入瘫痪。一旦发生强烈地震，由于交通和通信中断、天气恶劣、余震不断等原因，专业的救援队伍很难在短时间内到达现场。做好充分的震前准备，可以为紧急逃生提供可能的工具，也可以为等待救援争取时间。以家庭为单位的地震应急包是最基本的物资准备，应急包内主要包括以下5类物品：

第一，防灾救灾类：如用于呼救的应急高频哨、逃生的反光逃生绳等。

第二，防灾照明类：如便携式应急手电筒、3~4小时特制蜡烛等。

第三，防灾防护类：如避免因建筑物倒塌时产生大量的灰尘导致人员窒息而准备的防尘口罩等。

第四，防灾生活类：如食物、水、保温应急毯、保温帐篷、多功能工具斧头、钳子等。以家庭为单位应急储备的食物和水，一般情况下，可以参考每人每天4升水的储存标准，储备家庭使用的三天水量和食物；食物最好选择既方便存放又营养的听装食品或脱水食品、奶粉、干麦片和无盐干果等。不要选择那些容易让人口渴、需要冷藏或特殊烹饪的食品。

第五，防灾急救类：如用于出现紧急情况时止血、包扎、固定的创可贴、敷料、纱布绷带等。

需要注意的是：这些物品都是地震逃生中必不可少的，这些物品最好装在一个大型夜光包内，放置在家里固定且容易拿到的地方，否则，在危急时刻可能因一时找不到而影响逃生速度。

第三节　地震救援

一、地震自救

1. 身处寝室的避震

(1)一旦感觉到地震，应抓紧时间紧急避险。大地震从开始到结束，时间不过十几秒到几十秒，因此，抓紧时间进行避震最为关键，切勿耽误时间。目前地震救援领域存在着“黄金 12 秒”的说法，如果利用好这“黄金 12 秒”，就会大大减少地震中人员的伤亡。

(2)地震发生时，不要慌，特别要牢记的是不要滞留在床上，不可跑向阳台，不可跑到楼道等人员拥挤的地方去，不可跳楼，不可使用电梯。若地震时在电梯里应尽快离开，若门打不开时要抱头蹲下。

(3)如果在高层建筑内，此时应先就近躲避，震后迅速撤离到安全的地方。

(4)避震的位置至关重要，遵循“小震时，防砸伤，找掩蔽物；大震时，防压伤，找三角区”的原则，根据室内建筑物布局和寝室内状况，寻找相对安全的空间躲避。在小地震时，保护好头部，远离可能坠落的物体，寻找掩蔽物(如坚固的桌子底下)蹲下或坐下，防止被坠落物品砸伤。在大地震时，最好找一个可以形成三角空间的地方，如床沿下、结实牢固的桌边、内墙墙根、墙角、厕所等空间小的地方，当地震后房屋倒塌时，在这些地方形成的空间是人们可能幸存的相对安全地点(图 3-1)。

图 3-1　大震时寻找三角区，避免被压伤

(5)躲避时，要尽量靠近水源，尽量靠近建筑的外围，这样即使自己逃不出来也容易

获得营救。但不可躲在窗户下面，以避免被飞溅的玻璃碎片划伤。

(6)不要钻进柜子或者箱子里，因为人一旦进去后便会立刻失去机动性，视野受阻，身体受限，不仅会错过逃生机会，还不利于被救。

(7)选择好躲避处后应蹲下或坐下，脸朝下，不可躺卧，因为躺卧时人体的平面面积加大，被击中的概率增大，而且很难机动变位。抓住身边牢固的物体，以免震时摔倒或因身体失控移位而受伤。

(8)可用被褥、枕头、脸盆等物护住头颈部，低头，闭眼，以防异物伤害；保护口、鼻，有可能时可用湿毛巾捂住口、鼻，以防灰土、毒气。等地震间隙时，可头顶安全帽等物跑到宽敞的院子里。

(9)一旦被困，要设法与外界联系，除用手机联系外，还可敲击管道和暖气片，也可打开手电筒。

2. 身处教室的避震

(1)如果正在上课时发生地震，一定要保持镇静，不能在教室内乱跑或争抢着外逃，要沉着有序地按照预定疏散路线撤离。若惊慌失措，容易发生挤伤、踩伤事故。

(2)在比较安全的教室里，应迅速用书包护住头部，根据建筑物布局和室内状况，寻找一个可形成三角空间的地方。可以躲避在坚固的课桌或讲台旁，千万不要拥挤，以免造成踩踏伤亡事件，更不能跳楼。

(3)待地震过后，在老师的指挥下向教室外面转移。

(4)在室外的操场时，可原地不动蹲下，双手保护头部，同时要注意避开高大建筑物或危险物，千万不要回到教室中去。

(5)在实验室，如有可能，应迅速关掉电源和气源，就近躲避在坚固的工作台、设备或者坚固的物体旁。

3. 身处家中的避震

(1)如果在家中做饭时遭遇地震，感觉到大地晃动，此时如果有机会应尽可能立即关火，若来不及就先避震再关火。地震中关火的机会有三次，第一次是在大晃动来临前的小晃动时，在感知小的晃动瞬间，即刻互相招呼“地震！快关火”，关闭正在使用的明火。第二次是大晃动停息的时候，如果在发生大晃动时去关火，若放在煤气炉、取暖炉上的水壶滑落，是很危险的，应在大晃动停息后，再一次去关火。第三次机会是在着火之后，此时即使发生失火的情形，在1~2min内也是可以扑灭的。

(2)如果在睡觉时遭遇地震，应马上用枕头护着头躲到床铺旁的安全“三角空间”，或用枕头护着头部，迅速转移到安全的地方。平时应在床边备好鞋、手电筒、便携式收音机等。

(3)如果在砌体结构的厕所里遭遇地震，由于一般砌体结构比较牢固，不要贸然跑到外面，待在厕所里反倒更安全。要保护好头部，等待地震结束。

(4)如果在家洗澡时遭遇地震，一般砌体结构的洗澡间也是比较安全的地方，不要慌张地往外跑。应该把水关掉，穿好衣服，稍打开门，做好随时跑出去的准备。

4. 身处公共场所的避震

地震时，每个人所处的环境不同，采取的措施也是不同的。最重要的是保持冷静，努力保护自己，自己保住了，才有能力去救别人。唐山地震时，有人本来已经逃出去了，但在听到呼救后又钻入废墟，结果余震来时和家人一起震亡。如果地震发生时你在公共场所，那些地方本来平时人就很多，秩序就不够好。若突然发生地震，人群一旦发生混乱，你推我挤，就更难快速疏散。在这种情况下，既容易被倒塌物砸伤，又容易被混乱的人群踩伤。因此，这时不应急着外逃，应先躲在能避免被砸伤的地方，待晃动和混乱过后再行动。

(1) 如果在电影院，应就地趴在排椅下，避开吊灯、电扇等悬挂物，保护好头部。

(2) 如果在商场、展览厅、书店、地铁站等处，应选择结实的柜台或柱子边以及内墙角等处，就地蹲下，远离玻璃橱窗、柜台、广告灯箱、高大货架、大型吊灯等危险物品。用手或其他东西护住头部。地震过后，听从工作人员指挥有序撤离。

(3) 在走廊、电梯升降口、楼梯处遇到地震时，应立即离开，进入房间，钻到牢固的桌子下面。如果附近没有房间，应立即远离窗户，边护住头部边蜷缩起身体靠在承重墙边。

(4) 在地下街遭遇地震时，地下街一般是抗震结构，是比较安全的地方。此时，应将身体靠住墙壁或柱子，等待地震结束。地下街里每隔一定距离都有出口，因此，即使停电，也有疏散指示灯，应沉着疏散。如果发生火灾，应用手捂住嘴和鼻子，靠近墙壁，降低姿势，沿着烟气流动的方向逃生。

(5) 在电梯里遭遇地震时，应按下所有楼层的按钮，并在首先停止的楼层离开电梯。如果被困在电梯里，应按下紧急联络按钮，等待救援人员的到来。不要贸然从电梯的紧急出口逃生，因为那样会有摔落或触电的危险。

(6) 在饭店里遭遇地震时，应立即躲在桌子下面，用包保护住头部。如果靠近窗户，因随时有玻璃掉落的危险，应向房子中间或出口转移。当餐桌上有明火时，应立即关掉明火。

5. 身处户外场所的避震

户外危险物品包括：变压器、电线杆、路灯、广告牌、吊车等高耸悬挂物。危险场所包括：狭窄街道、危旧房屋、危墙等。在户外遭遇地震时，应根据所处的不同环境，及时选择恰当的避难方式。

(1) 如果在操场时遭遇地震，应远离教学楼等高大建筑物，最好转移到操场的中间位置，然后迅速蹲下，同时用手护住头部。不要惊慌失措地向教室跑，也不要哭喊乱窜，那样不但会使自己跌倒、摔伤，还会在同学之间造成恐慌。

(2) 如果在路上行走时遭遇地震，此时随时会有被窗玻璃碎片或广告牌砸到的危险，应用书包或上衣等护住头部，跑到公园或宽阔地带。避开高大建筑物，迅速离开过街天桥、立交桥等。远离变压器、电线杆、路灯、广告牌。远离狭窄的街道、危旧房屋、危墙、雨棚以及易燃易爆品仓库等。

(3) 如果在海边时遭遇地震，此时不是向更远处疏散，而是应向更高处疏散，并注意收听海啸警报。在海啸警报解除前，决不能靠近海边。如果是在悬崖边遭遇地震，此时应立即离开悬崖，并仔细观察周围情况，迅速疏散到没有滑坡或山体崩塌危险的地方。

(4) 如果在野外郊游时发生地震，或者你家就住在农村，正在野外游玩、拾柴或放牛时发生地震，应该迅速离开山边、水边等危险环境；选择开阔、稳定的地方就地避震；采取蹲下或趴下的姿势，防止摔倒，并注意避风，背朝风向，以免吸进有毒气体。

6. 在交通工具上遭遇地震时的避震

(1) 如果在开车时遭遇地震，应降低车速，慢慢将车停靠在路边，关闭发动机。在摇晃停止之前不要下车，并用车载收音机收听关于地震的广播。

(2) 在公共汽车上遭遇地震时，要牢牢抓住车内吊环或把手，有座位时抓住座位的靠背，不要擅自采取行动，应听从驾驶员的指挥。如果车上发生火灾必须跑出去而车门又无法打开时，应使用车内备置的应急设备将门或窗户打开。疏散到车外时要注意其他往来的车辆。

(3) 在火车、电车内遭遇地震时，由于火车、电车在发生地震时会立即停止，要站稳并注意货架上的掉落物，停车后不要拥挤，要听从乘务员的指挥。在车里站立时应抓紧扶手，坐着时应脚部用力踩地并向前弯曲身子，同时用杂志或书包等保护头部。

(4) 在地铁内遭遇地震时，应听从乘务员的指挥，若不听指挥贸然下车，有可能会碰到轨道周边的高压电缆而发生触电危险。

(5) 在出租车内遭遇地震时，应立即抓住前面座椅的椅背，降低身体，用力踩地。不要慌张下车，因为贸然下车会有与其他车辆发生碰撞或被掉落物砸到的危险。应听从驾驶员的指挥，冷静地采取行动。

(6) 骑自行车遭遇地震时，千万不能骑车继续赶路，应该马上下车，将自行车放倒在地上，注意不要影响过往车辆。然后，避开高大建筑物，如烟囱、高墙、楼房及广告牌等，在宽阔的地方蹲下身，用手护住头部就地避震。

7. 地震被埋后的自救

(1) 保持镇定。地震时如被埋压在废墟下，周围又是一片漆黑，只有极小的空间，时此千万不要惊慌，要沉着，树立生存的信心，相信会有人来救你。在地震中，不少无辜者并不是因为房屋倒塌被砸伤致死，而是由于精神崩溃，失去生存的希望，乱喊、乱叫，在极度恐惧中"扼杀"了自己。因为乱喊乱叫会加速新陈代谢，增加氧的消耗，使体力下降，耐受力降低。同时，大喊大叫，必定会吸入大量烟尘，造成窒息，增加不必要的伤亡。正确态度是在任何恶劣的环境下，始终保持镇定，寻找出路，等待救援。

(2) 尽量改善自己所处环境，如果不幸被倒塌的建筑物埋压，应先设法清除压在自己腹部以上的物体，扩大和稳定生存空间，用砖块、木棍等支撑残垣断壁，以防余震发生后，环境进一步恶化。但要注意，不能随意移动身旁的支撑物，以免引起大的坍塌；要用毛巾、衣服等捂住口鼻，防止吸入烟尘导致窒息；然后再考虑怎么样才能逃离危险之地。实在没有办法时，应保存体力，等人来救。当听见有人经过时，要马上呼救，并和解救者一起努力，为自己解围。

(3)创造逃生条件，设法脱离险境。若是被困在废墟里面，只要能动，就要设法钻出去。要寻找可以挖掘的工具，如刀、铁棍、铁片等用来挖掘废墟。要凭眼睛、耳朵和感觉找准逃生方向：可以看见光线的方向、可以听到声音的方向、感觉风大的方向等。如果找不到脱离险境的通道，要尽量保存体力，用石块敲击能发出声响的物体，向外发出呼救信号。尽可能控制自己的情绪或闭目休息，等待救援人员到来。

(4)维持生命。水是维持生命所必需的，若被困在废墟里面，要千方百计找水。实在找不到水时也要找容器保存自己的尿液饮用；没有尿液时要找湿土吮吸。要做较长时间被困的打算，液体只做润唇之用，可小饮而绝不可大喝。如果被困在里面时间过长，就要寻找一切可能吃的东西充饥。

(5)妥善处理伤口。如果受伤，要设法包扎，避免流血过多。有挤压伤时，应设法尽快解除重压。若有大面积创伤，要尽可能保持创面清洁，设法用干净纱布包扎创面。

二、地震后救援

震后外界救灾队伍不可能立即赶到救灾现场，在这种情况下，为使更多被埋压在废墟下的人员获得宝贵的生命，积极投入互救是减轻人员伤亡最及时、最有效的办法。抢救越及时，获救的希望就越大。据有关资料显示，震后20分钟获救的救活率达到98%以上；震后1小时获救的救活率下降到63%；震后2小时还无法获救的人员中窒息死亡人数占死亡总人数的58%，他们不是在地震中因建筑物垮塌砸死，而是窒息死亡。唐山大地震中有几十万人被埋压在废墟中，灾区群众通过自救、互救，使大部分被埋压人员重新获得生命。

所以，震后救人，力求时间快、目标准、方法恰当。具体做法是：先救近的，不论是家人、邻居还是陌生人，不要舍近求远；先救容易救的，这样，可以迅速扩大互救队伍；先救青壮年和医务人员，可使他们在救灾中充分发挥作用；先救“生”，后救“人”。唐山大地震中有一位农村妇女，在救每一个人时，只设法让其把头部露出废墟，避免其窒息，然后接着再去救另外一个人，就这样，她在很短的时间内抢救了不少被埋压人员。

1. 生命搜索

(1)地毯式搜索：搜索人员一字排开，用敲、喊、听、看的方法整体推进，寻找幸存者。

(2)旋转式搜索：5~6人一组，围成直径约5m的圈，相互间隔2~3m，卧倒、敲击、静听，寻找幸存者。

(3)专业人员到达后还可以采取搜救犬搜索、生命探测仪探测等方式进行搜索。

2. 生命营救

(1)维持被埋压者基本生命所需：想办法为被埋压者输送水和食物，尽快疏通封闭空间，使新鲜空气流入，在清除埋压物及钻凿、分割时，如有条件，最好同时洒水，以防止伤员呛闷而死。

(2)合理使用工具：可以充分利用铲、铁杠等较轻便的工具和毛巾、被单、衬衣、木板等方便器材；尽量不用硬质工具，最好用手扒。

(3)挖掘时要考虑周全所挖掘的位置，要分清支撑物和阻挡物，应保护支撑物，清除阻挡物，扒出的各种埋压物不要乱扔，以免使其他被埋压人员受损伤。

(4)施救和护理：先使被埋压人员的头部从废墟中暴露出来，清除其口鼻内的尘土，以保证其呼吸通畅。对于受伤严重、不能自行离开的被埋压人员，应设法小心地清除其身上和周围的埋压物，再将被埋压人员抬出废墟，切忌强拉硬拖。对饥渴、受伤、窒息较严重、埋压时间又较长的人员，被救出后要用深色布料蒙上其眼睛，避免其受强光刺激。不要让其一次进食大量的水和食物，不要让其过于情绪激动。若获救者受伤，在应急处理后，要立刻将其送往医疗点。

三、伤员处置

1. 检伤分类

创伤的检伤分类是灾难医学的重要组成部分，是灾害现场医疗急救的首要环节。地震发生后，当医疗救护人员面对现场大批伤员时，第一步救援措施必然是快速检伤分类，将重伤员尽快从伤亡人群中筛选出来；然后再按照伤情的轻重，依先重后轻的顺序分别给予医疗急救和转运入院。因此，地震救援现场的检伤分类具有十分重要的作用。具体操作见第二章第四节。

检伤分类可以将众多伤员分为不同等级，按伤势的轻重缓急有条不紊地展开现场医疗急救和梯队顺序后送，从而提高救援效率，合理救治伤员，积极改善预后。同时，通过检伤分类可以从宏观上对伤亡人数、伤情轻重和发展趋势等，作出一个全面、正确的评估，以便及时、准确地向有关部门汇报灾情，指导灾害救援，决定是否需要增援。

按照国际公认的标准，灾害现场的检伤分类分为四个等级——轻伤、中度伤、重伤与死亡(见第二章第四节)，统一使用不同的颜色加以标识，并遵循下列救治顺序：

(1)首先抢救重伤员(红色标识)；

(2)其次抢救中度伤员(黄色标识)；

(3)再次延期处理轻伤员(绿色或者蓝色标识)；

(4)最后处理死亡人员遗体(黑色标识)。

据有关资料报道，轻伤的发生率在整个灾害事故中所占比例最高，发生率至少为35%~50%。轻伤员的重要部位和脏器均未受到损伤，仅有皮外伤或单纯闭合性骨折，而无内脏伤及重要部位损伤，因此伤员的全部生命体征稳定，不会有生命危险。轻伤员的预后很好，一般在1~4周内痊愈，不会遗留后遗症。中度伤的发生率占伤员总数的25%~35%，伤情介于重伤与轻伤之间。伤员的重要部位或脏器有损伤，生命体征不稳定，如果伤情恶化则有潜在的生命危险，但短时间内不会发生心搏呼吸骤停。及时救治和手术完全可以使中度伤员存活，预后良好，治愈时间需1~2个月，可能遗留功能障碍。重伤的发生率占伤亡总数的20%~25%，伤员的重要部位或脏器遭受严重损伤，生命体征出现明显异常，随时都有生命危险，呼吸心跳随时可能骤停；常因严重休克而不能耐受根治性手术，也不适宜立即转院(但可在医疗监护的条件下从灾难现场紧急后送)，因此重伤员需要得到优先救治。重伤员治愈时间需2个月以上，预后较差，可能遗留终身残疾。尽管重伤员属于第一优先的救治对象，但也不是绝对的，在重大的灾害事故造成很多人受伤，而医疗急救资源又十分有限的情况下，就不得不放弃救治部分极重度伤员，即对没有存活希望的重伤员采取观望态度，转而优先抢救和运送中度伤员，把主要医疗力量放在大多数有存活希望的伤员身上，以节省有限的医疗资源并取得实际救治效果。创伤造成的第一死亡高峰在伤后1小时内，严重的重伤员如得不到及时救治就会死亡。死亡的标志为脑死亡和自主循环停止，心电图持续呈一条直线；同时，伤员心脏停搏时间已超过10分钟，且现场一直无人对其进行心肺复苏，或者伤员有明显可见的头颈胸腹任一部位粉碎性破裂、断离甚至被焚毁，即可现场诊断伤员生物学死亡。生物学死亡意味着人体整个机能的永久性丧失，死亡已不可逆转，心肺脑复苏不可能成功，故而全无抢救价值，以免徒劳浪费宝贵的医疗资源。

1)伤情分类的判断依据

(1)伤员的一般情况：年龄，性别、基础疾病、既往史、心理素质以及致伤因子的能量大小等，都可影响到伤情程度和检伤分类等级。但绝不可以根据伤员的呻吟喊叫程度来判断其伤情的轻重。

(2)重要生命体征：伤员神志(格拉斯哥评分≥11分)、脉搏(正常60~100次/分，有力)、呼吸(正常14~28次/分，平稳)、血压(正常收缩压>100mmHg或平均动脉压>70mmHg)、经皮血氧饱和度(正常SpO_2>95%)、毛细血管充盈度(正常<2秒钟)、尿量(正常>30mL/h)等生理指标和动态变化参数，是判断伤情严重程度的客观定量指标，对检伤分类具有重要的指导价值。

(3)受伤部位(伤部)：根据解剖生理关系，通常将人体笼统地划分为九个部分，即胸部C、头部H、腹部A、颈部N、脊柱脊髓S、骨盆P、上下肢体E、颌面M、体表皮肤S，其中以CHANS(胸部、头部、腹部、颈部和脊柱)最为重要。在对伤员充分暴露、完成全身查体后，对伤部的定位应具体化描述，如上下、左右、前后等，并尽量用数字表达受伤范围。据统计，在整个灾害中伤员以四肢伤的发生率最高，为50%~65%。

(4)损伤类型(伤型)：根据受伤后体表是否完整、体腔是否被穿透以及伤道形态，可大致分为开放伤/闭合伤、穿透伤/钝挫伤、贯通伤/盲管伤等，其中以开放伤和穿透伤最为严重。

(5)致伤原因(伤因)：导致人体受伤的原因通常分为四大类，即交通事故伤(如机动车、飞机、舰船伤)、机械性损伤(如钝器、锐器、挤压、高处坠落伤)、枪械火器伤(如刀刃、枪弹、爆炸、冲击伤)以及其他理化因素致伤(如烧伤、烫伤、冻伤、电击伤、放射性损伤、化学品灼伤等)。上述多种原因混合在一起的共同致伤，称为复合伤。复合伤与多发伤是两个不同的概念。

2)检伤分类方法

(1)院前模糊定性法——ABCD法：只要一看见伤员出现ABCD其中一项以上明显异常，即可快速判断为重伤，异常的项目越多说明伤情越严重；相反，如果ABCD四项全部正常，则归类为轻伤；而介于两者之间，即 ABC 三项(D 项除外)中只有一项异常但不明显者，则应判定为中度伤。该法简便快捷，只需 5~10 秒钟即可完成对一个伤员的检伤分类，非常适合于灾害现场的医疗检伤评估。

A. Asphyxia——窒息与呼吸困难，伤员胸部、颈部或颌面部受伤后，很快出现窒息情况，表现为明显的吸气性呼吸困难，呼吸十分急促或缓慢，伴有紫绀、呼吸三凹征、气胸或连枷胸等体征。常见原因为胸部穿透伤、张力性气胸、冲击性肺损伤、多发性肋骨骨折或急性上呼吸道机械梗阻。

B. Bleeding——出血与失血性休克，创伤导致伤员活动性出血，不管哪一个部位损伤出血，一旦短时间内失血量超过 800mL，出现休克的早期表现，如收缩压低于 100mmHg 或脉压差<30mmHg，脉搏超过 100 次/分，伤员神志虽清楚但精神紧张、烦躁不安，伴有面色苍白、四肢湿冷、口干尿少，即应判断为重伤。休克的快速检查方法为一看(神志、面色)、二摸(脉搏、肢端)、三测(毛细血管充盈度，但暂时不用急于测量血压)、四量(估计出血量)。

C. Coma——昏迷与颅脑外伤，伤员受伤后很快陷入昏迷状态，并且伴有双侧瞳孔改变和神经系统定位体征，即使头部没有外伤迹象，也暂时无法做头颅 CT 证实，仍可初步诊断为颅脑损伤，当然属重伤员。

D. Dying——正在发生的突然死亡，重度的创伤会导致伤员当场呼吸心搏骤停，如果医疗急救人员能够及时赶到现场，面对正在发生的猝死，只要伤员心脏停搏的时间不超过 10 分钟，心肺复苏仍有可能，故可归为重伤范围。但是，如果在事发 10 分钟以后急救人员才赶到现场，或者伤员头颈胸腹任一部位有粉碎性破裂甚至断离，诊断生物学死亡即可放弃救治。即便是刚刚发生的临床死亡，如遇重大灾害，事故现场的医疗救护人员人手严重不足，仍不得不将此类伤员划归为死亡，只好忍痛放弃抢救，因为此时拯救活着的人更加重要和有实际意义。

(2)院前定量评分法——PHI 法：PHI 法即“院前指数法”(Prehospital Index，PHI)，在 CRAMS 评分法(循环 Circulation，呼吸 Respiration，胸腹压痛 Abdomen，运动 Motor，语言 Speech)基础上改进、简化而产生，是灵敏度与特异度非常高、且保持最佳均衡的一种方法(见表 3-1)。因此，PHI 法属于目前灾害现场检伤评分体系中最好的一种院前定量分类法，得到世界各国的广泛应用。

表 3-1 **院前指数法(PHI)具体评分表**

参数	级别	分值
1. 收缩压(kPa)	>13. 33(100mmHg)	0
	11. 46~13. 20(<100mmHg)	1
	10. 0~11. 33(<85mmHg)	3
	<9. 86(75mmHg)	5

续表

参 数	级 别	分 值
2. 脉搏(次/分)	51~119	0
	>120	3
	<50	5
3. 呼吸(次/分)	正常(14~28)	0
	费力或表浅(>30)	3
	缓慢(<10)	5
4. 神志	正常	0
	模糊或烦躁	3
	不可理解的言语	5
5. 附加伤部及伤型	胸或腹部穿透伤 无	0
	有	4

将表中上述5项指标的每个参数所得分值相加，根据总的分数进行评判：

评分0~3分：轻伤；

评分4~5分：中度伤；

评分6分以上：重伤。

PHI法应用举例：

例1 一闭合型尺骨骨折伤者，收缩压96 mmHg，脉搏96次/分，呼吸20次/分，神志正常，无胸腹穿透伤。PHI评分为：1+0+0+0+0=1分，故检伤分类判定为轻伤。

例2 一创伤性脾破裂伤者，收缩压90 mmHg，脉搏126次/分，呼吸24次/分，神志正常，无腹部贯通伤。PHI评分为：1+3+0+0+0=4分，故检伤分类判定为中度伤。

例3 一腹部刀刺伤伤者，收缩压110 mmHg，脉搏84次/分，呼吸20次/分，神志正常，腹部有穿透伤口。PHI评分为：0+0+0+0+4=4分，故检伤分类判定为中度伤。

例4 一胸部贯通伤伤者，收缩压110 mmHg，脉搏100次/分，呼吸急促32次/分，神志正常，胸部有穿透伤口。PHI评分为：0+0+3+0+4=7分，故检伤分类判定为重伤。

例5 一脑外伤伤者，收缩压120 mmHg，脉搏90次/分，呼吸表浅36次/分，神志昏迷，无胸腹部穿透伤。PHI评分为：0+0+3+5+0=8分，故检伤分类判定为重伤。

例6 一车祸致全身多发性骨折伴出血伤者，收缩压60 mmHg，脉搏130次/分，呼吸34次/分，神志不清，回答不可理解的言语，无胸腹部穿透伤。PHI评分为：5+3+3+5+0=16分，故检伤分类判定为重伤。

PHI法用数据定量评判，因而比ABCD定性法更加科学、准确。但评分过程相对复杂、费时。在灾害现场检伤分类可将这两种方法结合起来，即首先采用ABCD法初步筛查，然后再对筛选出的重伤员和中度伤员用PHI定量评分。

最后，在检伤分类的同时，必须安排专人负责灾害现场的登记和统计工作，边分类边登记，最好采用一式两联并编号的伤情识别卡进行统计。现场登记有利于准确统计伤亡人数和伤情程度，准确掌握伤员的转送去向与分流人数，以便及时汇报伤情，有效地组织和调度医疗救援力量。

2. 现场抢救

根据伤员检伤分类结果和伤员的病情，对伤员进行现场抢救。如对呼吸骤停和窒息的伤员进行心肺复苏；对出血、骨折的伤员采取合适的方法止血、包扎、固定，待其生命体征稳定后再进行有目的有计划的医疗转送。

1）止血

出血在地震伤中较为常见，严重的出血，如心脏及大血管破裂所致的严重出血，可致伤员立即死亡，中等量的出血可致休克。正确及时的止血在地震救援中对于减少伤员死亡率和致残率极为重要，并对后续治疗有着极为重要的意义。常用的止血方法有指压止血法、加压包扎止血法、止血带止血法三种，其中加压包扎止血法为当前主要的止血方法。

（1）出血性质的判断：

动脉出血：血管内压力高，出血呈鲜红色，并有与动脉搏动同步的搏动性喷射状出血。动脉出血患者可在短时间内大量失血，引起生命危险。

静脉出血：呈暗红色持续性出血，一般危险性小于动脉出血。

毛细血管出血：血色多为鲜红色，自伤口渐渐流出，常能自行凝固止血，但假如伤口较大，也可造成大量出血。

（2）出血量估计：

出血量的正确估计在处理大批伤员和急救时十分重要。少量出血：失血量在 500mL 以内，伤员情绪稳定或稍有波动，唇色正常，四肢温度无变化，脉搏每分钟 100 次以内，血压一般正常或稍高；中量失血：失血量为500～2 000mL，伤员情绪烦躁或抑郁，对外界反应淡漠，口唇苍白，四肢湿冷，脉搏每分钟可达 140 次，收缩压下降，可达 6. 7kPa；大量失血：失血量在2 000mL以上，伤员反应迟钝，神智模糊不清或躁动不安，口唇灰色，发绀，四肢冰冷，脉搏极弱或不能测出，收缩压降至 6. 7kPa 以下或测不出。

（3）止血方法：

a. 加压包扎止血法：加压包扎止血法对大多数体表和四肢出血是最常用、有效、安全的方法。其具体方法是：用消过毒的纱布垫（在急救情况下也可用清洁布类）将伤口覆盖，再加以包扎，以增强压力，达到止血的目的。其包扎的松紧度以能达到止血的目的为宜，同时应抬高患肢，减轻因静脉回流受阻而增加出血量。

b. 指压止血法：用手指压住出血动脉近端经过骨骼表面的部分，以达到暂时应急止血的目的。一般只能有限地暂时性止血，且效果有限，不能持久。紧急情况下可先用指压止血，后根据具体部位和伤情采用其他止血措施。

头面部出血：可压迫下颌骨角部的面动脉、耳前的颞浅动脉和耳后的枕动脉止血。

颈部出血：可压迫一侧颈总动脉达到止血的目的，一般于第五颈椎横突水平向后压迫。

肩部、腋部出血：在锁骨上凹处向下，向后摸到跳动的锁骨下动脉后向后压向第 1 肋骨可止住肩、腋部出血。

上臂出血：根据伤部可选择腋动脉或肱动脉压迫出血点，腋动脉内压迫可从腋窝中点压向肱骨头，肱动脉压迫可以从肱二头肌内侧缘压向肱骨干。

前臂出血：可在肘窝部肱二头肌肌腱内侧压迫肱动脉止血。

下肢出血：可压迫股动脉，在腹股沟韧带中点下方压迫搏动的股动脉，有时为增加压力可将一手拇指置于另一手拇指之上。

c. 止血带止血法：一般只适用于四肢大动脉破裂出血，且在上述方法不能有效止血时才使用止血带止血法。因为压力大容易损伤局部组织，而在结扎止血带以下部位，血流被阻断，易造成组织缺血，时间过长会引起组织坏死；如力量较小，对组织损伤虽小，但又达不到止血目的。因此，正确使用止血带可以挽救生命和肢体，但使用不当会造成严重的出血、肢体缺血坏死甚至截肢等严重后果，非四肢大动脉出血，或加压包扎可以止血的，均不使用止血带止血。

止血带的选择：专用的止血带有充气止血带和橡皮止血带两种。充气止血带弹性好，压力均匀，压迫面积大，可控制压力，对组织损伤小，易于定时放松及有效控制止血，效果较其他止血带好。橡皮止血带易携带和发放，弹性好，易勒闭血管，但压迫面积细窄，对组织易致损伤，紧急情况下也可因地制宜，选用三角巾、绷带、布带等代替。

止血带的使用部位：止血带只用于四肢创伤性动脉止血，原则上应在出血部位稍上方使用。但前臂和小腿因血管在双骨间通行，结扎止血带不仅达不到止血目的，还会造成局部组织的损伤。因此，一般结扎止血带的使用部位是：上臂宜在上 1/2 处，大腿宜在上 1/3 处。

操作方法：上止血带前，先将患肢抬高 2 分钟，使血液尽量回流后，在肢体适当的部位，平整地裹上一块毛巾或棉布，然后再上止血带。上橡皮止血带时，以左手拇指、中指和食指持住一端，右手紧拉止血带绕肢体一圈，并压住左手持的止血带一端，然后再绕一圈，再将右手所持一端交左手食指和中指夹住，并从两圈止血带之间拉过去，使之形成一个活结。

使用止血带的注意事项：

a. 准确记录上止血带的时间：用止血带止血是应急措施，并且是危险措施。上止血带时间过长(超过 5 小时)会引起肌肉坏死、神经麻痹、厌氧菌感染等。因此，只有在十分必要时才使用，并准确记录上止血带的时间，紧急送往医院，尽量缩短使用止血带时间。如使用时间超过 1 个小时，则应每 1 小时放松止血带 1~3 分钟。如出血加剧，则最长使用时间也不要超过 5 小时。

b. 止血带的标准压力：上肢为 33. 3~40kPa，下肢为 53. 3~66. 7kPa，无压力表时以刚好止住血为宜。

c. 止血带不可缠在皮肤上，必须要有衬垫。

d. 在松开止血带之前，要先建立静脉通道，充分补液，并准备好止血器材再松止血带。

2)包扎

伤口包扎具有压迫止血、保护伤口免受污染、固定骨折以止痛，并为伤口愈合创造条件等作用，所以，包扎是常用的急救方法之一。包扎伤口应将伤口全部覆盖、包扎稳妥、松紧适度，并应尽可能注意遵守无菌操作原则，以便为后期处理创造良好的条件。包扎常使用的材料是绷带和三角巾，在紧急情况下也可因地制宜地使用干净的毛巾、棉料等包扎。

(1)三角巾包扎法：

三角巾使用广泛，可用于身体不同部位的包扎，包扎面积大，使用方便、灵活，在包扎上占有重要的位置。急救包中的三角巾有大小纱布垫各一块，由橡皮布压缩包装。使用时橡皮布可用于防水包扎和开放性气胸的处理。三角巾的包扎方法很多，目前常用的有以下几种：

a. 头面部伤口包扎方法：可根据伤口的位置分别选用风帽式包扎法、面具式包扎法以及普通头部包扎法。

b. 胸背部伤口包扎法：将三角巾顶角放在伤侧肩上，将底边围在背后打结，然后再拉到肩部与顶角打结。也可将两块三角巾顶角联结，呈蝴蝶巾，后采用蝴蝶式包扎法。

c. 四肢伤口包扎法：将伤者的手或足放在三角巾上，顶角在前拉在手或足的背上，然后将底边缠绕打结固定。

(2)绷带包扎法：

绷带使用方便，可根据伤口情况灵活运用。用适当的拉力将纱布牢固固定可起到止血的目的。绷带使用于胸腹部时如包扎过急可能影响伤员呼吸，因此，一般多用于四肢和头面伤的包扎。

常见的绷带包扎方法有如下几种：

a. 环绕法：将绷带做环形重叠缠绕即可。通常第一圈稍呈斜形，第二圈后即环形并将第一圈斜角压于环形圈内，最后将尾部撕开打结，多用于额部、腕部、腰部伤。

b. 蛇形法：先将绷带做环形缠绕数圈后，按绷带的宽度做间隔的斜形缠绕即可，多用于固定。

c. 螺旋法：先用环绕法绕缠数周后，再以每圈压着前圈的1/3形成螺旋形缠绕，多用于躯干和四肢伤。

d. 螺旋反折法：先做螺旋状缠绕，绕到较粗的地方就每圈把绷带反折一下，盖住前圈的2/3，这样由下而上缠绕即可，多用于粗细不均的部位。

e. “8”字法：开始先做环绕法，斜过关节时，上下交替于关节处交叉，并压前一圈的1/3，再由上而下呈“8”字形来回缠绕，多用于关节处。

f. 头部绷带固定较特殊，可用单绷带回返缠法和双绷带回返缠法两种方法。单绷带回返缠法是经耳上由前额至枕部先绕几圈，由助手在后将绷带固定后，将绷带由枕部经头顶到额部后，也由助手固定。如此反复由前向后，由后向前，左右交替，来回包扎，每次盖住前次的1/3~1/2，直至包扎完头顶为止。最后环绕头部数周，于健侧打结。

使用绷带的注意事项：

a. 包扎不宜过紧，以免压迫组织引起局部肿胀。

b. 包扎四肢时应将指(趾)端外露，以便于观察血液循环情况。

c. 包扎时伤口应先用无菌敷料盖住，并从远端往近端缠绕。

d. 不要使用潮湿的绷带，以免干后收缩造成包扎过紧。

e. 在肢体的骨隆突处应垫棉垫再包扎。

四、固定

急救现场抢救伤员时，对伤员疑有骨折的肢体或躯干要进行临时固定，目的是防止因骨折断端活动而造成新的损伤，减轻伤员疼痛，预防休克。同时，对骨折的治疗也具有重要作用。

1. 四肢骨折的固定

可用小夹板临时固定，若无夹板时可因地制宜采用木板、竹片、树枝、硬纸板或书固定，战地可用炮弹箱板等材料临时固定。开放性骨折若损伤主要动脉，则应先止血，然后在伤口处用无菌敷料包扎后再进行固定。闭合性骨折不要盲目复位，一般将骨折肢体在原位固定。

1）上肢骨折的固定

（1）三角巾临时固定法：上肢任何部位的骨折，临时固定时均可用三角巾将伤肢固定于胸壁。这种固定方法简单，所需器材少，但由于胸壁有一定幅度的运动，固定不够稳定，故只用于急救。其固定方法是将第一块三角巾放在伤者躯干前面，上端经侧肩部搭在颈后，将伤肢肘关节屈曲 90 度横放于胸前，再将三角巾下端提起搭过伤员健侧肩部，在颈后将两端结扎，将伤肢悬吊在颈上，第二条三角巾折叠成宽带，将伤肢上臂部固定在胸侧壁。

（2）前臂骨折夹板固定法：将夹板放置在骨折前臂外侧，骨折突出部分要加垫，然后固定腕、肘两关节（腕部作“8”字形固定），用三角巾将前臂屈曲悬胸前，再用三角巾将伤肢固定于胸廓。

（3）臂骨折夹板固定法：夹板放置于骨折上臂外侧，骨折突出部分要加垫，然后固定肘、肩两关节，用三角巾将上臂屈曲悬胸前，再用三角巾将伤肢固定于伤员胸廓。

（4）锁骨骨折固定法：

a. 丁字夹板固定法：将丁字夹板放置于伤员背后肩胛骨上，在伤员骨折处垫上棉垫，然后用三角巾绕其肩两周在板上打结，夹板端用三角巾固定好。

b. 三角巾无夹板固定法：让伤员挺胸，双肩向后，在其两侧腋下放置棉垫，用两块三角巾分别绕其肩两周打结，然后将三角巾结在一起，将其前臂屈曲用三角巾固定于胸前。

2）下肢骨折的固定

（1）大、小腿无夹板三角巾固定法：将伤者双下肢并拢，健肢移向伤肢，在膝、踝之间加垫，用三角巾分段固定髂部、膝部、踝部，打结在健侧，踝关节处作“8”字形固定。

（2）大腿骨折夹板固定法：将夹板放置在骨折腿外侧，骨折突出部分要加垫，然后固定骨折部位上下两端，固定踝、膝关节，最后固定腰、髂及腋部。

（3）小腿骨折夹板固定法：将夹板放置在骨折小腿外侧，骨折突出部分要加垫，然后固定伤口上下两端，固定膝、踝两关节（“8”字形固定踝关节），夹板顶端再固定。

3）骨折急救原则及注意事项

（1）要注意伤者伤口和全身状况，如伤口出血，则应先止血，再包扎固定。遇伤者休克或呼吸、心跳骤停，则应立即进行抢救

（2）在处理开放性骨折时，对伤者局部要做清洁消毒处理，用纱布将伤口包好，严禁把暴露在伤口外的骨折断端送回伤口内，以免造成伤口污染并再度刺伤血管和神经。

（3）对于大腿、小腿、脊椎骨折的伤者，一般应就地固定，不要随便移动伤者，不要盲目复位，以免加重伤者损伤程度。

（4）固定骨折肢体所用夹板的长度和宽度要与骨折肢体相称，其长度一般以超过骨折部位上下两个关节为宜。

（5）固定用的夹板不应直接接触伤者皮肤。在固定时可用纱布、三角巾、毛巾、衣物等软材料垫在夹板和肢体之间，特别是夹板两端、关节骨头突起部位和间隙部位，可适当加厚垫，以免引起伤者皮肤磨损或局部组织压迫坏死。

2. 脊柱骨折的固定

对于疑有脊柱损伤者，无论有无肢体麻木，均应按有脊柱骨折对待。不应任意搬动或扭曲伤者脊柱，搬运时应使其脊柱保持伸直，顺应伤者脊柱或躯干轴线，滚身移至硬担架或平板上。一般采取仰卧位，密切观察伤者全身情况，保持其呼吸道畅通，防止休克。颈部损伤者需专人扶牵头颈部维持其轴线位后才能搬运，严禁对疑有脊柱损伤者1个人抱送或两个人抬肢体远端扭曲伤者搬动。

3. 骨盆骨折的固定

遇有骨盆骨折的伤者时，应注意防止其失血性休克和并发直肠、尿道、阴道、膀胱等脏器损伤。临时搬运时可用三角巾或床单折叠后兜吊伤者骨盆，置担架或床板上后让其两膝保持半屈位。

应尽可能采用担架搬运伤者，这样做既可减少意外发生，又有利于病人恢复健康。

在搬运过程中，尤其是搬运危重伤者时，应有医务人员陪送，并随时观察伤者的表现，如呼吸、面色等。注意保暖，但也不要将伤者头部包盖过严，以免影响其呼吸。在搬运中，伤者带有吸氧装置及静脉输液装置的，要注意观察吸氧管是否脱落以及静脉点滴的速度等情况，发现问题要及时处理。

在各种灾难情况下搬运伤员，应根据具体情况，保护伤员免受再次伤害。比如，在火灾现场浓烟中搬运伤员时应匍匐前进，因为离地面30cm以内烟雾较稀薄；在地震现场搬运伤员时要注意防止余震再次砸伤伤员。

五、搬运

灾害发生后，伤员被压在瓦砾下，或者在被毁坏甚至在燃烧的汽车、飞机内，需要将他们安全地解救出来，搬运到空气流通、相对安全的地点（现场救护点），在现场采取相应的急救措施，并尽快准备好运载工具，再从现场救护点搬运至车、船、飞机，然后转送至医院，这个过程就是搬运。搬运的过程关系伤员转送途中的安全，处理不当会前功尽

弃。唐山地震后发生的3 800多名截瘫病人，有相当一部分就是由于脊柱骨折或在抢救过程中搬运不当造成的。

常见的搬运方法有以下几种：

1. 徒手搬运

徒手搬运适用于搬运伤势较轻且运送距离较近的伤者。

(1)单人搬运法：背、抱、扶持。

(2)双人搬运法：一人托伤者下肢，一人托伤者腰部。在不影响伤者的情况下，还可以采用椅式、轿式、拉车式搬运。

(3)三人搬运法：对胸、腰椎骨折的伤者，应由三人配合搬运。一人托住伤者肩胛部，一人托住伤者臀部和腰部，另一人托住伤者两下肢，三人同时把伤员轻轻抬放到硬板担架上。

(4)多人搬运法：将脊椎受伤的患者向担架上搬动时应由4~6人一起搬动，两人专管伤者头部的牵引固定，使伤者头部始终保持与躯干成直线的位置，维持颈部不动。另两人托住伤者臂背，两人托住伤者下肢，协调地将伤者平直放到担架上，并在伤者颈窝处放一小枕头，头部两侧用软垫沙袋固定。

2. 担架搬运

担架搬运适用于搬运伤势较重、不宜徒手搬运且转运距离较远的伤者。在灾害现场没有现成的担架而必须用担架搬运伤员时可自制担架。用两根长2~3米的木棍，或两根长2~3米的竹竿绑成梯子形，中间用绳索来回绑在两根长棍之中即成。

搬运时的注意事项：

(1)移动伤者时应先检查伤者的头、颈、胸、腹和四肢是否有损伤，如有损伤，则应先做急救处理，再根据不同的伤势选择不同的搬运方法。

(2)对于伤势严重、转运路途遥远的伤者要做好途中护理，密切注意伤者的神志、呼吸、脉搏以及伤势的变化。

(3)对于上止血带的伤者，要记录上止血带和放松止血带的时间。

(4)搬运脊椎骨折的伤者时，要保持伤者身体固定。搬运颈椎骨折的伤者除了要保持伤者身体固定外，还要有专人牵引和固定伤者头部，避免其移动。

(5)用担架搬运伤者时，一般应让伤者头略高于脚，对于休克的伤者则应脚略高于头，行进时伤者的脚在前、头在后，以便搬运人员随时观察伤者情况。

(6)用汽车、卡车等运送伤员时，床位要固定，防止车辆启动、刹车时床位晃动而使伤者再度受伤。

六、地震后防疫

破坏性地震发生后，卫生流行病学状况极度恶化，为各种传染病的爆发流行创造了条件。日常生活中，我们可以从水、食品和环境等方面加强震后防疫工作。

1. 保持饮用水卫生

(1)浑水澄清：将明矾、硫酸铝、硫酸铁或聚合氯化铝等混凝剂适量加入浑水中，用棍棒搅动，待出现絮状物后静置沉淀，水即可澄清。没有上述混凝剂时，可就地取材，把仙人掌、仙人球、量天尺、木芙蓉、锦葵、马齿苋、刺蓬或榆树、木棉树皮捣烂加入浑水中，也有助凝作用。

(2)饮水消毒：煮沸消毒效果可靠，方法简便易行。也可用漂白粉等卤素制剂消毒饮用水。按水的污染程度，每升水加 1~3 毫克氯，15~30 分钟后即可饮用。个人饮水每升加净水锭两片或 2%碘酒 5 滴，震摇 2 分钟，放置 10 分钟即可饮用。

2. 注意饮食卫生

(1)不食用生食、冷食及腐败变质的食物。饭菜要烧熟煮透，现做现吃，常温下放置 4h 以上的熟食不能再食用。

(2)不食用死亡的牲畜和水产品。

3. 注意环境卫生

1)杀蚊灭蝇

(1)地面喷药杀灭：用马拉硫磷、杀螟松、辛硫磷、害虫敌乳剂或原油对居民点、坍塌的建筑物、厕所、粪堆、污水坑、垃圾堆、居民简易防震棚内外以及挖掘、掩埋尸体现场等处进行喷雾。

(2)用烟剂熏杀：对室内、地窖、地下道等空气流动较慢的地方和喷雾器喷洒不到的地方，可用 666、敌敌畏、敌百虫、西维因、速灭威等烟剂熏杀蚊蝇。也可通过燃烧某些野生植物进行熏杀。

2)恰当处理尸体

地震后，暴露散在的人畜尸体会很快腐烂，散发尸臭，污染环境，对灾区人民的身心健康是一种严重威胁。处理尸体也是抗震救灾的当务之急。为保障救灾人员的安全，处理尸体时必须做好卫生防护工作。

(1)尸体的消毒除臭方法：尸体挖埋作业小组要配备消毒人员。消毒人员要紧跟作业人员，边挖边喷洒高浓度漂白粉、三合二乳剂或除臭剂。将尸体移开后，对现场要再次喷洒除臭。要用衣服、被褥将尸体包严，装塑料袋内将口扎紧，防止尸臭逸散，并尽快装车运走。要先在运尸车厢板垫一层砂土，或垫塑料布，防止尸液污染车厢。要有计划地选择远离城镇和水源的地点(5 千米以外)深埋。在农村，要使用指定的牛车、架子车等搬运尸体。

(2)挖掘、搬运和掩埋尸体的作业人员，要合理分组，采取多组轮换作业，缩短接触尸臭时间，防止过度疲劳。

(3)尸体挖埋作业人员要戴防毒口罩，穿工作服，扎橡皮围裙，戴厚橡皮手套，穿高腰胶靴，扎紧裤脚、袖口，防止吸入尸臭中毒和尸液刺激损伤皮肤。

(4)挖埋尸体人员作业完毕，要先在距生活区 50 米以外的消毒站脱下工作服、围裙和胶靴，由消毒人员消毒除臭，把橡皮手套放入消毒缸内浸泡消毒。双手用3%的来苏液浸泡消毒，再用酒精棉球擦手，最后用清水和肥皂洗净，有条件时最好淋浴或擦澡。进宿舍后换穿清洁衣服。对运尸车和挖埋尸体工具，要停放在消毒站，由消毒人员用高浓度漂白粉精、三合二乳剂或除臭剂消毒除臭。

第四章　火灾逃生与施救

火是中国的五行之一，自燧人氏钻木取火以来，人类才开始有意识地控制和用火，告别了“茹毛饮血”的原始生活，生产力得到提高，社会开始加速发展。所以，火的发现与利用是人类早期最伟大的成就之一。有了火，才有了人类的文明与进步！

如今，火已经成为人们日常生活中不可或缺的一分子，我们无时无刻不需要它。然而，福兮祸之所伏，火在有益于人类的同时，也常常给人类带来灾难与痛苦。对火的使用不当或是不注意，就有可能造成火灾。从历史上发生的火灾来看，固然有自然方面的原因，也有不少人为方面的原因。在科技发达的近代，天灾人祸已经大大减少，但是由于疏忽而导致的火灾仍然层出不穷。

火灾会夺去人的生命，毁坏人的财物，破坏生态环境，因此，人们在利用火的同时，应尽可能地减少火灾及其对人类造成的危害。在火灾中丧生的人，少数是由于不可抗拒的客观原因陷入绝境而无法逃生；但对于大部分遇难者来说，可能是因为缺乏火灾防范意识和逃生技能而导致死亡。只有不断总结火灾发生的规律，普及火灾逃生与施救知识，才能更好地保障人民的生命财产安全。

第一节　火灾的定义和致人死亡原因

一、火灾的定义

火灾是指在时间上或空间上失去控制，在蔓延发展过程中给人类生命财产造成损失的一种灾害性的燃烧现象。它可以是天灾，也可以是人祸；它既是自然现象，又是社会现象。在各种灾害中，火灾是发生频率最高的灾害，同时也是危害最大的灾害之一。

俗话说：火灾猛于虎，火过人财空。火灾会给人类带来巨大的危害。

近几年来，我国平均每年发生火灾约 4 万起，死2 000多人，伤3 000~4 000人，每年火灾造成的直接财产损失 10 多亿元，尤其是造成多人死亡的特大恶性火灾时有发生，给国家和人民群众的生命财产造成了巨大的损失。

2015 年 1 月 2 日，哈尔滨一仓库发生大火，并持续了约 24 个小时，5 名消防员牺牲。3 日 13 时左右，殉职消防员遗体被找到，消防员们将战友遗体抬离废墟。①

2010 年 11 月 15 日 14 时，上海静安区一栋高层公寓起火。公寓内住着不少退休教师，起火点位于 10~12 层之间，整栋楼都被大火包围着，楼内还有不少居民没有来得及撤离。至 11 月 19 日 10 时 20 分，大火已导致 58 人遇难，另有 70 余人受伤。②

2009 年 2 月 9 日晚 21 时许，在建的中央电视台新台址园区文化中心发生特别重大火灾事故，大火持续燃烧 6 个小时。火灾由烟花引起。在救援过程中消防队员张建勇牺牲，6 名消防队员和 2 名施工人员受伤。大火造成直接经济损失达 1.6 亿余元。③

① 哈尔滨-仓库发生大火. http://m.cctv.com/dc/v/index.shtml? guid = 12263e17c47043b957c42ab23a14d75.

② 11·15 上海静安区高层住宅大火. http://politics.gmw.cn/2010-11/17/content_1393250.htm.

③ 孙冉，韩永. 直击央视大火.《中国新闻周刊》，2009 年 05 期(总第 407 期).

二、火灾致人死亡原因

火灾中致人死亡的原因，归纳起来主要有以下三种：

(1)缺氧窒息死亡：这是火灾致死的首要原因。

发生火灾时，烟雾蔓延的速度是火势蔓延速度的5~6倍，烟气流动的方向就是火势蔓延的方向。火灾中出现的死亡人员，大多数是被烟雾熏倒窒息死亡的。由于燃烧导致氧气被消耗，因而火灾中的烟呈低氧状态。同时，燃烧产生大量有毒气体，如一氧化碳、氰化氢、二氧化碳、硫化物等，一般认为危害最大的是一氧化碳。在含有一氧化碳浓度达1.3%的空气中，人吸入两三口空气就会失去知觉，在浓烟中呼吸1~3秒就会导致死亡。由于吸入这种毒烟而造成缺氧窒息的人数是火灾中直接被烧死人数的4~5倍，烟雾可以说是火灾第一杀手。

此外，由于烟雾的出现，严重地阻碍了人的视线，使人们的能见度下降。只要人的视野降至3米以内，想逃离火场就不大可能了。

2000年12月25日，河南洛阳东都商厦由于电焊操作不当引发大火，二层、三层的民工及四层歌舞厅中200多人被困。虽经多方抢救，大火被扑灭，但大火造成309人死亡，其中80%是烟熏致死。2003年3月26日，韩国天安市天安小学足球队宿舍内由于电气线路短路引起火灾，宿舍房屋比较窄小，天棚、墙壁和地板都是用可燃材料建造的，起火后产生大量有毒有害气体，宿舍内8名小队员被浓烟熏呛失去知觉，最后无一人生还。

(2)烧伤致人死亡。

火灾中火焰或热气流会导致受困者大面积皮肤损伤，进而引起各种并发症而致受困者死亡。火焰表面温度可达800℃以上(不同燃烧物燃烧的温度不完全相同)，人体所能承受的温度仅为65℃，超过这个温度值人就会被烧伤，甚至被烧死。火灾中的高温烟雾及热气流被人吸入呼吸道，也会造成呼吸道的灼伤，引起组织水肿，最后窒息死亡。

(3)其他意外情况死亡。

意外情况多数发生在高楼失火，受困者又缺乏自救知识的情况下。在火灾突然发生的时候，由于烟气及火的出现，高温的灼烤，场面混乱，多数人都会恐慌。这时，由于受困者惊慌失措甚至跳楼，也最容易引发拥挤踩踏和伤亡事故。

2008年11月14日，上海商学院一女生宿舍6楼由于电卷发器使用不当引发大火，宿舍内6名女学生，其中4人选择了跳楼逃生，结果无一例外地被摔死。2002年4月21日，三亚市阳光购物中心发生大火，7名被大火围困人员无视消防员的阻止，慌乱跳楼逃生，无一人生还，7名死者中3名是小孩，被大人仅用一条薄被子包裹后就抛下楼，其状惨不忍睹。

(1)缺氧窒息死亡

(2)烧伤致人死亡

(3)其他意外情况死亡

第二节　火灾报警和灭火

遇到火灾的时候，一定要有正确的逃生方法。发生火灾时怎么办？切勿慌张，要保持镇定，以免在慌乱中做出错误的判断或采取错误的行动而受到不应有的伤害。

通常情况下，只要条件允许，发生火灾后报警、灭火、逃生应同时进行。当然，应具体问题具体分析。当火灾现场只有自己一个人时应该一边大声呼救，以便取得周围群众的帮助，一边报警，同时视火情大小决定是灭火还是逃生。初起火灾一般是小火，若附近有灭火设备，有把握将初起火灾扑灭，可优先灭火，同时报警。当火势处于发展或猛烈燃烧阶段，有爆炸、垮塌危险时，应放弃灭火，一边逃生一边报警，同时通知周边群众一起逃生。当现场不只自己一个人时，可让一个人报警，其他人灭火。

发生火灾时，报警、灭火、逃生同时进行

一、如何报警

发现火灾应迅速拨打火警电话 119。如发现有人受伤或窒息，还要拨打急救电话 120。火灾初起时，一方面迅速报警，另一方面积极扑救。报警对象：①周围人员，召集前来扑救；②本单位消防与保卫部门，迅速组织灭火；③公安消防队，拨打火警电话 119；④人多的地方要通知周围群众，发出警报，组织疏散。应当强调的是，火灾发生后应立即向消防部门报警，即使在场人员认为自己有能力灭火也应报警。

打电话人人都会，但是火警电话 119 就不一定人人会打了。报火警也是一门学问，如果报警方法得当，就能达到事半功倍的效果，否则可能会延误时机。火场救火分秒必争，因此，掌握正确的报警方法对每个公民都很重要。

以普通居民家庭火警为例，使用固定电话报警优于手机报警，因为消防队指挥中心使用的系统，可以通过报警人的电话锁定报警人地址。当你用固定电话拨通 119 时，指挥中心电脑屏幕上就会自动显示出报警人的地址、门牌号等详细信息。同时，属地消防中队也能够同时接到这起报警信息。确定火场位置后，属地消防队就可以立即出警。然而，如果用手机拨打 119，消防队指挥中心只能通过询问，弄清楚火场地址后，才能调派属地消防队。这样一来，两种报警方式就会造成消防队出警的时间差。据统计，两种不同的报警方式，平均会造成约半分钟的时间差。无论是手机或座机拨打，都不用加拨区号，直接拨打号码 119 即可。119 免收电话费，投币、磁卡等公用电话均可直接拨打，在手机欠费的情况下也可以拨打。

火警电话打通后，应讲清楚以下内容：

(1) 着火现场所在区县、街道、门牌或乡村的详细地址。如果不知道着火地点名称，也应尽可能说清楚周围明显的标志，如建筑物等。

(2) 要讲清什么东西着火，火势如何。

(3) 要讲清是平房还是楼房着火，最好能讲清起火部位、燃烧物质和燃烧情况。

(4) 报警人要讲清自己姓名、工作单位和电话号码。

(5)报警后要派专人到街道路口或村口等候消防车，指引消防车去火场的道路，并维持路口到起火点的道路畅通，以便消防车能迅速、准确到达起火地点。

公安消防队扑救火灾完全属于义务行为，不向发生火灾的单位、个人收取任何费用，甚至对火警以外的紧急救助也是免费的。火灾报警早，损失少，但是应注意正确报火警，谎报火警是违法行为。如果确定是不慎按下报警器报警或者误拨报警电话，警方通常不会对其进行处罚，但会进行提醒。如果经调查是故意报假警，则会面临处罚，造成严重后果的，还有可能要承担刑事责任。

报警时要讲清楚：
(1)详细地址；
(2)起火部位、着火物质、火势大小；
(3)报警人姓名及电话号码。

报警后派专人到路口迎接消防车，并维持路口到起火点的道路畅通。

必须注意，救火是分秒必争的事情，早一分钟报警，消防车早到一分钟，就可能把火灾扑灭在初起阶段；耽误了时间，小火就可能变成大火。而且，火灾的发展常常是难以预料的，有时似乎火势不大，认为自己能扑灭，但是由于各种因素，火势突然扩大，如果此时才向消防队报警，就会使灭火工作处于被动状态。火灾损失的大小与报警早晚有着很大的关系。因此，不能只顾灭火而忘了报警，或者是灭不了火时才报警。

二、如何灭火

一般来说，起火要有三个条件，即可燃物(木材、汽油等)、助燃物(氧气、高锰酸钾等)和点火源(明火、烟火、电焊火花等)。扑灭初起火灾的一切措施，都是为了破坏已经产生的燃烧条件。据统计，70%以上的火警都是现场人员扑灭的。对于远离消防队的地区首先应强调群众自救，力争将火灾消灭在萌芽状态。

1. 灭火的方法

灭火的方法主要包括隔离法、冷却法、窒息法、扑打法和化学抑制法。

(1)隔离法：指阻断可燃物，包括关闭可燃气体或液体的阀门；切断电源；采用泥土、黄沙筑堤；移走周围的可燃物，将可燃、易燃、助燃物质与火分离等。

(2)冷却法：指将水直接喷射到燃烧物体上，使温度降至燃点以下。在单位可利用消防给水系统灭火；若无消防器材，则可用桶、盆等就地取水灭火。如果水少不足以灭火，可将有限的水洒在火点四周，淋湿周围的可燃物，控制火势，赢得再取水灭火的时间。

(3)窒息法：指用湿棉毯、湿麻袋、湿棉被、干沙等覆盖在燃烧物的表面，隔绝空气，使其停止燃烧。

(4)扑打法：指对固体可燃物、小片草地、灌木等小火用衣物、树枝、扫帚等扑打灭火。

(5)化学抑制法：指将含氮的化学灭火剂喷射到燃烧物质上，使灭火剂参与到燃烧中，发生化学作用，覆盖火焰使燃烧的化学连锁反应中断，使火熄灭。

实战中应根据火灾的类型选择合适的灭火方法。那么火灾的类型有哪些呢？

2. 火灾的类型

火灾按燃烧的对象分为四类：

A类：指普通固体可燃物如木材、棉、毛、纸张等燃烧而引起的火灾，上述几种灭火方法均适用，如果用灭火器可选择干粉、泡沫、卤代烷型灭火器；

B类：指油脂及可燃液体如汽油、煤油、柴油、动植物的油脂、甲醇、乙醇等燃烧引起的火灾，这类火灾绝不能直接用水灭火，可选用窒息法灭火①，也可选择使用干粉、泡沫、卤代烷、二氧化碳型灭火器灭火；

C类：指可燃气体如煤气、天然气、甲烷、氢气等燃烧引起的火灾，这类火灾也不能直接泼水灭火，可选用窒息法，或者选用干粉、卤代烷、二氧化碳型灭火器灭火；

D类：指可燃金属如钾、钠、镁、铝等燃烧引起的火灾，这类火灾尚无特定的灭火器可用来灭火，可采用干砂或铸铁末覆盖灭火。

此外，还有电气设备火灾。这类火灾是指电子计算机、通信机、变压器、配电盘等电子电气设备和电线电缆等燃烧时带电的火灾。若电气设备在起火后或灭火前已被切断电源，则不视为电气设备火灾。

火灾的发展，一般都要经历一个火势由小到大、由弱到强、逐步发展的过程。火灾有初起、发展、猛烈、减弱和熄灭五个阶段。初起阶段火场面积小，温度低，是扑救的最佳时机(黄金3分钟)。因此，一旦起火，不要惊慌失措，如果火势不大，应迅速利用身边备有的简易灭火器材，采取有效措施控制和扑灭火灾源头。

灭火时要注意以下几点：

(1)含油液体起火时，绝不能直接用水灭火，可用干粉灭火器或沙土将其扑灭；如火势小，则可用浸湿的棉被、衣物等覆盖灭火。

(2)煤气罐着火时，首先应关闭阀门，防止可燃气体爆炸，然后用浸湿的棉被、衣物等覆盖灭火，或者用干粉、二氧化碳灭火器灭火。

(3)电器或线路着火时，要先切断电源，再用干粉或气体灭火器灭火，不可直接泼水

---

① 窒息灭火法. http://www.gov.cn/yjgl/2005-08/01/content_18775.htm.

灭火，以防触电或电器爆炸伤人。

(4)熔化的铁水、钢水、浓三酸(硫酸、硝酸、盐酸)导致的火灾，不能用水灭火，因为水会产生大量温度很高的水蒸气，水蒸气在1 000℃以上时，会分解出氢气和氧气，有助燃作用，甚至还可能引起爆炸。

3. 常用的灭火器

灭火器是一种轻便的灭火工具，它可以用于扑救初起火灾，控制火情蔓延。不同种类的灭火器适用于不同物质的火灾，其结构和使用方法也各不相同。灭火器的种类较多，常用的主要有：干粉灭火器、二氧化碳灭火器、泡沫灭火器和 1211 灭火器。下面分别介绍这几种灭火器。

1)干粉灭火器

干粉灭火器是使用范围最广的灭火器。干粉储压式灭火器(手提式)是以氮气为动力，将筒体内干粉压出，适用于扑救各种易燃、可燃液体和易燃、可燃气体火灾以及电器设备火灾。干粉灭火器不能扑救轻金属燃烧引起的火灾。使用时先拔掉保险销(有的是拉起拉环)，再按下压把，干粉即可喷出。灭火时要接近火焰喷射。此外，由于干粉喷射时间短，故喷射前要选择好喷射目标；同时，由于干粉容易飘散，故不宜逆风喷射。注意保养灭火器，要放在好取、干燥、通风处。每年要检查两次干粉是否结块，如有结块则要及时更换；每年检查一次药剂重量，若少于规定的重量或压力表气压不足，应及时充装。

干粉推车灭火器在使用时，首先应将推车灭火器快速推到火源近处，拉出喷射胶管并展直，拔出保险销，开启扳直阀门手柄，对准火焰根部，使粉雾横扫重点火焰。注意要切断火源，防止火焰蹿回，由近及远向前推进灭火。

2)二氧化碳灭火器

二氧化碳灭火器是以高压气瓶内储存的二氧化碳气体作为灭火剂进行灭火的。二氧化碳灭火后不留痕迹，适宜于扑救贵重仪器设备、档案资料、计算机房火灾。它不导电，也适宜于扑救带电的电器设备和油类火灾，但不可用于扑救钾、钠、镁、铝等金属物质燃烧引起的火灾。

使用时，鸭嘴式的二氧化碳灭火器要先拔掉保险销，然后压下压把即可；手轮式的二氧化碳灭火器要先取掉铅封，然后按逆时针方向旋转手轮，药剂即可喷出。注意手指不宜触及喇叭筒，以防手被冻伤。二氧化碳灭火器射程较近，应接近着火点，在上风方向喷射。对二氧化碳灭火器要定期检查，当重量减少 5%以上时，应及时充气和更换。

3)泡沫灭火器

泡沫能覆盖在燃烧物的表面，防止空气进入，进而达到灭火的目的。泡沫灭火器最适宜扑救各种油类燃烧引起的火灾，但不能扑救水溶性可燃、易燃液体燃烧引起的火灾和电器火灾。

使用时先用手指堵住喷嘴将筒体上下颠倒两次，就会有泡沫喷出。对于油类火灾，不能对着油面中心喷射，以防着火的油品溅出，要顺着火源根部的周围，向上侧喷射，逐渐覆盖油面，将火扑灭。使用时不可将筒底筒盖对着人体，以防发生危险。筒内药剂一般每半年换一次，最迟一年换一次。冬夏季节要做好防冻、防晒保养。

泡沫推车灭火器的使用：先将推车灭火器推到火源近处展直喷射胶管，将推车筒体稍向上活动，转开手轮，扳直阀门手柄，手把和筒体立即触地，将喷枪头直对火源根部周围覆盖重点火源。

4)1211(卤代烷)灭火器

1211 灭火器灭火时不污染物品，不留痕迹，特别适用于扑救精密仪器、电子设备、文物档案资料火灾，也适宜于扑救油类火灾。

使用前要先拔掉保险销，然后握紧压把开关，即有药剂喷出。使用时灭火筒身要垂直，不可平放和颠倒使用。它的射程较近，喷射时人要站在上风处，接近着火点，对着火源根部扫射，向前推进。要注意防止回头复燃。

1211 灭火器每三个月要检查一次氮气压力，每半年要检查一次药剂重量、压力，药剂重量减少 10%时应重新充气、灌药。

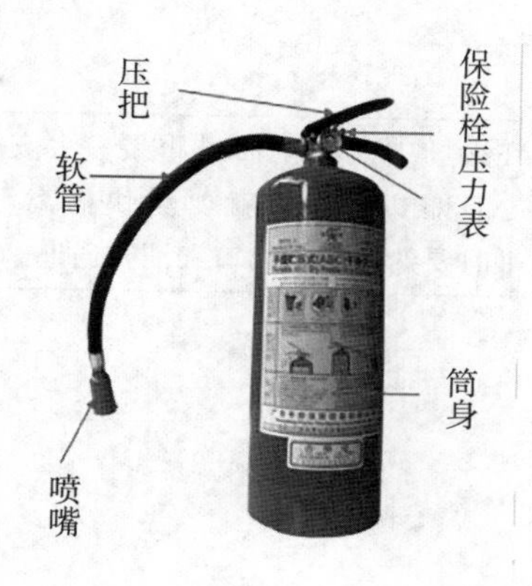

灭火器的使用方法

一、撕掉铅卦，拔掉保险销；
二、用力按压把手；
三、对准火源根部，进行灭火；
四、不能水平或颠倒使用灭火器；
五、灭火器严禁挪用，损坏和遮挡。

第三节　火 灾 逃 生

一、火场逃生方法

火灾袭来时要保持镇定，不要慌乱，在迅速、正确报警的同时，要努力实现自救，要迅速逃生，不要过分贪恋财物。

1. 快速撤离

在火场中人的生命最重要。火灾一旦难以控制，就要尽快撤离。平时要养成安全防范意识，进入一个陌生环境首先要熟悉安全出口和消防通道。商场等公共建筑按规定都设有室内楼梯和室外楼梯，有的还设有消防电梯，发生火灾后，尤其是在火灾初起阶段，这都是逃生的良好通道。应将浸湿的棉大衣、棉被、门帘子、毛毯、麻袋等遮盖在身上，在确定逃生路线后，以最快的速度直接冲出火场，到达安全地点。无消防专用电梯的，不要乘坐普通电梯逃生，这是因为：第一，火灾中常常会断电而造成电梯“卡壳”，给救援工作增加难度；第二，电梯口直通大楼各层，烟气流入电梯通道极易形成“烟囱效应”，人在电梯内随时会被浓烟毒气熏呛而窒息。

另外，逃生时要尽量避免对面人流和交叉人流，避免人多拥挤的出口。大火降临，人们容易在人群的簇拥下向着经常使用的楼梯奔去，即使那里已经挤成一团，堵塞了出口，还是会争相夺路，这是因为：一方面，灾祸降临后人们挤成一团，可以解除心理上的孤独和恐惧；另一方面，由于对所处环境不了解，对别处有无出口无把握。因此，平时养成每到一个地方首先熟悉安全出口和消防通道的习惯，对发生火灾时正确选择逃生路线至关重要。

在火场中人的生命最重要。火灾一旦难以控制，就要尽快撤离。平时要熟悉安全出口和消防通道。

2. 预防中毒窒息

火灾疏散时要注意保护口鼻，低头弯腰快速前进。因火场烟气具有温度高、毒性大、氧气少、一氧化碳多的特点，人吸入后容易引起呼吸系统烫伤或神经中枢中毒，同时由于着火时烟气大多聚集在上部空间，具有向上蔓延快、横向蔓延慢的特点，因此在疏散过程中应采用湿毛巾或手帕捂住口鼻（折叠厚度不要超过六层），弯腰前行或爬行，以呼吸残留在地面的尚未被污染的新鲜空气，赢得宝贵的逃生时间。如身边没有毛巾，餐巾布、口罩、衣服等也可以拿来替代，多叠几层，使滤烟面积增大，将口鼻捂严。穿越烟雾区时，即使感到呼吸困难，也不能将毛巾从口鼻上拿开。否则，即使只吸入一口高温烟气，也会使人感到不适，心慌意乱，丧失逃生信心，甚至死亡。疏散时注意，不要顺风疏散，应迅速逃到上风处躲避烟火的侵害。

在撤离过程中，应尽量减少呼喊，避免呼喊时烟雾和热气进入呼吸道，造成烟呛和灼伤呼吸器官，同时应防止周围房屋倒塌砸伤自己。

疏散时保护口鼻，低头弯腰快速前进。

用湿毛巾或手帕捂住口鼻(折叠厚度不要超过六层)。

3. 避免被烧伤

如果身上着火了，应迅速将衣服脱下或撕下，特别是化纤衣服，以免其继续燃烧使创面扩大加深。或就地翻滚将火压灭，但注意不要滚动太快，慢慢在地上滚动，压灭火焰。一定不要身穿着火衣服跑动，以免助长火势。如果有水也可就近取水，立即从上泼下，迅速用水浇灭身上的火焰。倘若附近有河塘、水池之类，可以快速跳入浅水中。但是，如果人体烧伤面积太大或烧伤程度较深，则不能跳水，以防止细菌感染。若来不及脱衣服，又无水可泼，可将地毯、毛毯、大衣或麻袋等裹在身上，使火焰与空气隔绝而熄灭。若有两个以上的人在场，可以请求帮助，用衣服、扫帚等将火扑灭，但不能用灭火器直接向人体喷射，以防止人员中毒。已灭火而未脱去的燃烧的衣服，特别是棉衣或毛衣，务必仔细检查是否仍有余烬，以免其再次燃烧而使人员烧伤加深加重。

如果身上着火了，应迅速将衣服脱下或撕下，或就地翻滚将火压灭。

4. 临时避难

在无法疏散时，要寻找避难处所。若室外火势较大，已无法疏散时，千万不要随便开门。开门前要用手试一下门把手，如果灼热，说明外面已是一片火海，此时不要开门，以防大火蹿入室内。可采取创造避难场所、固守待援的办法。首先应关紧迎火的门窗，打开背火的门窗呼救。可退入一个房间（如卫生间）内，将门缝用毛巾、毛毯、棉被、褥子或其他织物封死，为防止受热，可不断往上浇水进行冷却，防止外部火焰及烟气侵入，从而达到抑制火势蔓延速度、延长时间的目的。同时，通过没有火的一方门窗呼救，发出求救信号，等待救护人员前来解救。

无法疏散时，要寻找避难处所。可采取创造避难场所、固守待援的办法。

5. 火场求救

被烟火围困暂时无法逃离的人员，应尽快寻找避难所，尽量待在阳台、窗口等易于被人发现且能避免烟火近身的地方，在避难处所向外求救。当发生火灾时，在无路可逃的情况下应积极寻找避难处所，然后大声向外呼救。可在窗口、阳台、房顶、屋顶或避难处向外大声呼叫，或敲打金属物件、投掷细软物品。在白天，可以向窗外晃动鲜艳衣物，或外抛轻型晃眼的东西；在夜间，可通过手电筒等物品的亮光发出求救信号，引起救援人员注意，为逃生争得时间。

当发生火灾时，在无路可逃的情况下应积极寻找避难处所，然后大声向外呼救。

6. 高层逃生

若处于高层楼房，则可利用结绳自救或沿管线下滑的方法逃生。高层、多层公共建筑内一般都备有高空缓降器或救生绳、救生带，如果多层楼着火，在楼梯的烟气火势特别猛烈时，人员可以通过这些设施安全地离开危险的楼层。或用床单、窗帘、衣服等自制简易救生绳，用水打湿，一端紧拴在窗框、暖气管、铁栏杆等牢固物上，再顺着绳索滑下，从窗台或阳台沿绳缓降到下面楼层或地面，从而安全逃生。在逃生过程中，脚要成绞状夹紧绳子，双手交替往下爬，并尽量用手套、毛巾将手保护好。当建筑物外墙或阳台边上有落水管、电线杆、避雷针引线等竖直管线时，可借助其下滑至地面，同时应注意一次下滑时人数不宜过多，以防止逃生途中因管线损坏而致人坠落。

高层、多层公共建筑内一般都备有高空缓降器或救生绳、救生带，或用床单、窗帘、衣服等自制简易救生绳。

绳与绳、绳与物之间的牢固连接法

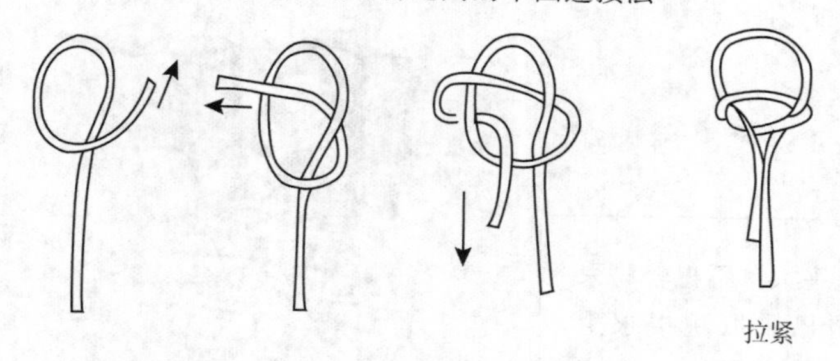

7. 搭桥转移

当房间内起火，且门已被火封锁，室内人员不能顺利疏散时，可另寻其他通道，如通过阳台或走廊转移到相邻未起火的房间，再利用这个房间的通道疏散。可以在阳台、窗台、屋顶平台等处用木板、木桩、竹竿等有承受力的物体，搭至相邻单元或相邻建筑，以此作为跳板转移到相对安全的区域。

用木板等物体，搭至相邻单元或相邻建筑，以此作为跳板转移到相对安全的区域。

8. 抛物跳楼

当所处楼层较低(4层以下)，逃生之路被烟火封锁，所处环境又非常恶劣，逃生无望时，不得已可选择跳楼求生。但是跳楼的风险极大，往往非死即伤，所以不要轻易选择。即使在万般无奈下出此下策，也要讲究方法。可先往地上抛一些棉被、弹簧床垫、沙发等松软物品，以增加缓冲。但应注意不要站在窗台上往下跳，可手拉住窗台往下滑，这样，既可以保证双脚先着地，准确地跳在所抛之物上，又能减小高度，降低摔伤程度。选择往楼下的车棚、草地、水池或树上跳，可减缓冲击力。但不到万不得已时，一定要坚持等待消防人员的救援。

跳楼逃生危害大，不得轻易采用，万不得已采取跳楼求生时，一定要讲究方法。

二、火场逃生的几大误区

1. 沿原路逃生

在大多数建筑物内一旦发生火灾，人们总是习惯性地沿着入口和楼道进行逃生。当发现此路被封死时，由于人们都向这一出口逃生，容易造成拥挤、踩踏，同时还失去最佳逃生时间，既不利人，也不利己。如 1994 年 11 月 27 日，辽宁阜新市一歌舞厅大火，死亡 233 人，原因就是歌舞厅仅有一个 0.83 米宽的小门，且有 5 个台阶，发现着火时，所有人都拥向小门，前面有人跌倒，还没有爬起来，后面拥挤的人又被绊倒，摔倒的人堵住了门，致后面的人欲逃无门。灾后发现，死者呈扁形拥在门口，尸体叠了 9 层，约有 1.5 米高，其景象惨不忍睹。所以，逃生时千万别拥挤，要保持疏散通道的畅通，这也是利己利人的逃生方法。

2. 乘坐电梯逃生

火灾发生时，不可乘坐普通电梯逃生，以避免因断电而被困在电梯内。但如果是在高层大楼中，在确保安全或有专业人员引导的情况下，乘坐消防专用电梯逃生则会节约逃生时间。

3. 向着光亮处逃生

在紧急危险情况下，由于本能，人们总是向着有光、明亮的方向逃生。但是这时的火场中，90%的可能是电源已被切断或已造成短路、跳闸等，光亮之地正是大火势无忌惮的逞威之处。

4. 打湿棉被盖在身上逃生

如果在小火阶段，采取把棉被打湿盖在身上的方法逃生会极大影响逃生速度，没有必要。打湿棉被要花本来能够赶快逃生的时间，盖了大棉被显然影响逃生速度；盖湿棉被逃生仅适合在生命受到威胁时冲出短距离火场，不适合在火灾初起阶段逃生使用。

5. 逃生时必须用湿毛巾捂住口鼻

火场逃生时，可以用湿毛巾捂住口鼻，湿毛巾可过滤部分有毒烟气。但在遭遇火灾时不要刻意寻找毛巾且必须打湿毛巾，有时间去打湿毛巾，还不如早点逃离火场。正确的做法是：如果正好身边有毛巾，打湿它又花不了几秒钟，就可以用湿毛巾蒙住口鼻，这样在逃生时能削减火场空气的吸入，但不要花时间刻意去找毛巾，更不要花较多的时间去打湿它。只要身边有棉质衣物，都可以充当毛巾捂住口鼻迅速逃生。甚至当在逃离通道只有烟没有火的时候，还可以找一透明塑料袋，在空气新鲜的地方将塑料袋左右抖动，让里面充满新鲜空气后迅速罩在头部，进入烟雾区之前抓紧袋口，冲出去。

6. 盲目跟着别人逃生

当人的生命突然面临危险时，极易因惊慌失措而失去正常的判断思维能力，当听到或者看到有人在前面跑动时，第一反应就是紧紧跟随，不假思索地跟着别人跑，而不管前方是不是有出口。常见的盲目追随行为有跳窗、跳楼，逃(躲)进厕所、浴室、门角等。克服盲目追随的方法是平时要多了解与掌握消防自救与逃生知识。

7. 从高层往低处逃生

高层建筑一旦失火，人们总是习惯性地认为：火是从下面往上燃烧的，越高越危险，越低越安全，只有尽快逃到一层，跑出室外，才是最有希望逃生的。殊不知，这时下层可能是一片火海，盲目朝楼下逃生，可能会自投火海。

随着消防设备现代化水平的不断提高，在发生火灾时，如向下无路可逃时，有条件的可登上房顶或在房间内采取有效的防烟、防火措施后等待救援。

8. 火灾发生时躲在卫生间最安全

发生火灾时，应尽快选择安全通道逃生。如果房间内起火，且门已被火封锁，室内人员不能顺利疏散，可另寻其他通道。如通过阳台或走廊转移到相邻未起火的房间，再利用这个房间的通道疏散。发生火灾实在无路可逃时，也不能贸然选择卫生间进行避难，如果卫生间在房屋中处于角落位置、且没有窗户不便于呼救，就不能选择卫生间作为避难场所。火场中的避难场所应选择在易于被发现和营救的房间。

9. 部分人群利用滑绳方法逃生

在火场中的确可利用绳索、消防水带，或者用床单撕成条连接起来，一端紧拴在牢固的门窗上，再顺着绳索滑下逃生。但这种方法不适合楼层较高时，也不适合力气小的老人、小孩和妇女，要避免因抓不住绳索而发生坠楼事故。在使用滑绳方法逃生时，一定要把绳子的另一端系在腰上。

10. 冒险跳楼逃生

人们在开始发现火灾时，第一反应大多是比较理智的分析与判断。但是，当选择的逃生路线被大火封死，火势愈来愈大、烟雾愈来愈浓时，人们就很容易失去理智。此时，人们会盲目跳楼、跳窗等，从而活活摔死。要考虑你所在的楼房位置的安全高度和楼下场地的安全情况，要考虑是否还有可靠的下楼安全保护措施。当然，最好是另找出路，或采取其他方法避险待援。

总之，在面对火灾时，应沉着冷静，不慌张盲从，选择适合现场环境和自己身体情况的逃生方法。

第四节　火灾施救方法

一、火灾施救的要点与方法

1. 迅速掌握火场情况

掌握火灾现场情况非常重要，被困人数、着火地点、危险情况、火势大小、着火物品、危险程度等都要掌握，了解和掌握这些情况能对救人起到至关重要的作用。因此，公安消防人员到场后，必须及时组织人员对火场进行迅速、全面、细致的火场侦察，主要是：

(1)查明受困人员的数量及状况。

(2)查明受困人员的位置及救生通道。

(3)查明人员受困的原因、火势蔓延的范围及进一步扩大的途径。

(4)查明是否存在除火势和热烟气外，其他威胁受困人员安全的因素，如爆炸品、有毒物质、建筑物倒塌等。

2. 正确处理好火势控制与救人的内在关系

救人与灭火，作为消防部队灭火救援行动的两大任务，是一次火灾扑救过程中不可分割的两个环节。因此，火场指挥员在坚持救人第一原则、积极组织力量抢救受困及受伤人员的同时，应客观分析火场条件、火势发展趋势和到场力量灭火救人的最大能力，正确做出战斗部署，应用灭火战术方法，合理分配灭火力量，以确保被困人员安全，并最大限度地减少财产损失。火场灭火与救人的关系从战术方法上主要体现为三种形式：

(1)先救人后灭火，即先集中力量疏散、抢救受火势威胁或被火势围困的人员，然后再组织力量控制、消灭火势。此方法主要适用于化学危险品泄漏着火等存在中毒和爆炸危险性的火灾现场；或钢结构、带闷顶的砖木结构等经燃烧烘烤在短时间内会倒塌的火灾现场；以及火势发展十分迅速，到场力量无法控制火势蔓延的火灾现场。

(2)边救人边灭火，即在组织力量实施救人的同时，部署力量设置水枪阵地控制热烟气和火势蔓延，以延缓火势蔓延速度赢得救人时间。诸如宾馆、商场、KTV、影剧院及劳动密集型企业生产大楼等人员密集场所发生火灾，疏散抢救受困人员需要较长时间，且火势和热烟气蔓延扩大，又会直接影响救人行动的速度和安全。因此，此类场所发生火灾通常应采取边救人边灭火的战术方法，在控制烟气蔓延范围、延缓火势发展速度的同时，为抢救人员创造条件赢得时间。

(3)先灭火后救人，即先集中力量一举消灭火势或控制火势蔓延，待增援力量到场后实施救人，或在火势得到控制后，再组织人员疏散抢救被困人员。对于一些单元式住宅火灾，或火势处于初起阶段，着火范围小、到场力量足以控制和扑灭火灾，或建筑耐火等级高、上下层之间安全分隔没有可蔓延通道的场所发生火灾，可采取先灭火后救人的战术方法，以尽快扑灭火势，减少火灾损失。此外，对一些不灭火就难以救人的情况，也唯有采用先灭火后救人的办法。

3. 合理选择救人方法和途径

救人方法和途径的选择是否正确，直接影响到能否及时、成功地抢救受火势围困的人员。指挥员根据火场情况选择救人的方法和途径时，不仅要考虑救人行动的及时性和所采用方法的可行性，更重要的是应考虑所采用方法的安全性和救人的速度情况，尤其是在受困人员多的火场。

(1)消防电梯和消防楼梯是最为有效的救人方法和途径。有人曾在防烟楼梯间组织人员进行疏散测试，两股人流在消防人员的组织和指挥下，同时通过着火楼层，每分钟可通过约60人；消防电梯平均每分钟约可救下5人；举高消防车平均每分钟只可救下2~3人；用其他消防梯或安全绳、缓降器救人，速度更为缓慢，且安全难以保证。因此，比较几种主要的救人设施、设备，其疏散能力和可靠程度依次应为：防烟楼梯、封闭楼梯、消防电梯、举高消防车、其他消防梯或安全绳、缓降器。

(2)灵活运用各种救人方法。现代火灾不仅救人任务重，而且火场情况复杂，影响人员逃生的因素多，救人时间紧迫。因此，指挥员在火场救人的组织和指挥中，一方面要充分利用各种固定消防设施，及时疏散和抢救被困人员；另一方面要审时度势，视火场情况灵活选择各种救人方法和途径，如使用木楼梯的建筑发生火灾，则相对而言架设消防梯救人即为有效、安全的方法。

(3)及时开展现场简易救护，并抓紧时间将受伤人员转送到到场的医疗卫生机构，尽最大可能救治人命。

综上所述，火灾现场救援必须掌握救人的要点，严格按照救人的方法、程序和要求进行。另外，还要掌握救人的注意事项。只有这样，才能达到顺利地将被困人员救出的目的。

二、他人施救原则

他人施救原则——机智勇敢，量力而行。火场救人是一项艰巨复杂、周密细致的工作，除了专职的消防人员之外，普通群众也一样可以深入火场，抢救被困人员。但是，救护人员除了要有英勇顽强的精神之外，还必须有行之有效的救人方法和措施，否则不仅不能完成火场救人任务，而且还会造成不必要的伤亡。

对于专业消防人员以外的普通群众来说，面对火灾虽然要发挥自己的积极力量，但是切记要量力而行，要在保证自己安全的情况下再去救助别人。(1)当刚刚起火且火势很小时，应以最快速度就近用灭火工具将火扑灭，然后判明并切断可燃物来源。(2)当发现火势较大，或由化学爆炸引起的着火，或火势凶猛时，则应立即做以下几件事：①切断可燃物来源；②打“119”向消防队报告火警；③组织人力自救灭火；④保护其他装储易燃物的设备不受火焰的烧烤。

在火场帮忙救人时，一定要注意以下几点：①如果有消防队员，则尽量听消防队员的指挥；②注意观察上部空间，防止有掉落的东西砸伤自己；③要避免吸入毒烟，通过火场时采取低姿、湿布捂口的方式；④防止房屋、墙壁、家具等倒塌压倒自己；⑤防止有煤气罐或其他化学品的爆炸；⑥注意防滑、防摔、防热辐射等。

三、火灾窒息和烧伤急救

1. 火灾窒息急救

吸入性损伤是指热空气、蒸气、烟雾、有害气体、挥发性化学物质等致伤因素和其中某些物质中的化学成分被人体吸入所造成的呼吸道和肺实质的损伤，以及毒性气体和物质吸入引起的全身性化学中毒。

吸入性损伤主要归纳为以下 3 个方面。①热损伤，吸入的干热或湿热空气直接造成呼吸道黏膜、肺实质的损伤；②窒息，因缺氧或吸入窒息剂引起窒息是火灾中常见的死亡原因，由于在燃烧过程中，尤其是在密闭环境中，大量的氧气被急剧消耗，产生高浓度的二氧化碳，可使伤者窒息。另一方面，含碳物质不完全燃烧，可产生一氧化碳，含氮物质不完全燃烧可产生氰化氢，两者均为强力窒息剂，人体吸入后可引起氧代谢障碍，导致窒息；③化学损伤，火灾烟雾中含有大量的粉尘颗粒和各种化学性物质，这些有害物质可通过局部刺激或吸收引起呼吸道黏膜的直接损伤和广泛的全身中毒反应。

火灾中 85%以上的死因是由于吸入性损伤所致，其中大部分是吸入了烟尘及有毒气体中毒窒息而死。抢救方法如下：

(1)拖曳伤者离开现场。发现中毒伤者，除迅速打开门窗外，应将伤者抬到空气新鲜流通的地方静息，尽量远离火源。

(2)离开现场后，如果伤者不省人事但呼吸仍正常，可置其身体成复原卧式。同时解开其衣服、裤带，放低其头部，冬天还要注意保暖。

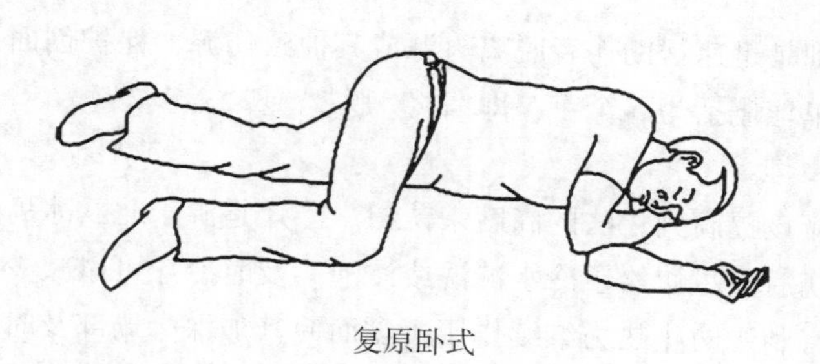

复原卧式

(3)若伤者停止呼吸或呼吸困难，则应尽快对其施行口对口人工呼吸，同时进行胸外心脏按压，以帮助其复苏心肺功能。根据情况可行气管插管和切开术，也可采用针刺、掐压人中、十宣等穴位促醒。有条件的要立即给氧吸入，以高压氧气为最好。

(4)打电话叫救护车，迅速送往医院进行高压氧舱治疗。

2. 火灾烧伤急救

烧伤是由物理和化学因素造成的体表和深部组织三维度量的损害，是致伤因素作用于体表所造成的皮肤、皮下以及更深层组织的损伤。习惯上多把火力造成的损伤称为烧伤，其他原因的高温液体、气体和固体造成的损伤称为烫伤。

现场急救是烧伤治疗的起始和基础，是在烧伤现场采取的应急处理。急救是否及时有效，对减轻损伤程度、减轻伤者痛苦、减少烧伤后的并发症和降低病死率等都有十分重要的意义。现场处置中最基本的要求是迅速移除致伤原因，终止烧伤，并使伤员尽快脱离现场，及时给予适当的急救处置。

一般而言，烧伤面积越大，深度越深，则治疗越困难，愈后越差。烧伤的分度方法较多，目前国际上惯用的是三度四分法，即Ⅰ度、浅Ⅱ度、深Ⅱ度和Ⅲ度，如表 4-1 所示。此法简便，且较实用，特别是在战时或平时成批收容伤者时，有利于据此选择治疗措施。

表 4-1　　烧伤深度的表现

深度分类	损伤深度	临床表现
Ⅰ度(红斑型)	表皮层	受伤处皮肤红、肿、热、痛，感觉过敏，无水泡出现；可自然愈合，无疤痕
浅Ⅱ度(水疱型)	真皮浅层	皮肤疼痛剧烈，感觉过敏，有水泡，泡皮薄，泡液清亮；可自然愈合，无疤痕
深Ⅱ度	真皮深层	受伤皮肤痛觉较迟钝，可有或无水泡，水泡较小，创基苍白，间有红色斑点；拔毛时可感觉疼痛；可自然愈合，会留下疤痕
Ⅲ度(坏死型)	全层皮肤	皮肤感觉消失，无弹性，干燥，无水泡，蜡白、焦黄或炭化；拔毛时无疼痛

烧伤的急救原则是迅速帮助伤者脱离火源或其他致伤源，保护创面，尽快转诊。各种烧伤现场处理，简单地概括为 5 个字，即“冲”“脱”“泡”“盖”“转”。

1)冷水冲洗或浸泡

对用冷水处理应该提高到疗法的高度来认识。冷疗是源于北欧冰岛的一种古老的烧伤急救方法。热力烧伤后应尽快给予冷水冲洗或浸泡。及时冷疗可以减少创面余热继续损伤尚有活力的组织，有利于防止热力继续作用于创面使其加深。局部及时冷却还具有减轻伤者疼痛的作用，并可降低创面的组织代谢，通过减少局部的前列腺素而减轻疼痛，减少渗出和水肿。因此，如有条件，热力烧伤灭火后的现场急救中宜尽早进行冷疗。

冷疗的方法为将烧伤创面在自来水龙头下淋洗或浸入冷水中，水温以伤员能耐受为准，一般以采用 15℃以下的冷水冲洗或浸泡为宜，也可采用冷水浸湿的毛巾、纱垫等敷于创面。冷疗的时间无明确限制，一般掌握到冷疗的创面不再感到剧痛为止，多需 0.5~1

小时。冷疗一般适用于中小面积烧伤，特别是四肢的烧伤。大面积烧伤时，由于冷水浸浴范围较大，患者多不能耐受，尤其是在寒冷季节，还需注意患者保暖和防冻。大面积烧伤冷水处理的时间不宜过久，以免耽误伤者早期复苏治疗的时机。

由于冷疗若处理不当可能造成低体温或者更糟糕的创面，因此需要注意以下两点：首先，在短期冷疗后，即使周边的环境并不寒冷，也要用清洁、干燥的床单或毯子覆盖伤者，因为皮肤受损后，其体温调节能力也受损，伤者需要保温，防止低体温；其次，伤者一定不能在湿床单、毛巾或湿衣物上转运，更不能用冰敷创面，因为冰会导致血管收缩，减少受损组织的血液供应而加重损伤。

2）保护创面

对烧伤创面现场急救应不予特殊处理，可采用清洁敷料包扎或用干净被单覆盖创面。烧伤创面错误的处理方法：用烧碱、高度酒、草木灰及不洁带色的布料包裹创面。对创面不建议涂任何药物，尤其像甲紫类有色的外用药，因为涂抹的药物既影响对创面深度的判断，也增加清创的难度。不要用高度酒消毒创面，特别是浅度的烧伤，用酒后病人疼痛难忍，甚至会出现疼痛性休克。曾有一例一岁半的儿童被热汤（90℃左右）烫伤，家长用酒外涂，结果患儿在医院整整昏睡了20个小时才苏醒。

可在原位刺破水泡，使其引流排空，切忌把皮剪掉，以免造成感染。用无菌或洁净的三角巾、纱布、床单等布类包扎创面，以免其继续受到污染，在包扎手指或脚趾受伤部位前应用布条将每个指（趾）头彼此隔开，以防粘连。

3）补充体液

让伤者少量多次饮用凉水。如果有条件，一升水中加半汤匙盐或者半勺小苏打效果会更好。如发生呕吐、腹胀等，应停止口服。要禁止伤者单纯大量喝白开水或糖水，以免引起脑水肿等并发症。

4）休克急救

火场休克是由于严重创伤、烧伤、触电、骨折的剧烈疼痛和大出血等引起的一种威胁伤者生命的极其危险的严重综合征。如果不及时救治，常常使人殒命。一般可通过看脸色、听呼吸、查脉搏来判断伤者是否休克。休克的症状是口唇及面色苍白、目光呆滞、呼吸快而浅，且有腥臭味、脉搏快而弱、出冷汗、表情淡漠、身体颤抖、四肢冰凉。严重者可出现反应迟钝，甚至神志不清或昏迷。

在火场要尽快发现和抢救受伤人员，及时妥善地为伤者包扎伤口，减少出血、污染和疼痛。一切外出血都要及时有效地止血。凡是确定伤者有内出血，要迅速送往医院救治。对于骨折、大关节损伤和大块软组织损伤，要及时地进行固定。

确定伤者休克后，应使伤者平卧，将其两腿架高约30厘米，给其盖上毛毯或衣服，用以保暖。然后大声呼唤伤者，使其恢复意识。对休克人员，在采用包扎、止血、人工呼吸、保暖等急救措施后，还要尽快送医院治疗。

3. 火灾烧伤转送前注意事项

在经过现场急救后，为使伤员能够及时得到系统的治疗，应将其尽快转送医院。送院的原则是尽早、尽快、就近。但是，由于一些基层医院没有烧伤外科专业人员，因此，烧伤伤员经常遇到要再次转院的情况。

(1)轻中度烧伤，一般可以及时转送。

(2)重度伤者，因伤后早期易发生休克，故对此类伤者，首先应及时建立静脉补液通道，给予有效的液体复苏，这样能有效预防休克的发生或及时纠正休克，减轻伤者创面损伤程度，降低烧伤并发症的发生率。

(3)成人烧伤面积大于15%，儿童烧伤面积大于10%，其中Ⅱ度以上(含Ⅱ度)面积占1/2以上者，即有发生低血容量性休克的可能性，多需要静脉补液治疗，可以饮用淡盐水。

(4)对于吸入性烧伤者，要注意保持其呼吸道通畅，防止其窒息。

(5)在转运途中要注意观察伤者的神志、呼吸、脉搏、血压的变化。

总之，在火灾现场救治的过程中应注意：①迅速有效地灭火，尽早让伤者脱离热源，才可以减轻伤者伤情。②禁止伤者奔跑呼叫，以免助燃伤者衣服和吸入烟气。③越早冷疗效果越好，冷疗既能阻止热力继续作用于创面使其加深，又可减轻疼痛，减少渗出和水肿。④使伤者迅速离开密闭和通气不良的现场，防止其吸入烟雾和热气引起吸入性损伤。⑤注意对伤者保温，减少各种刺激，保护伤者机体反应能力。⑥烧伤后早期处理能减少感染，有利于伤者创面修复，减少各种并发症的发生和发展。⑦伤者经火场简易急救后，应尽快送往临近医院救治。护送前及护送途中要注意防止其休克。⑧普及全民自救知识，熟练掌握各种灭火器的使用，学会利用身边材料进行早期处理，能有效减轻火灾中伤者的烧伤程度。

第五章　户外探险生存训练与事故救援

第一节　户外探险悲剧事件回顾

探寻未知，是人类内心最本质的欲求，也是户外探险和户外运动的魅力所在。然而，悲剧却屡屡发生。

典型事件回放：

事件一：20世纪80年代初，著名科学家彭加木的名字曾经牵动全中国人的心，作为“中国罗布泊考察队”的队长，彭加木在独自出去找水后一去不返，失踪在沙漠深处。

从中得到的经验和教训：从彭加木事件中可以发现，沙漠作为极端的地理环境，存在着环境单一、缺乏标志物以及地形地貌随时变化(走过的路随时消失)的特点，极易失去方向感和对位置的判断，从而造成迷路。因此，在没有充足把握的情况下，不可随意行走，单独行动更是大忌。一个有着多年户外探险经验的科学家尚且因此而丧失宝贵的生命，作为普通探险者和户外爱好者的我们更应该从中得到警醒。

事件二：1996年6月中旬，同样是在罗布泊，有着“中国的托马斯”和“当代徐霞客”之称的余纯顺在徒步穿越时遇难。

从中得到的经验和教训：作为一名行程达4万多千米，足迹遍布23个省市自治区，尤其是完成了人类首次孤身徒步穿过川藏、青藏、新藏、滇藏、中尼公路并征服过“世界第三极”的资深探险家，为何没能逃脱厄运？经事后鉴定发现，他是在沙漠风沙袭击所致的低气压条件下窒息而死的。死亡时身边有充足的食物和水，然而这些东西并没能挽救他的性命。在6月的多风季节进入危险的罗布泊本身就存在着巨大的风险，这是余纯顺事先知道的，但是并未引起他足够的重视，这也是直接造成这一悲剧的重要原因。

近年来，随着户外热的流行，越来越多的人投入户外探险旅游中，伴随而来也出现了越来越多的悲剧。以下是摘录的一些事件：

2001年，7名大学生在太白山探险，其中一人独自探路，失足从山顶悬崖坠落不幸身亡。

2002年，14名深圳网友自发组织“穿越海岸线”探险活动，途中遭遇台风，一人不幸坠崖身亡。

2002年，北京大学登山队“山鹰社”在攀登希夏邦马峰西峰过程中遭遇雪崩，5名学生遇难。

2003年，北京一名户外爱好者单独一人攀登松潘雪宝顶，滑坠导致身体严重受伤丧失行动能力，且未能得到及时救助，最后死于长时间体温过低。

2004年，一支由个人组建的三人登山队在攀登四川邛崃山脉骆驼峰(海拔5484米)时遇上雪崩，两人不幸身亡。

2005年，12名队员攀登临安清凉峰，其中一人脱离队伍独自行动后坠崖身亡。

2006年，8名武汉户外探险者，从宜昌市夷陵区三斗坪镇向人迹罕至的有绝地之称的壕沟进发探险，途中遭遇山洪，1人死亡7人被困。

2007年，一名声称有行山经验的中年妇女，带领一对没有任何远足装备的母子攀山，3人连爬带攀到达山顶时怀疑迷路，一人登上峭壁寻找下山路径时失足坠崖身亡。

2007年，台湾大学日文系三年级学生陈建良在进行溯溪训练时溺毙。打捞的消防人员发现，参加训练的学生都没有配备救生衣或任何救生装备，而且主办单位未事先勘察地形，也没有聘请专业的教练员和救生员，甚至没有投保意外险。

2009年7月11日，一支35人的驴友队伍到重庆万州潭獐峡溯溪漂流，遭遇山洪，18人死亡，1人失踪。这起事件也被称为中国驴友户外最惨死亡事故。

2009年7月29日，一支由7名广州登山爱好者和4名高山协作导游组成的登山队在攀登四姑娘山骆驼峰时遭遇大面积山体落石，当地一名高山协作导游被飞石击中跌落山下遇难。

2010年3月8日，浙江临安大明山，一对父子失足坠入30米深废弃竖井遇难。虽然当地管理部门认为该事故是由于该父子“私自翻游步道旁石墙，进入非游览区”造成的，但景区管理缺乏路牌与警示符号标志，被认为是间接原因。

2010年10月28日，四姑娘山骆驼峰，4名俄罗斯攀登者在摄影旅行时突遇雪崩，两人失踪。

2014年7月25日，一支由22人组成的锡城驴友团来到浙江楠溪江源头徒步探险。26日中午12时许，途经龙门峡一处5米多高的悬崖时，驴友团准备通过绳索涉水沿壁穿越，当安全绳索上放下第4名队员时，50岁的王某说他想直接从悬崖跳入下方水潭。然而这一跳后，他却再也没有上岸。温州市红十字蓝天救援队接到求助电话后，于27日11时抵达事发地开始搜救。落水点附近有一长约10米、宽约7米的漩涡，水下温度很低，搜救难度极大。一小时后，搜救队员在水下找到了王某，但没穿救生衣的他早已没有了呼吸。

2014年6月15日，呼和浩特某自驾游群自发组织驴友到大青山自然保护区境内的豹榆沟游玩，其中一名成员只身爬山时失踪。约16个小时后，即6月16日早晨7时许，内蒙古民间户外救援协会搜救人员在一处悬崖峭壁下发现了这名失踪者，可惜其已经遇难。遇难者所在的位置上方是一个20多米高的峭壁，而遇难者则处在悬崖峭壁下面山坳的灌木丛里。根据现场情况分析，死者属于意外坠崖身亡。据了解，该遇难者所到的大青山自然保护区属于重点防火区域，春秋季防火，夏季防洪水。在防火季节有专门的护林员进行巡查，严禁非工作人员入山。而该自驾游队伍是在被警告过后，趁护林员不注意时偷偷进山的。

2017年1月11日18时23分，长阳消防中队接到报警：两名学生在长阳后山探险时一人不慎坠下悬崖，情况危急。接到报警后，长阳消防中队6名消防官兵在18时38分到达现场实施救援，并迅速与被困人员取得联系，但由于被困人员不熟悉地理位置，始终未能确定具体地点，只知道被困在一个山谷里。由于情况不明，经商讨，决定由消防、公安、医疗人员组成的救援队，一边带上灯具、绳索、担架等救援装备，向最后确定的位置徒步进发，一边确定被困人员的具体位置。其间，消防官兵一路吹哨子、打灯光、呼喊，利用多种手段搜寻被困人员，却始终得不到回应。19日20分，救援人员获知一村民在山上听到有人呼救，救援人员迅速找到村民并开始向被困人员所在山谷进发。由于连日下雨，深山中的道路异常湿滑，最陡的地方接近90°，黑暗的山里，基本无路可走。20时15分，救援人员成功找到两名被困者。经医疗人员诊断后，坠入山崖的小王(化姓)已经没有生命迹象，小李(化姓)没有受伤，但却受到了过度惊吓，身体状况不佳。

2017年，巴丹吉林，中国第三大沙漠，4.7万平方千米，仅有24户牧民。两名95后大学生，在徒步征服这片领地的过程中，无后援、无补给，从自信到自我否定，从冒险到绝地求生，从激情到无所期待，直至生死将他们分开。出发前，宁愿打游戏也不进行体能训练。整理行囊时，其中一人竟然在本应装满生存必需品的行囊中，塞进了一套大学英语四级考试练习题。前往出发地时，好心的司机费尽口舌也没能将两人劝回去。他们隔着车窗向荒漠竖了个中指：只有怂蛋才会被这么劝回去！深入沙漠，他们决定绕过前人留下的水井，选取了一条距离最短的直线线路。即便已经开始迷茫绝望，他们也咬紧牙关不愿及时折返，担心这样结束“远征”特别“没面子”。半程过后，他们进入人间炼狱，而此时已再无退路，水也早已喝完，沙漠的酷热灼烤着他们的躯体和灵魂，直到在频频出现的各种幻觉中，等来了锲而不舍多次深入沙漠腹地进行搜救的当地牧民。最终他们两人只有一个活着回来。如果他们可以理性判断线路的难度，如果可以理性衡量自己的能力，如果可以在一个个关键的时间点做出理性的决断而非意气用事，结局也许并不是这样。

事件的反思：

这些户外探险和户外运动领域死亡事件频繁曝出，在这些相似而又不同的悲惨故事中，有技术非常娴熟的专业级探险家和户外领队，也有初出茅庐的户外运动爱好者，如今他们都已经离我们远去，留给我们的是无限的伤痛，更是对户外探险和户外运动的反思。

纵观近年来数以千计的户外探险遇害事件，可发现其中存在着许多的共同点。

(1)非正常旅行路线：大多数遇险地点为非常规旅游景点，多为未被开发和禁止进入的区域，而遇险者多是出于好奇或带着征服的心理闯入。

提示：遵守法律和规则永远是保障安全的第一道防线。

(2)脱离团队，独自行动：独自一人行动(独自探险，或是脱离同行队伍独自行动)往往会带来非常危险的后果。

提示：避免单人行动，一定要跟紧大部队的步伐。

(3)经验匮乏，后援不济：当事人多是介于驴友与普通游客的人群，缺乏户外活动和户外生存经验，遇险时的应对知识和必需装备都极度匮乏。

提示：户外探险活动一定要在专业人士的带领下进行，切忌把探险当普通旅游。

(4)突遇极端天气事件或重大自然灾害时，缺乏应对经验：如暴风雪、台风、山洪和山体塌方等是造成悲剧事件发生的重要原因。户外探险和户外运动多在峡谷中进行，其地形特征为两边高中间低，一旦下雨，峡谷中的水会立刻暴涨，极有可能引起大范围的山洪。而峡谷两侧多为陡崖，山洪袭来时，往高处撤离将会变得非常困难。与此同时，下雨同样会引发泥石流、塌方等危险状况。许多人抱着“征服”山峰、“征服”自然的心态来进行户外运动和户外探险，然而过于强调人的能力，试图去“征服”自然，最终很可能造成反被自然征服了的严重后果。

提示：进行探险活动前应该对所去路线、环境、天气和可能遇到的问题有详细的了解和判断。平时多读关于登山、航海、狩猎等户外运动和户外生存的文章，从中学习专业技能，学会在特殊、紧急条件下的思维方法，以便在遇到意外危险时应用。

除此之外，我们还发现，迷失方向和失去联系是最常见的受害者遇难原因。然而，只要能够遵守以上四点提示，悲剧往往是可以避免的。

首先，常规路线往往标识清楚，不易迷失，而非常规路线危险性高，因此遵守法律和规则永远是第一位的。其次，单独行动往往是出事的致命原因，因此避免单独行动，遵守团队的纪律才能避免危险。最后，户外探险活动的经验缺乏以及对危险的判断不足往往是致命的，因此，户外探险活动一定要在专业人士的带领下进行，且在活动进行前对所去路线、环境、天气和可能遇到的问题有详细的了解和判断，这将会极大地降低户外探险活动的风险。

第二节　户外探险的前期准备

如何控制户外探险的风险，保证安全，以及在面对户外探险事故时采取相应的营救措施，是每位想要进行户外探险和户外运动的人必须学会的一课。在户外探险活动前做好充足的准备和详尽的计划是避免危险的根本条件。其中，充足的准备包括实用的装备以及必要的技能以应对可能发生的各种极端危险情况。详尽的计划则包括对路线、地形、未来天气的预判，减少陷入危险的几率。下面我们将从开展户外探险活动前需要准备的实用装备以及在户外探险过程中需要掌握的基本生存技能两方面进行讲述。

一、户外探险实用装备

在户外穿越或探险时，可能面临完全无法预知的危险，此时如果身上有一些必要的装备，就能增加生存机会。除了配备的专业装备外，以下物品可能会很有帮助。

1. 盒

选择一个铝制或不锈钢制的饭盒(最好是带把手的)。一方面这种饭盒本身可以用来加热、提水或者化雪，塑料盒虽轻，但无法加热，使用受到了限制。另一方面，这种饭盒的金属盖可以做反光镜使用，在关键时刻可以发出求救信号。并且一些小东西均可以收纳在饭盒内，能够保证物品的完整性，如果在饭盒外套上防雨袋则能更好地保护里面物品的安全。

2. 水壶

水是维持生命的重要物质，一个轻便、坚固、携带水量较多且不易摔损的水壶是户外必备品。水壶内的水量在一定程度上也决定了你的活动范围，使你的活动可以远离水源地。另外，水壶的背带可使用结实的伞绳，这根绳子可以派生许多其他用途。

3. 工具刀

在野外，准备一把多功能的工具刀是绝对有必要的。它除了集成有常规的小刀、螺丝刀、剪刀外，还有锯、锉刀等，甚至还带有一个放大镜。刀身也可反射阳光作为求救信号，天气晴好时可将阳光反射到16千米之外。

4. 指北针

在户外迷失方向是最为危险的事件，谁都无法保证先进的设备不出状况，即便带上了GPS，手表也带有电子罗盘，但原始的指北针仍然是必不可少的。

5. 打火棒(或火柴)

在户外，火种几乎就是一切。打火棒是当今最便携和安全可靠的取火工具。打火棒外形多为钥匙形状，镁棒被嵌在一个塑料手柄中，并和刮匙串在一起，可以像项链一样戴在脖子上，非常方便携带(如图5-1所示)。虽然打火机相比而言更为便捷，但是其使用有诸多限制，另外还容易被挤压和摔坏。而镁条打火棒就不存在这样的限制，它具有优良的特性：①本身接触火源时不会燃烧，比如你直接拿打火机烧它，它不会自燃；②在潮湿的环境中能正常使用，只要用配套的刮匙或是小刀快速地垂直刮擦其表面，就能刮下一些碎屑来，后者会在空气中迅速自燃，成为拥有近3 000摄氏度高温的火种，只要让它们落入事先准备好的引火物当中，就能生起一堆温暖的篝火。而且将打火棒丢在水里，再将它捞起来擦干后一样可以使用。③一小块就可以点火上千次。对于户外和野外环境而言，这些优点使得它比传统的打火机和火柴更加安全而保险，无论你所处的环境有多恶劣，哪怕是在极潮湿的情况下，只要能够找到一堆干木屑或树皮，或者是一团废报纸，它都能帮助你点燃生存的希望之火。

图5-1　常见的打火棒

打火棒的使用方法：

(1)将镁棒的底部顶住地面，用刮片将助燃材料部分(镁棒)刮下适量碎屑(镁屑)于易燃物(纸张、干草、树叶、小树枝、树皮等)旁，要注意的是刮片应与镁棒呈垂直角度。

(2)一手拿镁棒，镁棒离刚才所刮下的镁屑约2.5厘米，另一手用刮片快速刮擦镁条产生火星引燃。

当然，如果没有打火棒，那防水的火柴也是很重要的。买不到这样的火柴时，也可以自己动手制作一些。方法非常简单，即先将蜡烛熔化，均匀地涂在普通火柴上，使用的时候，将火柴头上的蜡除掉即可。此外，为了能更好地发挥DIY火柴“强大”的防风防水功能，可以把它们放在空的胶卷盒内，当然磷皮(就是擦火柴用的)也绝对不能忘了。

6. 蜡烛

蜡烛在户外绝对有用。手电、头灯等现代化照明装置，会随着电池的耗尽而成为摆设，此时的蜡烛即可显露英雄本色。而且蜡烛除了照明之外，还可以用来取暖和引火。当使用矿泉水瓶剪去底部做成灯罩时，蜡烛还可以制成一盏简易实用的防风灯。

7. 求生哨

在野外，一个小小的哨子可能可以救你的命。当你遇险时，可以用哨声引来救援，这也可以大大节省呼叫的体力；或者吓走一些小野兽，不过如果是遇到老虎、熊等猛兽的话，不吱声是最佳的选择。

8. 铝膜

一张2×2米的镀铝的薄膜(金色或银色)，不但可以用来防风防雨，还可以支起来做凉棚防止太阳直射，同时在寒冷地区还可以用来裹住自己的身体以保持体温。不过，铝膜最重要的作用是反光，用铝膜反光可以使救援人员及时发现你。平时也可以把铝膜铺在地上当地席使用，起隔潮隔热的作用。

9. 急救包：医疗胶布和药品等

医疗胶布：除了包扎止血处理小伤口外，它还是最快的修补剂，当外衣被划破、帐篷被吹裂时，可以马上用它进行修补。

药品：包含止血、杀毒、预防感冒等常用药品。

(1)复方阿司匹林：它的作用是解热镇痛，缓解肌肉酸痛，对付一般的感冒效果很不错，还有轻度止泻功能。

(2)驱蚊药：祛风油是个不错的选择，它还可以在你头疼脑热、不幸扭伤、皮肤过敏时派上用场。有时野外的蚊虫会让你很难受，但祛风油的驱蚊时间并不长，如果你喜欢打潜伏捕捉猎物，建议带上硫磺膏，涂在皮肤裸露部位，可以让你安心地做想做的事情。不过，有所得必有所失，硫磺膏的缺点就是油腻，涂了它在出汗的时候会更让人觉得难受。

(3)水净化剂：它可以洁净野外的水，如果在野外你忘了带它，在你不能生火煮沸水的时候，你就会格外想念它。

(4)止痛药：这个可以随身携带少许，在不幸受伤时，它可以帮你缓解疼痛。阿司匹林也有止痛的效果，但是它只适用于轻中度的疼痛。

(5)广谱抗菌素：如果有伤口，不要放任不管，因为丛林的细菌很多，记得包扎好，吃片抗菌素，直到伤口愈合。一般抗菌素要带够一个疗程的剂量。

(6)硫磺粉：它可以撒在宿营地周围，让蛇和蚂蚁望而却步，用它来引火也是个不错的选择。

(7)高锰酸钾：这是个好东西，可以消毒，放入水中，呈淡红色。它还可以代替水净化剂使用，还可以杀灭真菌，如果你带得足够多，又不幸有脚气，则泡脚前水中放入少许就可以解决脚气问题。而且，它也是非常好的氧化剂，潮湿时，和硫磺混合使用可以让你比较容易生火。

(8)止泻药：如果你的肠胃不舒服，你可以吃些止泻的药。否则，腹泻很有可能让你虚脱、脱水。

(9)纱布、绷带、创可贴也需要带上一些。

10. 针线包

无论长征时期的红军还是现代化军队，针线包一直是户外行军的必备品。针不但可以用于特殊情况下的伤口缝合以及挑刺，更能弯成鱼钩用来钓鱼以改善伙食甚至是救命。

11. 燕尾夹

燕尾夹虽然是很普通的办公用品，但在野外，它能在很多意想不到的情况下发挥作用。它曾被用来夹过断裂的背包带、开线的裤子、脱了底的鞋等，备上几个，关键时刻也许会有用。

12. 铅笔和纸

野外严酷的环境，铅笔便在关键时刻成为人们做标记时非常好的选择。建议准备 2B 以上的铅笔，纸最好是记事贴，白色更佳。

13. 简单的食物

食盐、水果糖、维生素 C 糖等这些不起眼的食品在遇难时可能是救命的宝贝。

14. 手电筒

搜寻和营救人员能从很远处看到手电筒的亮光，用手电筒照射是引起营救人员注意你自己的最好办法，且手电筒方便随身携带。

15. 绳索

绳索有很多种，包括钓鱼线、登山绳等。关于绳索怎么带，这是一件比较麻烦的事，这个要看你所要去的地方的地形。如果是山地，登山绳就得占相当的比重，而在一般的丛林里，每人带上 30 米就足够用了。还要带 10 米左右的钓鱼线，它最主要的作用是钓鱼，所以你还要带上鱼钩。在丛林里，能钓到的鱼一般都不大，因此，不用贪心带大钩，带上几个小钩就可以了。绳索还可以做套索，用来捕获一些小猎物。最好，你还能带上些自行车用的刹车钢线，因为它既可以用来做陷阱，还可以做成不错的弓弦。

16. 腕表

一块全钢多功能运动型腕表(防水、防震、测海拔、指南针等)会在关键时刻很有帮助。

17. 登山杖

一根好的登山杖能够有效地维持身体平衡，并减轻地面对人腿部的冲击力，在翻越山岭的时候非常有用。如果没有携带专业的登山杖，可以利用山林里的树枝做成简易的登山杖，也能起到很好的作用。

18. 衣物

户外探险对衣着的要求是适用、精简和耐磨，原则是便于探险者根据外界环境、温度变化随时增减。

在户外或野外，尤其是在翻越大山时，往往会在短时间内经历较大的气温变化。过少的衣物不足以抵御严寒，而过多的衣物会妨碍灵活运动，并且容易使人出汗，引起感冒。因此，随时方便地更换和增减衣物很重要。

即使是盛夏，在进行户外探险活动时，也应该以适用为原则，男士应避免穿短裤，女士则避免穿裙子。长袖长裤除了能够更好地防晒以及御寒外，还能防止花草刺等对皮肤的刮划。防雨是对户外衣物的另一个品质要求，下雨是户外探险不可避免的，雨衣虽然防雨效果好，但是下雨时气压较低，人会感觉很闷，如果雨衣透气性能差，就会让人更加难受，如果雨衣再比较沉重，就更加会让人受罪了。

户外探险的冲锋衣具有耐磨、速干、防紫外线、防风防雨和保暖等多重功效，是户外探险非常好的选择。棉质圆领汗衫、长袖 T 恤、可增减的抓绒和羊毛衫以及合适的冲锋衣，是比较合理的衣着穿戴，方便探险者增减衣着，且符合轻便精简的原则。

穿衣层次原则：适当地多穿几件衣服，如果穿着感到热，则可以去掉几层或者通过拉开拉链、解开扣子来控制身体温度。这样的原则既适用于天气热的时候也适用于天气冷的时候。

(1)最里层：也就是紧贴皮肤的那层，应该是棉背心、长袖保暖衣等，总之是最合身的，但不能太紧。材料应该能吸汗，而且能够依靠毛细作用“带走”皮肤上的汗(将汗水移到这种材料的外面)。这层必须尽可能地保持干净，以阻止污物堵塞毛孔。

(2)第二层：第二层应该穿得比较宽松，但要能使颈部和腰部血管暖和。这一层应该是带拉链的套头圆领衣，或者是有领子的衬衫，袖子能被挽起来，袖口能用扣子扣上。天气热的时候，这层可以在外面穿，或者外面加一件防风衣既可。

(3)第三层：应该是毛衫或者轻羊毛夹克，如果正在运动，即使是在北极，这层也最好脱下，以免太热；如果还是觉得热，可以脱掉防风防水外套。如果停下来休息，则在感到冷之前就要穿上。这层衣服在天气比较温暖的地区可以当外套来穿。

(4)外层：最外一层应该是能防风或者防雨的夹克，或者既能防风又能防水的夹克，但选择哪种夹克要根据所去地方的气候来决定。在北极地区，需要件有装填垫料的防风皮质大衣来抵御寒风，但也要穿脱方便以免太热。在温带地区，下雨仍然是最主要的问题，可以在夹克外面穿一层雨衣。

(5)长裤：必须穿那种能让腿自由活动的速干裤。在特别潮湿的环境下，使用背带可以阻止皮带摩擦腰部。防水的长裤会保护双腿不受大雨的伤害，但会很热。在非常冷的环境下，夹棉的裤子应该套在裤子和鞋子外面，作为额外保护。

登山时应尽量穿专业登山鞋，溯溪时应穿溯溪鞋，攀岩时应穿攀岩鞋。袜子应该尽量耐磨，避免穿着丝袜。另外，牛仔装是非常不适合户外探险时穿的，因为其厚重，潮湿后重量会成倍增加且难以晾干。

特别推荐使用背包防雨罩，这样可以防止包里的东西被雨淋湿。此外，衣服、睡袋一定要用塑料袋包好。

二、户外探险需要掌握的生存技巧

即使做了装备方面的准备，但在恶劣的环境下你还要掌握一些技能，才可能求得最后的生存。

1. 如何呼救

(1)白天在野外遇到危险的话，可以找一些干树枝并点燃，树枝点燃之后再找一些青草，把青草放在点燃的干树枝上面，这样可以产生大量的浓烟，这在白天是一个很好的求救信号，使得遇险者很容易被发现。

(2)如果在野外晚上遇到危险，可以直接把树枝点燃，然后多找点干树枝，不要让火苗熄灭，让火苗越旺越好，这样通过火光可以向外界发出求救信号。

(3)在野外遇险以后我们也可以通过喊叫发出求救信号，但是这种方法很费气力。如果身边有铁盆之类的东西，或者是石头树干，可以通过敲击发出声响，从而发出求救信号。

(4)在野外求救也可以利用随身携带的可以反光的物品，通过反射太阳光来向外界发出求救信号，如手电筒、镜子或者是有亮度的金属壳。在反射太阳光的时候要将反光镜(物)等不停地四处晃动，这样才能让外界更容易发现反射的太阳光，让遇险者尽快得到救助。

(5)在野外树林遇险后，可以在地面上或者树干上标记一些求救标志，用碎石头或树枝在容易被人发现的地方组成一个箭头，指明自己的方向。也可以在宽阔的空地上制作一些求救的词语，如SOS(求救)、HELP(帮助)、INJURY(受伤)等，这样容易联络到空中的救助人员。

2. 如何判断方向，避免迷失

在户外辨别方向是至关重要的，这决定着遇险者行动路线是否正确。有一些很简单的方法教你在荒野判断方向。

(1)太阳。太阳是我们白天寻找方向的最好参照物。除此之外，在地上垂直树立一根木棍，把其尖端在地面的太阳光阴影标出，15分钟后，再标记一次木棍尖端阴影，这两点之间的连线就是东西方向。

(2)北极星(在北半球)。夜晚观看明亮的北极星是最好的寻找方向的方法。大熊星座，主要亮星有七颗，在北半球天空排列成“斗”形，又像一把有柄的勺子，我国俗称北斗，是北半球夜间判定方位的主要依据。大熊星座 α、β(即北斗斗魁末端的北斗一、二)两星，叫指极星，将两星的连线沿 β 星至 α 星的方向延长，在两星间隔约五倍处，有一颗较明亮的星，就是北极星。

(3)周边环境和植物。在北半球绝大部分地区，山麓南边的植被要比北边的茂盛，同一棵大树的树冠也是南面的较大，北面的较小；山坡上的积雪是向阳的一面先融化，背阴的一面后融化。苔藓喜欢阴湿，所以一般长在山坡背面、大树的北面。独株树的阳面(即朝南方向)枝叶茂盛，而阴面(即朝北方向)枝叶较稀疏。桃树、松树分泌胶脂多在南面。树墩的年轮，朝南的一半较疏，而朝北的一半较密。蚂蚁的洞穴多在大树的南面，而且洞口朝南。一些自然村落一般集中在山的南侧，而且大门多数是朝南开的。一般古庙、古塔、祠堂等建筑物多是坐北朝南的。这些都可以作为在野外判断南北方向的基本依据。

户外迷失方向是非常致命的，尤其在茂密的热带雨林或者连绵的丘陵地带，由于视野被限制，保持正确行进方向比较困难，容易陷入原地转圈的困境，耗费大量自身的体力。如果自身条件许可，就应该先做这样一件事：攀爬上附近最高的一棵树或者最近的一座山的山顶，判断周围情况，决定下一步行动方向。虽然这要花费许多时间和体力，但与盲目行动迷失方向付出惨重的代价相比，这么做要有用得多。以下是常用的避免迷失方向的两个方法：

(1)目标连接法。在丘陵地带或杂木林内行走时，因地面崎岖不平，需要绕道行走，最容易迷失方向，必须事先在要去的目的地的前方找到一个明显突出的目标，然后顺着这个目标直线向前再选定一个目标，等走到第一个目标时，再从第二个目标直线向前选定另一个目标，也就是从本人算起，前面始终保持有两个直线目标，行走时无论如何绕行，只要保持三个直线目标就不会迷失方向。

(2)留置标记法。最先走过的人，在适当的地方留置标记，不但可告诉后来的同伴们应走的方向，而且一旦自己迷路，还可找寻标记返回原地。留置标记的方法很多，如用石头排成箭头状，或将三块石头叠起，或用草茎及树枝等排成箭头状，或在路边将草打结等，这样使人一看就知道是有人做的标记。

3. 如何判断时间

判断时间常用到下面 5 种方法。

(1)简易方法：独自在荒野，最需要掌握的时间是太阳何时落山，你必须在天黑之前安置宿营地，否则，在黑夜中，将很难完成相关工作。如果你没有手表等计时工具，教你估算太阳下山时间的简易办法：手臂自然伸直，除大拇指外，其余四指并拢，食指上缘抵着太阳底边，估算一下太阳与地平线之间有几根手指距离，一根手指的高度代表 15 分钟，如果太阳下缘与地平线之间还有四根手指的距离，就表明 1 小时后太阳下山。如图 5-2 所示。

(2)指北针或罗盘：可在指北针或罗盘中心立一根火柴，指北针或罗盘指针转至正北

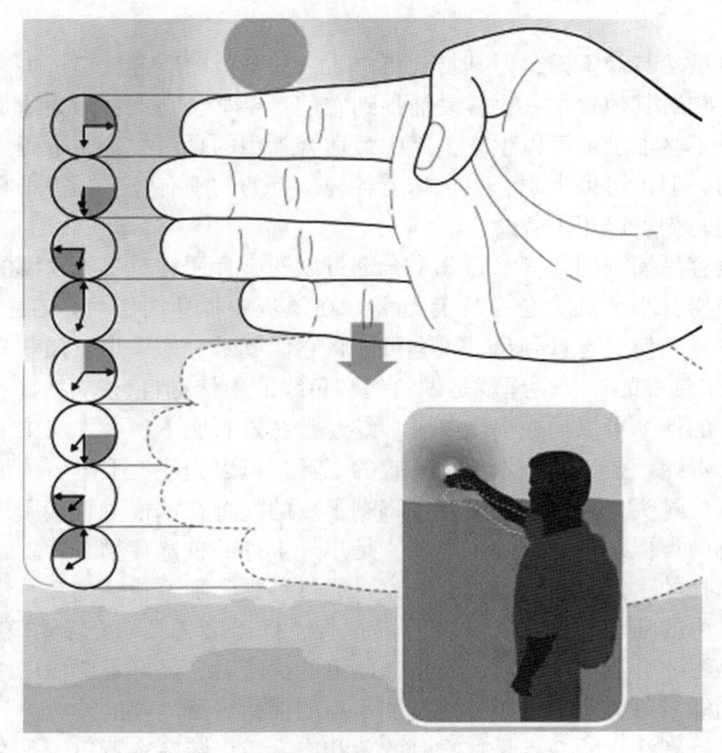

图 5-2　估算太阳下山时间的简易方法

正南方向，观察火柴杆影指的方向，杆影指向西(W)则是上午，杆影指向东(E)则是下午，杆影指向正北(N)则是正午，按杆影的移动轨迹可判明早六时至下午六时的时间。

(3)自制简便的日晷：用厚纸板两块，按照当地纬度的余角安置，在上面一块厚纸板口按顺时针方向从 1 至 24 画好字盘，将针插在字盘中央。安置日晷时字盘应向北。在 3~9 月可按上法安置字盘，10~2 月，则应自下而上将针反插在上面纸板上并在其背面按照反时针方向画出字盘。

(4)月亮：夜间用月亮判断时间，月亮从东转到西约需 12 小时，平均每小时约转 15 度，可结合当时的月相和月亮的位置观测时间。

(5)星座：根据星辰的运动测量时间，最简单的一种方法是自北极星至小熊星座戽斗凹边底端的 β 星引一条想象中的直线，设想此线代表钟表的指针，北极星所在位置为字盘的中心，可以像读有 12 个数字的钟表那样测定时间。

4. 如何获得食物

在户外最易获得的食物是植物的果实、花、根(茎、块)以及嫩茎、叶。菌类虽然容易找到，但 80%是有毒的，很难辨别出来，且绝大多数菌类营养价值极低，所以，除非没有办法了，一般不要冒险食用菌类。蕨类植物往往生长在树荫下、岩缝中，嫩茎、叶可食用，但其肉质茎表面有黏液，必须放在开水中烫去，换水再洗，反复几次之后，方可食用。

昆虫和蠕虫虽然其貌不扬，但其富含蛋白质，甚至蛋白质含量超过牛肉，吃下它可以迅速补充体力。相对其他食物，更容易捕捉到它们。要学会吃虫，因为这是户外生存的必修课。大部分虫不必加工就可以生吃，其中最适合食用的是白蚁，而甲壳虫和蛾子的幼虫虽然看起来可怕，但也可以生吃。虫子味道各异，有的的确有怪味，很难吃，但它们和蚯蚓一样，在关键时刻可以用来救命。

鱼也是比较容易捕到的，淡水鱼几乎全部可以安全食用。对于浅水潭的小鱼可以直接用手或大叶子捕捞，小鱼和大鱼一样有营养。在溪流中抓鱼时，可以在上下游各筑一道坝，用木棍敲打，即使没有打到鱼，也有可能将它们震晕。如果想要捕获几条大鱼，则要借助工具(实用工具中的针和伞绳就是做鱼钩和鱼线的绝佳材料)。

如果有经验的话，可以捕蛇当做美餐。蛇经常在岩石底下、灌木丛中活动，捕蛇时要注意安全，小心毒蛇。带叉的长木棍是有效的工具，可以先往地上砸石头惊吓蛇，在蛇逃跑时，用树杈按住蛇头，然后将其砸死。将剥了皮的蛇缠在木棍上直接用火烤熟，蛇肉的味道很香，与鸡肉类似，营养价值也很高，是户外生存的首选食物。

鸟是很难捕捉的，但我们可以细心观察，通过鸟粪和羽毛找到鸟窝，进而找到鸟蛋。

包括兔子在内的哺乳动物虽美味但不易捕捉，探险者需要自己制作陷阱或者捕猎工具，且要经常练习才会成功。所以，不精通此道的探险者，最好不要白白消耗体能，因为食物最终提供的能量可能还不足以补偿技能不高的捕猎者所消耗的体力。

最后，需要特别注意的一点是：吃剩的鱼和肉，应该装在容器里，吊在离宿营地有一段距离的高枝上。剩下的动物头、内脏、皮毛等要放进篝火里烧干净，切莫乱扔。这样做的目的是防止招引熊和狼群等危险野兽。

5. 如何寻找水源并喝上干净的水

在户外或野外探险时，水是最宝贵的资源。所谓“人可以一周无食，不可三天无水”，水源充足时大可不必有太多顾忌。但是在饮用水紧缺的情况下，科学合理地安排饮用水以及快速找到水源补水，对于野外求生者来说就非常重要了。

在饮用水紧缺的情况下，科学合理的饮水方法是：少喝，勤喝。喝水时，一次只喝一两口，将水含在口中充分湿润口腔各部位后慢慢咽下，止渴即止。如果因为一时口渴而狂饮，喝个够，那么身体会将吸收后多余的水排泄掉，造成水的白白浪费。如果在喝水时，一次只喝一两口，先含在口中然后慢慢咽下，过一会儿感觉到口渴时再喝一口，慢慢地咽下，这样重复饮水，既可使身体将喝下的水充分吸收，又可解决口舌咽喉的干燥。一标准水壶(9~11 升)的水量，运用正确的饮水方法，可使一个人在运动中坚持 6~8 小时甚至更长时间。

对于身处沙漠戈壁等高温干热环境的人，每小时人体会通过呼吸和排汗损失 1 升宝贵的水分，如果不及时补充，12 小时内人就会倒下，24 小时内人就会死亡。在这种情况下，可以在嘴里含上一点水，然后用鼻子呼吸，口中的水可以让吸进的空气潮湿，让体内水分流失降到最低，从而有效地防止快速脱水。此外，很多人可能不会想到，即使在湿热的雨林或者干冷的雪地，定时饮水也是非常必要的。尽管此时的你不会经常感到口渴，但高温高湿和寒冷干燥的环境，都会让你的身体在不知不觉中失去水分，受到缺水的伤害。

在饮用水紧缺的情况下，即使采用了科学合理的饮水方法，最大限度地节省了水源，仍然可能面对水源耗尽的危险。因此，在意识到饮用水紧缺时，就应该早做准备寻找水源。但需要注意的是，在寻找水源前，为了减少不必要的体力消耗，努力做到事半功倍，可以选择登上附近一个视野开阔、相对高起的地形，认真做好局部范围内有无水源的判断性观察和水源所在地的方向性观察，搜索可能存在水源的线索。例如，可根据区域的地质和地貌形态特点、植被分布特征、水生植物的分布情况和旱生植物的分布情况等来帮助判断水源所在，决定下一步的行动。

下面是可能会用到的一些寻找水源的方法和诀窍。

1）在户外寻找饮用水的诀窍

（1）听：凭借灵敏的听觉器官，多注意山脚、山涧、断崖、盆地、谷底等是否有山溪或瀑布的流水声，有无蛙声和水鸟的叫声等。如果能听到这些声音，说明你已经离水源不远了，并可证明水源是流动的活水，可以直接饮用。但要特别注意的是，不要把风吹树叶的“哗哗”声当做流水的声音。

（2）嗅：通过鼻子尽可能地去寻找潮湿的气味，敏锐地捕捉因刮风带过来的泥土腥味及水草的味道，然后沿气味的方向寻找水源，当然这要有一定的经验才能做到。

（3）观察：凭着丰富的经验和知识，去观察动物、植物、气象、气候及地理环境等，也可以找到水源。

（4）根据地形地势（地理环境），判断地下水位的高低：根据户外人士的经验，如果看到群山丛中有一盆地，那么寻找水源就较为容易，因为这可能是地表水和地下水的汇集之地。另外，民间有“山腰低洼处，寻水靠得住”的说法，即针对风化裂隙水而言，风化作用随深度增加而减弱。虽然风化作用强烈，裂隙发育，但不易存水，只起承接地表水和大气降水以及下渗下移的通道作用。在山丘腰部的低洼处，由于风化作用降低，风化层变薄，再加上常有坡积的黏土等堆积使地下水既不易下渗又不易外排，所以，形成有利于储水的地形。此外，在南方石灰岩分布区（喀斯特地貌分布区），可以根据地表的漏洞、落水洞、盲谷、岩溶洞穴等岩溶地貌形态找到质量较好的水源。而河道的转弯处外侧的最低处，在干枯河床的低洼处仔细寻找下挖，往下挖掘几米左右就可能有水。干涸的水池也可能挖出水，如果发现有潮湿的龟裂泥片，挖下去有水的可能性较大。但泥浆较多，净化处理后方可饮用。在海边的沙丘上找淡水，应选择沙丘的最低点下挖，挖到很潮湿的地方后等待，一般就会有淡水渗出来。如果你尝后发现是咸水，则说明你挖得过深，应在附近另选一处，适当下挖浅些。

（5）根据气候及地面干湿情况寻找水源：如果在炎热的夏季，地面总是非常潮湿，在这种气候条件下，地面久晒而不干不热的地方，地下水位一般较高；在凉爽的秋季，若地表有水汽上升，凌晨常出现纱般的薄雾，晚上露水较重，且地面潮湿，则说明地下水位高，水量充足；在寒冷的冬季，若地表面的隙缝处有白霜，则地下水位也比较高；而在乍暖还寒的春季，解冻早的地方和冬季封冻晚的地方以及降雪后融化快的地方地下水位均较高。

(6)根据动植物生长情况寻找水源：生长着香蒲、沙柳、马莲、金针(也称黄花)、木芥的地方，地下水位比较高，水质也较好；生长着灰菜、蓬蒿、沙里旺的地方也有地下水，但水质不好，有苦味或涩味，或带铁锈味。初春时节，在其他树枝还没发芽时，若独有一处树枝已发芽，则提示此处可能有地下水；入秋时，若同一地方的其他树木已经枯黄，而独有一处树叶不黄，则也提示此处可能有地下水；另外，三角叶杨、梧桐、柳树、盐香柏等植物只生长在有水的地方，在它们下面肯定能挖出地下水来。

(7)根据动物、昆虫的活动情况寻找水源：昆虫和某些动物的聚集地，一般选在地下水埋藏浅的地方。夏天蚊虫聚集，且飞成圆柱形状的地方一定有水；有青蛙、大蚂蚁、蜗牛居住的地方也有水。另外，燕子飞过的路线和衔泥筑巢的地方，都是有水源或者地下水位较高的地方。再有，鹌鹑傍晚时向水飞，清晨时背水飞；斑鸠群早晚飞向水源，这些也是判断水源的依据。谷食性鸟类，如雀类和鸽类，是不会远离水源的，它们也早晚饮水。当它们径直低飞时，那一定是渴求水源。饮足水后它们会停在那里，从一棵树飞到另一棵，经常性歇息。密切留意它们的飞行方向，可能会找到水。候鸟经常性的停留地或栖息地常有地下水存在。但水鸟和食肉鸟类的出现则不能代表附近有水。

自然界中，特别是在干旱炎热的地区，不少的动物都在拂晓或黄昏时分出外觅水，特别是食草类动物。绝大多数哺乳动物定期补水。草食性动物通常不会离水源太远——尽管有些种类为了避开旱季可能会长途迁徙上千千米——因为它们早晚都需饮水。留意并跟踪动物的足迹经常会找到水源。但肉食性动物饮水一次可以维持较长时间，它们可以在捕食其他动物时获取水分，所以出现肉食性动物的地方，附近并不一定就有水源。

(8)根据天气变化寻找水源：天空出现彩虹的地方，肯定有雨水；在乌黑、带有雷电的积雨云下面，定有雨水或冰雹；在总有浓雾的山谷里定有水源；靠收集露水也可缓解些缺水的燃眉之急。

(9)直接从植物中取水：在南方的丛林中，到处都有野芭蕉，也叫仙人蕉。这种植物的芯含水量很大，只要用刀将其从底部迅速砍断，就会有干净的液体从茎中滴出，野芭蕉的嫩芯也可食用，在断粮的情况下，可以用来充饥。如果能找到野葛藤、葡萄藤、猕猴桃藤、五味子藤等藤本植物，也可从中获取饮用水。另外，在春天树木要发芽之时，还可从桦树、山榆树等乔木的树干及枝条中获取饮用水。即使身处大海，只要能猎获海龟或海鱼就可以补充水分，因为海龟的血和海鱼的汁液都是淡水。注意：千万不要饮用那些带有乳浊液的藤或灌、乔木的汁液，因为有毒。另外，还可以从芦荟、仙人掌及其果实中获取饮用水。

提示：从植物中获取的饮用“水”，容易变质，最好即取即饮，不要长时间存放。

(10)获取日光蒸馏水：具体操作方法是：在地面上挖一个直径约 90 厘米、深度约 60 厘米的圆形土坑，紧接着在它的底部再挖一个小一点的坑，用于放置收集雨水的容器。然后，在整个坑口的上面铺设一张塑料布，四周用沙土或者石块埋紧压实，最后在塑料布的中央放一块大小适中的石块。这样，天气炎热时，塑料布下方的水蒸气开始冷凝，顺着塑料布流向中央并滴入放置在下面的集水容器中，如图 5-3 所示。

上述取水方法在野外缺水时是有效的。然而，单纯地依靠上述方法去寻找水源却不是长久之计，且很复杂很辛苦。只适用于少数人员(3~7 人)和短时间(3~5 天)，不适合人

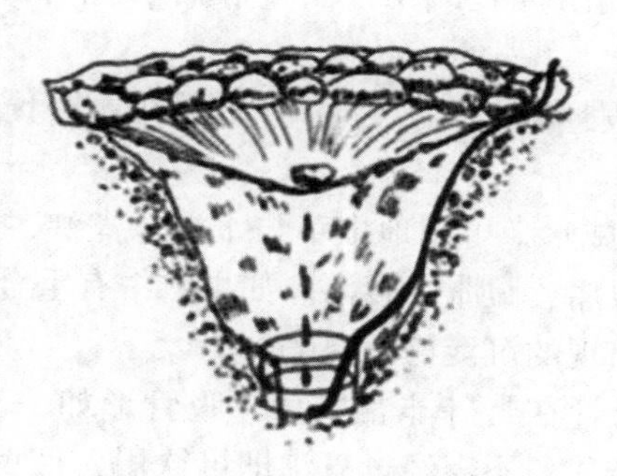

图 5-3 日光蒸馏取水法

员众多或时间过长的情形。就安全而言，希望朋友们最好不要远离水源超过一两天的路程，也不要单枪匹马独闯丛林。

即使是费尽周折找到水源之后，也要小心，千万不要轻易饮用。必须详细地观察水源地的环境和水质。如果是流动水，且水质清澈，则一般是可以放心饮用的。特别是从石缝里流出的泉水，因为经过沙石的重重过滤，水质往往超过瓶装矿泉水。如果水中游动着小虾，也证明水是可以饮用的。寒冷季节和寒冷地区的细菌生长缓慢，水质一般不错，下雨时接到的雨水(可以用塑料袋收集雨水)和融化的雪水也是上佳的“饮料”。尽管水质较好，但是，最好要煮沸后再饮用。那些颜色浑浊或有异味的水，或者是水塘里的积水，极易滋生细菌，其他动物饮水地，难免不会被动物的粪便和尸体污染，还带有被鞭毛虫和弓形虫污染的危险，喝了这样的水会腹泻或者感染上致命的疾病。只有在无可选择时，才会饮用这样的水。但是，即便如此，也必须先用细布过滤，有条件的还可先用净水药品处理。

如果你已经出现了脱水症状，还必须注意：要小心地、慢慢地喝水，否则会引起剧烈的呕吐。

2)野外饮用水的净化处理

一般来说，除泉水和井(地下深水井)水可直接饮用外，不管是河水、湖水、溪水、雪水、雨水、露水，还是通过渗透、过滤、沉淀而得到的水，最好都应先进行消毒处理后再饮用。那么，怎样进行饮用水的消毒呢？

(1)将净水药片放入盛水容器中，搅拌摇晃，静置几分钟，水即可饮用，可灌入壶中储存备用。一般情况下，一片净水药片可对 1 升的水进行消毒，如果遇到水质较混浊可用几片净水药片进行消毒。以前，军队都采用此法在野外对水进行消毒。

(2)如果没有净水药片，可以用随身携带的医用碘酒代替净水药片对水进行消毒。在已净化过的水中，每一升水滴入 3~4 滴碘酒，如果水质浑浊，则在每升水中加入的碘酒要加倍。搅拌摇晃后，静置的时间也应长一些，20~30 分钟后，水即可饮用或备用。

(3)利用次氯酸盐，即漂白剂，也可以起到饮用水消毒的作用。在已净化的水中，每升水滴入漂白剂 3~4 滴，水质浑浊则滴入剂量加倍，摇晃匀后，静置 30 分钟，水即可饮用或备用。只是水中有些漂白剂的气味，注意不要把沉淀的浊物一同喝下去。

(4)如果以上的消毒药物均没有，正巧随身携带有野炊时用的食醋(白醋也行)，也可以用来对水进行消毒。在净化过的水中倒入一些醋汁，搅匀，静置30分钟后水便可饮用，只是水中有些醋的酸味而已。

(5)在海拔不太高(海拔3 000米以下)且有火种的情况下，把水煮沸5分钟，也是对水进行消毒的很好的方法。

(6)如果寻找到的水是咸水，可用地椒草与水混合煮沸，这虽不能去掉水中原来的咸味，却能防止饮用后发生腹痛、腹胀、腹泻。如果水中有重金属盐或有毒矿物质，则应用浓茶与水混合煮沸，最后出现的沉淀物不要喝。

(7)有一种饮水净化吸管在野外非常实用，吸管形如一支粗钢笔，经它净化的水无菌、无毒、无味、无任何杂质，不需经过煮沸即可饮用，且吸管很轻便，野外带上一支这样的吸管是个不错的选择。

6. 如何生火

火，意味着温暖，意味着热水和熟食……最关键的是，火可以让遇险者树立信心，有信心的人才能克服困难生存下来。那么，如何在野外生火呢？

首先是要寻找到易燃的引物，如枯草、干树叶、桦树皮、松针、松脂、细树枝、纸、棉花等。其次是捡干柴，尽量选择干燥、未腐朽的树干或枝条，不要捡拾贴近地面的木柴，因为贴近地面的木柴湿度大，不易燃而且燃烧时烟多熏人。尽量选择松树、栎树、柞树、桦树、槐树、山樱桃和山杏树之类的硬木，它们具有燃烧时间长、燃烧火势大的优点。接下来是要清理出一块避风、平坦的空地。将易燃的引物放置在中间，上面轻轻放上细松枝、细干柴等，再架起较大较长的木柴，然后点燃引火物。火堆的设置要因地制宜，可设计成锥形、星形、并排形、屋顶形、牧场形，等等。也可利用石块支起干柴，或在岩石壁下面把干柴斜靠在岩壁上，在下面放置引火物后点燃。一般情况下，可在避风处挖一个直径1米左右、深约30厘米的坑。如果地面坚硬无法挖坑，也可找些石块垒成一个圆圈，圆圈的大小根据火堆的大小而定。然后将引火物放在圆圈中间，上面架些干柴后，点燃引火物引燃干柴即成篝火。如果引火物将要燃尽时干柴还未燃起，则应从干柴的缝隙中继续添入引火物，直到干柴燃烧起来为止，而不需要重新架柴点火。

如果没有打火机、火柴，也没有打火棒，怎么办？那就必须掌握徒手生火的技巧。生火的两件重要材料是火种和引火物。引火物是干燥、蓬松的植物纤维和绒毛，比如棉絮、椰壳纤维或者蒲绒，火种是通过摩擦产生热量获得的。人工取火的办法包括钻木取火，通过火犁、火锯和火弓取火等。相比较而言，简单些的就是用火犁取火，这是一种太平洋地区常见的方法。将一根硬木棒的一端在木质底座的槽内连续地、快速地摩擦，产生的热量将槽内的木屑点燃，然后将木屑放入堆积在槽的前端的引火物中，小心地吹旺，燃起火苗，再依次加入细柴、粗柴、树段，一堆熊熊的篝火就这样燃起来了。效率最高的是印第安人的火弓。火弓由两部分组成，一是钻火板，二是钻杆(绳子和弓木)。火锯也还不错，就是劈开一段粗树段，用石头将裂缝撑开，塞上引火物，固定树段，取两尺长的木棍或藤条穿入裂缝，来回抽动，产生热量点燃引火物。不管用哪种办法，都不仅仅是靠蛮力，关键是要有毅力，要持之以恒，并不失时机地吹气输送氧气，才能使肉眼看不见的火星蔓延开来。点篝火最好选在近水处，或在篝火旁预备些泥土、沙石、青苔等用于及时灭火。

1) 斜搭式篝火

这种篝火适用于森林植被好、木源丰富、冬季无遮棚的野外露营。其样式为横放一根较粗的圆木，上面斜搭几根较细的干木头，一边烧一边挪动。如图 5-4 所示。

图 5-4　斜搭式生火法

2) 圆锥形火堆

这种篝火适用于煮饭和取暖，它是由较粗的木材环绕搭建的一个空的锥形棚屋结构。下部放一些细的易于燃烧的木材。由于木材之间空隙较大有利于燃烧，所以，这种篝火取暖效果很好。只是要注意，在点火时点火者应处在背对来风的方向。如图 5-5 所示。

图 5-5　圆锥形火堆生火法

7. 如何选择宿营地

露营地点选择的要点：首先应考虑水源和燃料，同时还要考虑防避风雨和蚊虫。另外，还要注意防避雪崩、滚石以及突如其来的山洪。

简单来讲，露营选址应注意以下几点：近水、背风、远崖、近村、背阴、防雷、防兽。

近水：扎营休息必须靠近水源地，如靠近溪流、湖潭、河流边。但也不能将营地扎在河滩上或在溪流边，一旦下暴雨或上游水库放水、山洪暴发等，就可能会有生命危险。尤其在雨季及山洪多发区。

背风：在野外扎营应当考虑背风问题，尤其是在一些山谷、河滩上，应选择一处背风的地方扎营。要注意帐篷的朝向不要迎着风向。背风不仅是考虑露营，更有利于用火。

远崖：扎营时不能将营地扎在悬崖下面，因为一旦山上刮大风，有可能会将石头等物刮下，造成危险。

近村：营地靠近村庄，有什么急事可以向村民求救，在没有柴火、蔬菜、粮食等情况下就更加重要。近村也有近路，方便部队行动和转移。

背阴：如果是选择一个需要居住两天以上的营地，在好天气的情况下应该选择一处背阴的地方，如在大树下面及山的背面。最好是朝照太阳，而不是夕照太阳，这样如果在白天休息，帐篷里就不会太闷太热。

防兽：建营地时要仔细观察营地周围是否有野兽的足迹、粪便和巢穴，不要建在多蛇多鼠地带，以防蛇鼠伤人或损坏装备设施。要有驱蚊虫的药品和防护措施，比如在营地周围遍撒些草木灰，可非常有效地防止蛇、蝎、毒虫的侵扰。

防雷：在雨季和多雷电区，营地绝不能扎在高地上、高树下或比较孤立的平地上，那样会很容易招致雷击。

那么，野外搭建帐篷时应注意什么呢？

(1)选择好宿营地的方位，帐篷的门千万不要对着风吹来的方向。

(2)要清理地面，把地上所有尖锐的小石子、树棍、草梗、小树根清除掉，避免扎破及磨坏你的帐篷，甚至扎到你。

(3)地钉一定要打好，把外帐固定好，如果有风一定要拉好防风绳。

(4)注意帐篷之间的距离不要离得过近。

(5)如遇雨天，帐篷的附近还要挖排水沟。

8. 野外行进的技巧和注意事项

为脱离险境，必须凭自身力量翻越自然障碍。除了勇气和体力外，还要掌握野外行进的技巧，节省体力和时间。在山地迷失方向后，应先登高远望，然后朝地势低的方向走，这样易碰到水源。在遇到岔路口，且几条道路的方向大致相同时，应选走中间那条路，这样可以左右逢源，即使走错了路，也不会偏差太远。

除此之外，遇到以下情况，可具体情况采用具体方法解决。

1)山岩和绝壁

野外常见的障碍是山岩和绝壁，同时为了寻找食物和观察方向，还要经常爬树。因此，攀岩和爬树是两种重要的行进技巧。此时，要记住：随时让身体与岩壁和树木保持三点接触，即“三点不动一点动”，避免同一时间有两个肢体活动，破坏身体稳定平衡，造成意外跌落。应该尽量用腿部力量，以脚发力，两手和臂膀放松，用来掌握方向，尽量不要让两臂高过肩膀，这样能够避免肌肉过早疲劳。与向上攀爬相比，向下攀爬更加困难，特别是从峭壁上向下行进。由于不能规划向下的路线，极易陷入上下两难的困境，所以要十分小心，要选择随时能返回的路线。在坡度小于60度并且表面比较平坦的山坡向下行进，最快的办法是仰面向上，腰部以下与山体表面摩擦，两臂和双脚控制方向，慢慢地从山坡上滑下，但要特别注意山体上的水和沙子，它们可能使你失去控制。还要小心突出岩石的边缘发生崩塌。要善于利用石头缝隙以及依附其上的树木和藤蔓，比如榕树，抓住它们是通过绝壁时省时省力的好办法。对于不超过4.6米的高度，可直接跳下，姿势是双脚并拢，两膝微微弯曲，落地后要使整个身体向前翻滚，将冲击力分散到两腿和肩上，保护好膝盖和小腿。不管是攀岩还是爬树，在迈出下一步之前，要试探找到结实可靠的落脚点，当心风化岩和枯树枝，切莫“一失足成千古恨”。

2)雪原

一望无际的雪原往往隐藏着莫测的风险，比如，高原冰川和南北极地冰盖上的冰裂隙就十分危险。隐蔽的雪洞是遇险者最大的杀手，对付雪洞的办法，就是在背包里塞满沉重的雪块，在背包上系上足够长而结实的绳索，每隔一段距离打一个圈状绳结，绳圈长30厘米。绳子一端系在腰上，打上死结。在雪地上行进时，后面就拖着一长串绳圈和沉重的背包，一旦人踏空掉进雪洞，背包的重量就会使每一个绳圈都深深地嵌入雪地里，产生的摩擦力足够将人挂住，这样你就有机会爬出雪洞。雪崩也是十分危险的，判断积雪是否结实简单的办法是：选定一小片积雪，将四边掏空，双手推动中间的雪块，如果不能将整体推动，就说明这里的积雪比较结实，反之则极易发生雪崩。

3)峡谷

在峡谷中行进时要提防突然爆发的洪水。哪怕是在干旱地区，如果在河谷看到堆积的树枝，就要考虑发生洪水的可能。如果几十千米外的一场暴雨引发一场洪水，等你听到巨响时，就为时已晚，来不及躲避了。

4)沼泽草丛

在穿越沼泽或者草丛前，要准备一根足够长的棍子。它既是手杖，又是“探测器”，可用来随时试探前方的水下泥地是否结实，避免意外摔倒或者陷进泥淖深坑。可以用它拍打水面，吓走蛇虫、鳄鱼等危险动物。穿越高草地带时，可将木棍横向平端于体前，放下衣袖，推开高草，防止皮肤被锯齿状草叶割伤，同时又能提高行进速度。

湿地沼泽和沙漠暗藏致命陷阱，那就是泥潭和流沙。如果不小心陷进去，人的本能反应是挣扎，但泥浆和流沙会将挣扎的人吸下去，淹没你，让你窒息丧命。遇到泥潭和流沙时的逃生要诀是：冷静，冷静，不要挣扎！试着向前倾，趴在泥潭或者流沙表面，慢慢地小心地抬高身体，先使一只手臂脱困，再改变身体角度，拉出另一只手臂，如法炮制，依次拉出下肢，最后用匍匐姿态，慢慢爬离危险区域。如果你手中有一根木棍，将木棍横放在前面的地面上，那么脱身的过程会变得更加容易。注意！脱险后，千万不要得意忘形，因为泥潭、流沙往往密集分布，很可能还有下一个“陷阱”在恭候粗心大意的你。最好的办法是匍匐通过这片危险的区域。

5)渡河

渡河常识：面对水深过腰、水流速度超过每秒4米的急流，不要无保护地涉水过河。

涉水过河时，应当穿鞋，以免河底尖石划破脚，同时也可以更好地保持平衡。如果河底是淤泥底，应脱去鞋袜，赤足过河。

手持一竹竿等支撑在水的上游方向；腰间绑一保护绳，在水中摔倒或被水冲倒，有保护可避免危险；在河两岸石块上或树木上拉架一条绳索，涉渡者手抓绳索或将安全带通过绳套和铁锁挂在绳索上过河；在河两岸架设一条有保护的绳索拉过河。集体涉渡时两人或三人、四人，彼此环抱肩部，身体强壮者于上游方向，相互移动过河。就地取材制作漂渡工具，如竹筏、木排、简易救生衣等。涉渡冰河时，最好在早晨通过，因为河水主要是由冰川消融产生的，夜间气温低、消融量小，早晨河水最浅，容易涉渡。

9. 其他技巧

遇险者一般身无长物，因此必须学会一物多用，发挥物品最大效用，如用好日常穿着的衣服。

如果想避免在烈日下暴晒，最好戴上头巾，可以将浅色的T恤割成长条，缠在头上，中间留一道挡住脸。

棉质衣物一般质地比较密，可以过滤饮水，袜子也可以临时当成手套用。在高寒地区，可以割下羊毛衫袖子，套在头上，保护耳朵不被冻伤。

即使是自己的尿液也不要浪费，如果是在高温酷暑的环境下，可以把它淋在头巾上，以保持头部凉爽。如果在冰天雪地里，则可以把尿液装在水壶里，作为临时的暖壶使用。

遇险者还应注意收集路上碰到的一些东西，它们可能对野外生存有帮助。比如黄铁矿和燧石，它们磕碰产生的火花可以生火。将在溪流、河边找到的石英砂和水捣磨成糊状，抹在剥皮木棒上，就是一根好用的磨刀棒。

在火山周围找到的玻璃质的黑曜石，断口边缘非常锋利，可以当刀具，也可以做成箭头。植物的用途更大，芦荟的汁液可用来治疗水泡、烫伤和割伤。龙舌兰的叶片末端有硬刺，小心地沿着它的下缘慢慢地拉出带有一缕长长的纤维的硬刺，因纤维相当坚韧，是很好的针线。白蚁窝也很有用处，把它磨成干粉投到篝火里，可以驱赶蚊子……总之，很多天然资源是很有用的，关键看你有没有相关的知识和鉴别力。

徒步者单独行动或集体行动，如果要去的地方有地图标识，也询问过当地知情者，或知情者告知前进的路线上有小路，可以有捷径穿越，而这条捷径节约的时间对你的生存很重要。这时，徒步者必须根据自己的书面资料和他人提供的语言信息进行归纳总结，并在行进的过程中判断出正确的行进路线或找到捷径的入口，做到正确地行进。例如烟头、烟盒、食品包装、塑料袋、卫生纸、马粪、脚印、火堆等，这些都属于人类活动的痕迹，如果你在所判定的捷径小道中穿越20分钟仍然没有发现这些痕迹，那就必须原路返回，按正确概率高的大路走。

10. 野外生存勿忘恢复自然的原貌

在野外求生存，最重要就是培养观察自然的眼光。人类与动植物求生的本能都是一样的。自然界动植物虽然彼此间没有共同沟通的语言，但是彼此关系却非常密切。如果我们仔细观察，就能理解其他生物，平等对待它们，而不会去伤害它们。

不破坏自然界平衡的状态是野外生存中十分重要的法则。大自然中动植物彼此保持着很微妙的平衡。一块狭小的空地，表面看起来没有生物生存，实际上生物正在那活跃着。接触大自然时，不要破坏这种平衡，不乱折花木，不乱捕鸟兽。享受大自然，也应遵守规则。

还有，必须学会恢复自然界原有的风貌后再离开。有时我们看到人们离开野外后，留下肮脏的垃圾，如阴暗处的空罐头、堆积的塑料袋、吃剩的鱼肉汤肴，等等，不堪入目。因此，不要忘记，保存自然界原有的风貌，处理掉垃圾，将临时厕所掩埋好，把不能燃烧的塑料袋带走，后来的人，才能享受干净的大自然。

在山林中，还有几点需要注意：不要触摸鸟巢，不要抄近路到危险的地方，不要大声喧嚷，不乱摘花草，不要靠近带着幼子的动物，不随便发出叫喊声。

第三节　户外探险事故救援

一、户外探险事故自救的重要原则和应对方法

1. 重要原则

尽最大可能寻求救援，利用各种手段保持体力，维持基本生存，力争在尽可能短的时间内获得救援。

所有险遇都是在无法得到救援的情况下发生的，大部分发生在人迹罕至的地区，一般都是在自然条件恶劣、缺乏生存条件的地方。必要时可采用极端的手段，如，缺水时饮用自己的尿液、没有食物时吃蚯蚓和蛆虫，等等。这些虽然听起来恶心，但唯有如此，才能生存。事实证明，很多人就是靠这些极端手段坚持到脱险的那一刻。此外，需保持意志力、决心、希望。那些对生活和家庭无比热爱、意志坚定、身体强健、保持警觉和头脑清醒、善于利用机会的人，是最有可能走出困境进而得以生存的人。

2. 求救信号的发放与识别

遇难时获救的前提是与外界取得联系，使他人知道你的处境。

SOS(Save Our Soul)是国际通用的求救信号。可以在地上写出或通过无线电发报，也可用旗语通信方式打出或者通过其他方式发出信号。另外，几乎任何重复三次的行动都象征着寻求援助。如点燃三堆火，制造三股浓烟，发出三声响亮的口哨、枪响或三次火光闪耀。如果使用声音或灯光信号，在每组发送三次信号后，间隔 1 分钟时间，然后再重复。

下面介绍一些常用的求救信号及其使用的方法。

1)烟、火信号

燃放三堆烟、火是国际通行的求救信号。将火堆摆成三角形，间隔相同最为理想，可方便点燃。在白天，烟雾是良好的定位器，所以火堆要添加胶片、青树叶等散发烟雾的材料，浓烟升空后与周围环境形成强烈对比，易被人注意。在夜间或深绿色的丛林中亮色浓烟十分醒目，向火中添加绿草、树叶、苔藓和蕨类植物都会产生浓烟。黑色烟雾在雪地或沙漠中最醒目，橡胶和汽油可产生黑烟。信号火种不可能整天燃烧，但应随时准备妥当，使燃料保持干燥易于燃烧，一旦有任何飞机路过，就尽快点燃求助。白桦树皮是十分理想的燃料，为了尽快点火，可以利用汽油，但不可直接倾倒于燃料上。要用一些布料做灯芯带，在汽油中浸泡，然后放在燃料堆上，并将汽油罐移至安全地点后才能点燃燃料堆。切记在周围准备一些青绿的树皮、油料或橡胶，以放出浓烟。此外，在大片的森林中，还应该注意在点火前做好防火沟等准备工作，以防森林大火的发生。具体做法见图 5-6。

2)地对空信号

寻找一大片开阔地，设置易被空中救援人员观察发现的信号，信号的规格以每个长

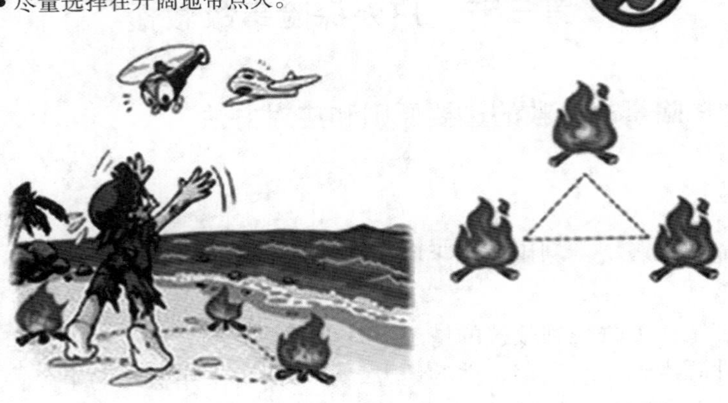

图 5-6 火光信号

10 米、宽 3 米，各信号之间间隔 3 米为宜。“I”——有伤势严重的病人需立即转移或需要医生；“F”——需要食物和饮用水；“II”——需要药品；“LL”——一切都好；“X”——不能行动；“→”——按这一路线运动。

3）旗语信号

左右挥动表示需救援，要求先向左长划，再向右短划。如图 5-7 所示。

图 5-7 旗语信号

4）声音信号

①喊叫；②“SOS”发音法，三短三长；③利用工具：为了增加声音效果，用报纸、树皮等可以卷起来的材料卷成喇叭状，通过喇叭呼喊起来不仅省力还能增加传音效果；④顺

风呼喊。

5)肢体语言信号

肢体语言信号如图 5-8 所示。

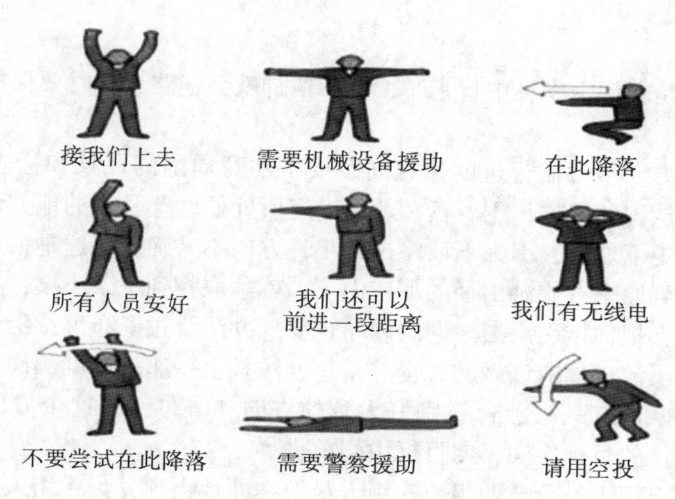

图 5-8　肢体语言信号

6)反光信号

利用阳光和一个反射镜即可反射出信号光。任何明亮的材料都可加以利用，如罐头盒盖、玻璃、一片金属箔片，有面镜子当然更加理想。即使距离相当遥远也能察觉到一条反射光线信号，甚至你并不知晓欲联络目标的位置，所以值得多多试探，而其做法只是举手之劳。注意环视天空，如果有飞机靠近，就快速反射出信号光。如图 5-9 所示。这种光线或许会使营救人员目眩，所以一旦确定自己已被发现，应立刻停止反射光线。

反光信号

- 利用镜子、罐头盖、玻璃、金属片等反射光线。
- 持续的反射将产生一条长线和一个圆点，引人注目。

图 5-9　反光信号

3. 遇险时的具体应对方法

在遇到意外的危险时，应采取相应的户外生存技能(如上一部分所述)，根据所遇的环境做出理性的决定。比如：

1)迷路

在山野，尤其是在深山密林中行走时，稍不留神就会迷路，这时要保持沉着冷静，然后采取适当的措施。

回到认识的地方。平时在行进的休息间歇要多注意周围的风景和标志，一旦迷失方向，最好回到自己认识的地方，用罗盘和地图确定所处的位置及目的地方位，重新开始行走。折返时不要直走下坡路，因为下坡路视野小，方向不易确认，这是很危险的。

如果已经找不到原来有旅游山径的那座山了，就争取找到一条小溪，顺着溪流走。一般情况下溪流迟早会把你指引出去。遇到瀑布也要想办法绕过瀑布继续沿着溪流前进。

如果山里没有溪流，你应该做的，仍然是想办法登上一座较高的山岗。根据太阳或远方的参照物(如村庄、水库、公路)辨别好大致的方向和方位，在这个方向上选定一个距离合适、也容易辨认的目标山岗，向目标山岗前进。

人多的话，可以把人员分成两组。一组人员留在原地山顶，另一组人员则下山，向另一选好方向的山岗前进。下山的人要时常回头，征询山顶留守者对自己前进方向的意见。若偏离了正确方向，山顶的人要用声音或手势提醒他们纠正错误。当下山者登上另一个山岗时，他们再指挥原来留守山顶的人下山前进。这样，用“接力指挥”的方式交叉前进，就不会在山谷里原地打转了。

做好山路标志。在山野行进时要留意曾经走过的人留下的用塑料带、树枝或石头做的记号。走在前面开路的人，遇到特殊状况时，要做标志通知后面的人。

如果迷路时天色已晚或从山崖落下受伤，动弹不得，无法按照预定时间到达目的地，这时应做深呼吸，保持镇静，不要贸然离开，在原地露宿，减少体力消耗，同时想办法发出求救信号静待救援。

在迷路并发出了求救信号的情况下，原地等待救援是最好的办法，因为搜救人员会沿失踪人员走失点划定搜救半径，如果你待着不动的话，会大大增加被找到的机会。

2)溺水

在江河湖海中遇到复杂水情而无法驾驭时，千万不要慌张着急，要想办法让自己浮在水面上，保持浮姿，任水冲流，并注意水波流向，再一点一点由水平方向往岸边移动。在拯救溺水者时，首先考虑用竹竿、树枝、绳索拖拉，或者用大木头、塑料桶等能很好地浮于水面的物体作为浮具实施间接救护，实在无法解决问题了再入水施行直接救护。

当你溺水的时候，首先要学会自救。因为路边不一定有人，且即便有人也不一定水性好，首先我们还是要靠自己(详见第六章)。

(1)一定要先大声呼喊救命！引起周围的人注意。

(2)采取仰卧位，让自己的头部使劲儿往后靠，使鼻部露出水面呼吸。

(3)呼气要浅，吸气要深。我们深吸气的时候，人体比重会比水略轻，可浮出水面(呼气时人体比重为1.057，比水略重)，此时千万不要慌张，不要将手臂上举乱扑腾，这样只会使身体下沉得更快。

（4）我们也可以学习“水母漂”姿势，如图5-10所示。

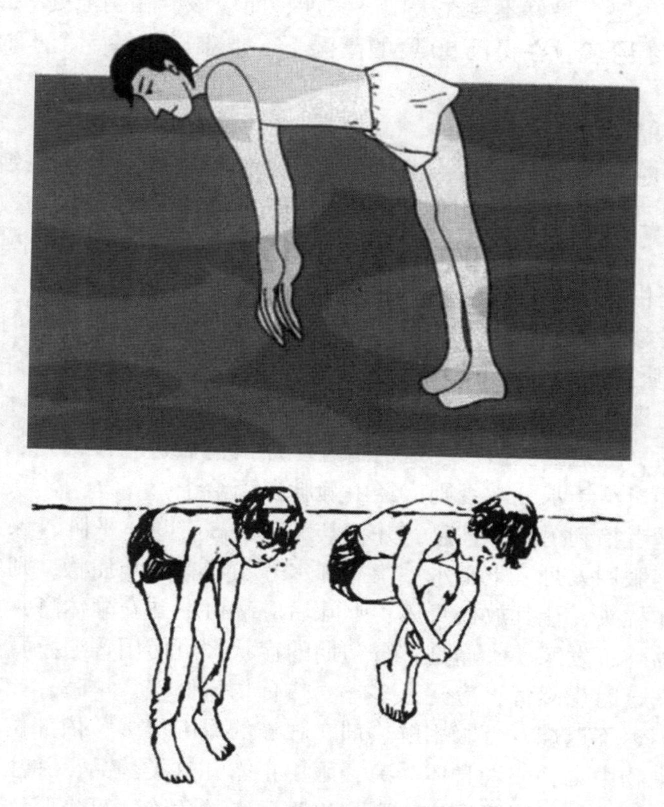

图5-10　“水母漂”的姿势

如何延长待救时间（水母漂）：深吸气之后，脸向下埋入水中，双足与双手向下自然伸直，于水面略成垂直状，如水母状漂浮。当换气时双手向下压水，双足前后夹水，利用反作用力抬头，瞬间吸气，然后继续呈漂浮状态，如此便可以在水中持续很长时间。在练习水母漂时，身体应尽量放松，使身体表面积和水接触面加大，以增加浮力，同时，应将双眼睁开，以消除恐惧。另外，浮在水中时，不可故意憋气，应自然缓慢吐气，以节省体力。

会游泳的人也不可就此大意，因为在准备运动不充分、水温太低的时候也偶尔会出现腿抽筋的情况。

救助者不是光凭一腔热血与爱心就能成功的。不懂水性者不要亲自下水救人，不然，最后可能谁救谁都说不准了。不会游泳不丢人，最怕的是不会游泳还以身试险。

如果被救上岸的溺水者神志不清，就要采取急救措施，对其实施心肺复苏。先施救，再尽快与医疗急救机构联系，以最快的速度将溺水者转送至医院进一步进行救治。

3）身处酷热的沙漠

在沙漠中求生有6个原则：①喝足水、带足水、学会找水；②要“夜行晓宿”，千万不可在烈日下行动；③动身前一定要通告自己的前进路线以及动身与抵达的日期；④前进过程中留下记号，以便救援人员寻找；⑤学会寻找食物的方法；⑥学会发出求救信号的各种方法。除非万不得已，最好不要在太阳下跋涉，而应该躲在阴凉处等待救援。否则，即使你足够强壮又富有经验，在摄氏50度的高温下，也难以坚持5个小时，因为你会死于脱水和中暑。

4）感到身体不适

身体不舒服，感到头昏脑涨时，应放松心情，躺卧下来，解开束缚身体的衣物或包袱。告诉同行者自己的症状是发冷还是发热以及何处发痛，然后再考虑处理办法。如果脸色发红，呼吸急促，不出汗，这很可能是中暑，此时应让患者躺在阴凉处，帮其脱掉衣服，同时给患者提供盐水和流质饮料。注意以下几点：

①迅速将患者移往阴凉且通风之处，放低其头部；②解除其负荷，松开衣服，往其全身淋冷水（或用冰块擦澡），直至患者苏醒为止；③水浴时，同时强力按摩其四肢，以防止其毛细血管流血滞积，并促使散热加速；④如发现患者呼吸困难，应立即施行人工呼吸；⑤患者清醒后，应请医生治疗或送至附近医疗机构做进一步治疗；⑥给予其水分（患者意识清醒才可经口给予水分，否则应经由静脉点滴给予）。

应将体感不适者抬到树荫下休息，并将其头部垫高，身体平卧，保持安静，注意对其降温，同时可喂其服用人丹、十滴水、淡盐开水等。若有呕吐症状，则要取俯卧姿势，右手放在其下巴下作枕头，让其放松身体；呕吐后应漱口，并安静休息；如症状加重，则应赶快送医院。打喷嚏、发寒、头痛是感冒初期的症状，可使用普通感冒药，多休息即可治愈。如果在户外露营时患感冒，应注意多吃温热食物，保暖，早睡，让身体出汗，症状就会有好转；如果迟迟不退烧，可服用解热剂。腹痛的原因很多，依部位判断，若左下腹部发痛，则可能是食物中毒，或者身体受凉，服用正露丸这类药品，并注意腹部保暖，放松静躺休息即可痊愈；若右下腹部发痛，则有患阑尾炎的危险，可先服用止痛剂，并迅速送往医院治疗；胃部发痛、发烧、恶心时，可服用肠胃药治疗。

5）被昆虫叮咬或蜇伤

野外穿行在树林间、草丛中、溪流边，尤其是夏秋之时，易被毒蚊毒虫等叮咬。被毒虫咬伤后必须及时处理，否则会造成中毒，轻则全身瘙痒、疼痛、浑身没劲，重则可能导致死亡。因此，出行前应带好防虫药水，穿长袖长裤等做好保护。

被毒蚊毒虫叮咬后，应用随身携带的清凉油、风油精或红花油反复涂搽患处。如有三棱针，亦可先点刺放血，挤出黄水毒汁后再涂上药品，效果更佳。如被蝎子、马蜂、蜜蜂等蜇伤，一定要先用锋利的针将伤处刺透，挤压肿块，将毒汁与毒水尽量挤干净，然后用碱水洗伤口，或涂上肥皂水、小苏打水或氨水。无针之时，也可用煤油将碱面调成糊状涂患处，有解毒、止痒、消肿、止痛的作用。亦可将阿司匹林两片研成粉末，用凉水调成糊状涂患处同样有效。

此外，蒜汁对蜈蚣咬伤有疗效。被剧毒蜘蛛咬伤者需扎止血带，服用蛇药片和送往医院。若被蜈蚣和蝎子咬伤，则应把蛇药片溶于水调成糊状，涂擦在伤口，或取蒲公英捣烂外敷患处。

蝎子的毒呈酸性，若被蝎子咬伤，可用碱性肥皂水（别用香皂）、苏打水、3%氨水冲洗，用拔火罐或吸奶器吸出毒液。如果有蛇药，可用温开水化开抹在伤口上，没药可用时可用泡开的冷茶叶(碱性)敷上。

蜘蛛毒也呈酸性，若被毒蜘蛛咬伤，处理办法与被毒蝎子咬伤的处理一样。蜈蚣咬伤的伤口是一对小孔，毒液流入伤口，局部红肿。这种毒也呈酸性，救治方法与被毒蝎子咬伤的救治相同。

被蜜蜂蜇伤后的救治方法与被毒蝎子咬了后的救治方法一样。但蜜蜂蜇人后会把刺留在人体，刺不出，毒不除，因此必须先把刺拔出来，才能去毒。另对于伤口不要挤压，以免剩余的毒素进入体内。然后用氨水、苏打水甚至尿液涂抹被蜇伤处，中和毒性。可用冷水浸透毛巾敷在伤处，减轻肿痛。

水蛭又叫蚂蟥，其吸血量很大，可吸取相当于它体重的2~10倍的血液。同时，由于水蛭(蚂蟥)的唾液有麻痹和抗凝作用，在其吸血时，人往往无感觉，当其饱食离去时，伤口仍流血不止，常会造成被咬的地方感染、发炎和溃烂。

被水蛭叮咬时切勿用力硬拉，这易使水蛭口器断留在被咬者皮下并引起感染。可用手拍或用肥皂液、盐水、烟油、酒精滴在其前吸盘处，或用燃烧着的香烟烫，让其自行脱落，然后压迫伤口止血，并用碘酒涂搽伤口以防感染。伤口如不断流血，可用炭灰研成末敷于伤口上，或用嫩竹叶捣烂后敷上。在鞋面上涂些肥皂、防蚊油，可以防止蚂蟥上爬。涂一次的有效时间约为4~8小时。此外，将大蒜汁涂抹于鞋袜和裤脚，也能起到驱避蚂蟥的作用。

那么，如何才能避免被昆虫咬或蜇伤呢?

(1)勿穿深色及花色衣物。有些昆虫对深色及花色衣物很感兴趣，所以如果你去树林中，应注意穿浅色无花的衣物。

(2)勿擦香水。避免使用香水、刮胡水及其他芳香剂，以免昆虫误以为你是含花蜜的花朵。

(3)不要喝酒。因为酒精容易使皮肤发红、血管扩张，更容易招引蚊虫。

(4)可涂一些驱虫的物质。在皮肤上涂啤酒酵母或蒜汁，可达到驱虫的效果。或者在外出前，先用含氯漂白水做一次盆浴，每缸水加1杯漂白水，昆虫不喜欢此味道。在加氯的池中游泳也对防止蚊虫叮咬有帮助。

6)被蛇咬伤

在我国已发现的毒蛇有50余种，常见的有10余种。其中，对人危害较大的有眼镜蛇、金环蛇、银环蛇、五步蛇、蝮蛇、烙铁头和竹叶青等。在野外被毒蛇咬伤而死亡的发生率在动物伤害中的比例是最高的。从外表看，无毒蛇的头部呈椭圆形，尾部细长，体表花纹多不明显，如火赤练蛇、乌风蛇等；毒蛇的头部呈三角形，一般头大颈细，尾短而突然变细，肛门以前鳞片常是单片的，表皮花纹比较鲜艳，如五步蛇、蝮蛇、竹叶青、眼镜蛇、金环蛇、银环蛇等(但眼镜蛇、银环蛇的头部不呈三角形)。从伤口看，由于毒蛇都有毒牙，被咬者伤口上会留有两颗毒牙的大牙印，而无毒蛇留下的伤口是一排整齐的牙印；从时间看，如果咬伤后15分钟内出现红肿并疼痛，则有可能是被毒蛇咬了。

蛇的毒液进入人的身体以后，就会使人产生中毒现象。现在，一般把毒蛇的毒液对人体的毒害情况分做两大类：一类是神经毒，主要使人的神经系统中毒；另一类是血循毒，主要使人的血液循环系统中毒。此外，有一类毒蛇的毒液，既有神经毒，又有血循毒，所以把它叫做混合毒。

一般而言，被毒蛇咬伤10~20分钟后，其症状才会逐渐呈现。被咬伤后，争取时间处理和治疗是最重要的。

(1)患者应保持镇静，切勿惊慌、奔跑，以免加速毒液吸收和扩散。另外，在急救人员到达之前请清楚地记下蛇咬伤口的形态，到达医院时及时详细地告诉医务人员(开始急救之后有可能破坏伤口的原始形态从而加大医务人员的判断难度)。如果能够把蛇打死，则把死蛇也带上，这样能让医务人员及时、准确地给予治疗。绑扎伤肢：找一根布带或长鞋带在伤口靠近心脏上端5~10公分处扎紧(如是手指被咬伤，则扎在指根；手掌或手臂被咬伤，扎在手腕上或肘上；小腿咬伤，扎在膝关节上方)，动作越快越好，以减少毒液吸收。但为防止肢体坏死，应每隔10分钟左右，放松2~3分钟。此外，还要用冷水反复冲洗伤口表面的蛇毒。

(2)冲洗伤口：在山林、田地里被咬伤，应马上用冷茶、冷开水或泉水冲洗伤口，洗去伤口周围黏附的毒液，减少伤处对毒液的吸收。条件许可时用冷开水加食盐冲洗，或选用肥皂水、双氧水、千分之一的过锰酸钾溶液、四千分之一的呋喃西林溶液冲洗。

(3)扩创排毒：以牙痕为中心，用消过毒的小刀将伤口的皮肤呈十字形切开。不要刺得太深，以免伤及血管。再用两手用力挤压，排出毒液。

(4)吸吮排毒：如果伤口里毒液不能畅通外流，可用拔火罐等方法吸吮排毒；也可用针筒，前端套一条橡皮管，抽吸毒液。如果没有吸吮的工具，紧急时可以用嘴吸吮，但必须注意安全，应边吸边吐，每次都用清水漱口。若救援者口腔内有黏膜破溃(口疮)，或有龋齿(蛀牙)等，就不可用嘴巴吸吮，以免发生中毒。

(5)如何防蛇：防止被毒蛇咬伤的方法是进入草丛前先用棍棒驱赶毒蛇；穿越丛林时应穿好长袖上衣、长裤及鞋袜，随时注意观察周围情况，及时排除隐患；沿现成的小径行走，切勿自行闯路，走草丛和杂树林。遇到毒蛇时不要慌张，应采用左、右拐弯的走动来躲避追赶的毒蛇，或站在原处面向毒蛇，注意随时左右避开，寻找机会进行自卫；四肢涂抹防毒蛇液、携带毒蛇咬伤药等能起到防止被毒蛇咬伤及咬伤后及时救治的作用。

7)外伤止血、包扎、固定及搬运

该部分内容见第三章第三节。

8)烫伤晒伤

烫伤的程度可分为三种：皮肤变红，有刺痛感觉；起水泡；皮肤溃烂。例如，油炸东西时的热油烫到皮肤，皮肤会烂掉。应先用清洁纱布盖住被烫伤皮肤，并立刻将伤员送医院。身体一部分烫伤并不会危害生命，但如果超过20%的身体表面被烫伤，就有生命危险。躯干的一半即超过身体表面的20%。

不太严重的烫伤，可赶紧用凉水冲洗或将伤处泡在水中。如果有残雪，可先将残雪置水中，再将伤处置于其中，水越冷越能减轻烫伤症状。有人用酱油涂伤口，但酱油中有微菌，最好不要使用。若烫伤严重到起水泡，不要使水泡破裂，可用纱布轻盖，用冷水冷却。当烫伤部位与衣服相连时，不要脱下衣服，可连衣服一起用水冷却。烫伤越严重越觉口渴，要给伤者补充水分，并让伤者好好休息。

晒伤：强烈的紫外线(UV)是由太阳辐射产生的，尤其在受到冰雪的反射后，在高山上没有防备的登山者很可能会被紫外线灼伤。过度暴晒在紫外线辐射下而受到的灼伤可能会很严重，但这是可以预防的。某些药物(例如四环素以及糖尿病的口服药)可能会增加人体对太阳的敏感度，人体因此受到灼伤的危险也可能会增加。最有效的预防晒伤的方法是用衣物把暴露于外的皮肤包裹起来。由于衣物的织法和纤维各有不同，过滤紫外线的效果也不同。织法紧密的衣物防晒效果较好，但穿起来比较热。质地轻的衣服有些经过特别处理，也有较好的过滤阳光的效果。帽子应该有个宽帽缘，以保护你的后颈、脸部和耳朵。如果皮肤非暴露于外不可，则防晒产品可以延长你在阳光下停留的时间而不被灼伤。当皮肤被晒红并出现肿胀、疼痛时，可用冷水毛巾敷在患处，直至痛感消失。如出现水泡，不要去挑破，应请医生处理。

9)雷击

遇阴雨天气时，云中的电荷可以形成强大的电流袭击地面。雷电对野外活动者来说是极为恐怖的自然灾害之一，所以避开雷击是必备的防身技术。雷电通常会击中最高的物体尖端，然后沿着电阻最小的路线传到地上。远足者如遭电击，大多会造成肌肉痉挛、烧伤、窒息或心脏停止跳动等后果。

求生方法：

(1)团身法：像刺猬一样把身体缩起来，双手抱住小腿，头靠在膝盖上，手脚最好离地。

(2)短路法：雷击时会有些类似受到静电的袭击，紧接着2~3秒后强大的电击就将到来，此时唯一的方法就是双手着地，并低头，希望电荷从手臂传到地面，避免内脏受损。

预防措施：

(1)预知打雷和雷击。若先看到乱积云变大，不久即变成雷云，则应赶紧到安全地方躲一躲。收音机中有刺耳的杂音、忽下大粒雨滴等也是打雷的预兆。

(2)跑向低地。不要在巨石下、悬崖下和山洞口躲避雷电，电流从这些地方通过时会产生电弧而击伤避雷者。如果山洞很深，可以尽量躲在里面。

(3)被雨淋湿的物体有一定的导电性，因此，切勿接触潮湿的物体。

(4)在下雨天里，行人不宜在旷野中打铁柄雨伞，且要远离高树或密叶树林，远离铁塔、电线杆以及旷野中孤立的小屋等。还要去除身上的金属物，装入塑料袋中。

(5)如果在游泳或划船，应马上上岸。即便是在大的船上，也应躲到甲板之下，不要接触任何金属物。

(6)汽车往往是极好的避雷设施，可以躲在汽车里。

(7)如必须在户外活动，则应穿着胶鞋，胶鞋有一定的绝缘作用，可以阻断电流通过人体。

(8)闪电击中物体之后，电流会经地面传开，因此不要躺在地上，潮湿地面尤其危险。应该蹲着并尽量减小与地面接触的面积。

二、户外探险事故的现场急救步骤

急救医学将事故急救的过程分为三个阶段：院前急救阶段、急诊处置阶段和ICU观察阶段。

1. 处理前观察

在做具体处理前，需先观察患者全身，并掌握周围状况。判断其伤病原因、疼痛部位、程度如何，或将耳朵靠近伤者听其呼吸声。尤其要注意其脸、唇周、皮肤的颜色，确认其有无外伤、出血，观察其意识状况和呼吸情形以及骨折、创伤、呕吐的情况。

2. 观察后处理

户外探险事故中发生的外伤或突发病况有很多种，应根据具体情况实施救援，并选择具体的处理方法。尤其对呼吸停止、昏迷、大量出血、中毒的伤者，不管其有无意识，发现后均应迅速做紧急处理，否则将危及伤者生命。在观察症状的过程中，遇症状恶化的需按急救法施以应急处理。现场要尽量组织好对伤者的脱险救援工作，救护人员要有分工，也要有合作。

现场抢救时间紧迫，对危重伤者的救治，一要遵守急救原则，二要抓住重点，迅速按以下步骤进行检查。

急救体位：伤者体位应为“仰卧在坚硬平面上”。如果伤者是俯卧或侧卧，在可能情况下应将其翻转为仰卧，放在坚硬平面如木板床、地板上，这样，才能使心脏按压行之有效。不可将伤者仰卧在柔软物体如沙发或弹簧床上，以免直接影响胸外心脏按压的效果。此外，还要注意保护伤者头颈部。

翻身的方法：抢救者先跪在伤者一侧的肩颈部附近，将其两上肢向头部方向伸直，然后将其离抢救者远端的小腿放在其离抢救者近端的小腿上，两腿交叉，再用一只手托住伤者的后头颈部，另一只手托住伤者离抢救者远端的腋下，使其头、颈、肩、躯干呈一整体，同时翻转成仰卧位，最后，将其两臂还原放回身体两侧。

打开气道：抢救者先将伤者衣领扣、领带、围巾等解开，同时迅速将伤者口鼻内的污泥、土块、痰、呕吐物等清除，以利其呼吸道畅通。

呼吸道是气体进出肺的必经之道。由于意识丧失，伤者舌肌松弛、舌根后坠、会厌下坠、头部前倾，造成咽喉部气道阻塞，仰头举颏法可使其下颌骨上举、咽喉壁后移而加宽气道，使气道打开，呼吸得以畅通。抢救者将一手置于伤者前额并下压，使其头部后仰，另一手的食指和中指放于靠近其颏部下下颌骨下方，将其颏部向前抬起，帮助其头部后仰。头部后仰程度以下颌角同耳垂间连线与地面垂直为正确位置。婴儿头部轻轻后仰即可。

注意清除伤者口腔内异物不可占用过多时间，整个开放气道过程要在3~5秒内完成，而且在心肺复苏全过程中，自始至终要保持其气道畅通。

看、听、感觉呼吸：伤者气道畅通后，抢救者采用看、听、感觉之法3~5秒钟，检查伤者有无自主呼吸。检查方法：抢救者侧头用耳贴近伤者的口鼻，一看伤者胸部(或上腹部)有无起伏；二听伤者口鼻有无呼吸的气流声；三感觉有无气流吹拂面颊感。

检查脉搏，判断心跳：抢救者通过摸伤者颈动脉或股动脉5~10秒钟，观察是否有搏动，以此判断伤者有无心脏跳动。检查时应轻柔触摸，不可用力压迫。为判断准确，可先后触摸双侧颈动脉，但禁止两侧同时触摸，以防阻断脑部血液供应。若摸不到伤者脉搏，可对其实施胸外心脏按压术和人工呼吸(详见第六章)。

紧急止血：抢救者对有严重外伤者，还应检查伤者有无严重出血的伤口，若有，应当采取紧急止血措施，避免其因大出血引起休克而致死亡。

保护脊柱：对于因意外伤害、突发事件而造成的严重外伤，在现场救治中，要注意保护伤者脊柱，并在医疗监护下进行搬动转运，避免其脊柱受伤进一步加重而造成截瘫甚至死亡。

3. 处理完毕后

在紧急处理完毕而未将伤者交给医师之前，需对伤者进行保暖，避免其消耗体力而使症状恶化。

接着联络医师、救护车、伤者家属。原则上，搬运伤者需在充分处理过后安静地运送。搬运方法随伤患情况和周围状况而定。在搬运中，若伤者很累，则要让伤者适度且有规则地休息，并随时注意伤者的病况。

第六章　溺水事故及紧急救援技巧

在全世界突发死亡事件中，溺水是非故意伤害死亡的第三大原因，所有与伤害有关的死亡事件中，7%归因于溺水。全球每年由于溺水死亡的大约为37.2万人。[①] 其中欧洲每年大约3万人死于溺水，相当于每天大约80人溺水死亡。在瑞典，每年大约200人死于溺水，800~900人由于溺水而接受住院治疗。在日本，每年大约7 000人死于溺水，溺水是日本第二位常见的致死因素。《全球溺水报告》说明，在数据符合纳入标准的85个国家里，有48个国家溺水是1~14岁儿童死亡的前五大原因之一。根据统计，意外溺水是美国所有年龄段人口的第九大死因，是1~4岁儿童的第二大死因，是婴儿(1岁以下)的第五大死因。婴儿在浴池、水桶和便池中都有溺水的风险。濒临溺毙的发生率是溺毙发生率的500~600倍。据统计，男性发生溺水事件大约是女性的2倍。溺水是运动爱好者最主要的死亡因素，而在儿童则是第三位意外伤害致死因素。淹溺伤亡发生率最高的是年龄在4岁以下的儿童和各个年龄段的男性。75%的淹溺受伤事件发生在游泳池内，而70%的溺毙事件发生在自然环境之中，如海洋、湖泊和河流。在我国，目前没有大样本统计数据。据不完全统计，我国每年有约57 000人死于溺水。而在青少年意外伤害致死事故中，溺水事故则成为第一死因。因此，世卫组织于2017年5月发表了《预防溺水实施指南》，在《全球溺水报告》的基础上，具体指导如何实施溺水预防和干预措施。

近年来全国溺亡事故回顾：

2013年1月1日下午两点左右，广东汕尾陆丰市湖东镇南四坑水库发生一起溺水事故，造成4名小学生死亡。

2013年2月12日下午四点左右，广东深圳市龙华新区元芬新村发生一件悲惨事故，一名两岁女童溺亡在邻居家洗手间的水桶里，事发时她妈妈正在打麻将。

2013年3月4日，河南信阳市淮滨县发生3名儿童溺水死亡事故。

2013年4月6日下午1点左右，在江苏省宜兴市万石镇和武进交界处，两名女孩在河边污水管道上玩耍时不慎落入河中，一名7岁女孩被救起，另一名11岁女孩溺亡。

2013年5月4日中午，湖北汉川市华严农场明德小学六年级学生杨某与同学一行8人到汉江边玩耍，杨某跳到河里抓鱼时不幸溺亡。

2013年6月11日下午，河南获嘉县一名8岁男童不慎滑落人民胜利渠内，虽经众人努力打捞，遗憾的是仍未被救出。

2013年7月11日下午，在湖南桃江县城沿江风光带桃花江二桥上游200米处，3名

① http://tv.cctv.com/v/v2/VIDEri68V1dumeHpdjlteoif190618.html.

9~12岁儿童在游泳时溺亡。同一日岳阳市岳阳县城关镇兰塘村二组与新墙镇搭界的一山塘发生一起儿童意外溺水事故，5名儿童溺亡，最大的11岁，最小的9岁，其中有4名是亲戚关系。

2014年4月25日，江西省上饶市横峰县横峰二中两名初中生到水库游泳时溺亡。

2014年4月26日，云南省宁州街道办事处甸尾小学两名学生在公路旁一新挖沟渠中游泳时溺亡。

2014年4月27日，山西省忻州市第十一中学4名初三年级学生在云中河戏水时溺亡。

2014年4月27日，湖北省黄冈市黄州区路口中学一名七年级学生在施救落水的小学生时溺亡。

2014年6月1日，黑龙江省哈尔滨市松北区江岔子内，一少年与家人游泳期间发生溺水事件。

2015年4月5日下午，广东省汕头市潮阳区金灶镇新林水库发生一起溺水事故，造成7人死亡。一家人去扫墓，一个小孩在水库边洗手时不小心掉下去，然后家人和亲戚下去救，结果一个接一个都溺水而亡了。

2015年5月2日下午两点，河南南阳市淅川县马蹬镇贯沟村，两个8岁的孩子去鱼塘边看鱼时失足滑进鱼塘，一名14岁的女孩看到后试图用树枝去搭救，不想也掉进鱼塘，结果3个孩子都溺水身亡。

2015年5月2日下午，江西省宜春市袁州区新坊镇十余名初中学生自行组织在该镇一水库附近游玩时，部分学生下水游泳，返回岸边时发现少了1名男生，另外两名男生立即下水营救，导致3人不幸溺亡。

2015年5月23日，河北大名县漳河龙王庙段发生一起5名少年溺水的事件。24日上午，落水少年全部被打捞出水，无一幸存。据调查，5名少年均为6年级学生，12岁到14岁不等。

2016年5月7日下午14点左右，河南遂平县吴房义工水上救援队接到110指令，嵖岈山窗户台大队薛庄一女孩溺水。吴房义工水上救援队迅速赶到现场。经过5分钟打捞，成功把落水儿童打捞上岸，遗憾的是该女孩已经停止呼吸。

2016年5月7日下午2时许，广东省广州市南村镇雅居乐花园某酒店后面的人工湖发生一起悲剧，两名男童溺水，经业主、保安及120到场抢救无效死亡。

2017年1月2日下午18时左右，湖南衡水市阜城县崔庙大息庄3名儿童掉进一条很深的沟渠，全部溺亡。

2017年2月26日，广东深圳境内大田甲干渠，两名儿童下水游泳被冲向下游，幸好有渠道上施工人员及时发现，一名儿童得救，另一名儿童不幸溺亡。

2017年7月20日，广西北海市发生了3起溺水事件4人溺水，这3起溺水事件均发生在非指定泳区海域，其中1人死亡。

……

综上所述，淹溺事件严重威胁着广大人民群众，尤其是大中小学生和幼童的生命安全，给个人、家庭和社会带来沉重的负担。因此，全面普及溺水紧急救援技巧刻不容缓。

第一节　溺水概述及发生特点

一、溺水的定义及特点

1. 溺水定义

溺水又称淹溺，指人淹没在水中，常因失足落水或游泳时发生意外所致。由于呼吸道被水、污泥、藻草等物堵塞，或吸入水分，或因喉头、气管发生反射性痉挛，使呼吸道阻塞而产生的一种窒息现象，甚至会造成呼吸、心跳停止而致人死亡。如果溺水者在24小时内死亡，则称为溺毙。

夏季是溺水的多发季节，溺水是青少年的“头号安全杀手”。

2. 溺水后表现

溺水者常出现全身浮肿，紫绀，双眼充血，口鼻充满血性泡沫、泥沙或藻类，手足掌皮肤皱缩苍白，四肢冰冷，昏迷，瞳孔散大，双肺有啰音，呼吸困难，心音低且不规则，血压下降，胃充水扩张。恢复期则可能出现肺炎、肺脓肿。溺水整个过程十分迅速，一旦发生，溺死的过程很短暂，一般4~6分钟心跳呼吸即停止。

研究指出，淹溺者溺水6~9分钟死亡率达65%，超过25分钟则100%死亡。但是，若在1~2分钟内得到正确救护，则挽救成功率可以达100%。因此，溺水急救必须分秒必争！

3. 溺水的特点

(1)青少年儿童溺水发生较多，且多发生在上学放学途中以及节假日等；

(2)小学生、初中生溺水较多，尤其是留守儿童因监护人监管不到位，易发生溺水事故；

(3)稍具一点游泳技能的青少年儿童比会游泳和不会游泳的青少年儿童更容易发生溺水事故；

(4)最容易发生溺水的水域大多在挖过沙的河道、浑水鱼塘(池)、有暗流漩涡的水库、江河等，由于对水域特征不熟悉，易发生溺水事故。

二、如何防止溺水

溺水主要源于游泳，下面是一些游泳时的注意事项：

(1)游泳技术不佳时，不要私自外出游泳，尤其是单独外出游泳。

(2)若对河道情况不了解，下水后可能会突遇漩涡、深潭，此时容易因惊慌失措、采取自救措施不当而发生溺水，因此不要到不熟悉的水域游泳。

(3)举行游泳训练时，要严密组织，科学施训。

(4)若游泳前热身不够，下水后水温比气温低，极易抽筋，故游泳前应做好充分的准备活动。

(5)当被水草缠绕时，可能会因无法脱身而溺水；或水底暗坑沙石松软，好似陷阱，双脚一旦陷入，惊慌之下无法自拔；或盲目自信甚至打赌、逞能，一味往深水区游，最终导致体力消耗过大，无力游回，因此对自己的水性要有自知之明，不要在不明水情的情况下跳水或潜水。下水后不能逞能，不要贸然跳水或潜泳，更不能互相打闹，以免溺水。

(6)不要在身体状况不佳和自然条件不好时游泳。在游泳中若小腿或脚部抽筋，千万不要惊慌，可用力蹬腿或做跳跃动作，同时呼唤同伴救助。在游泳中如果突然觉得身体不舒服，如眩晕、恶心、心慌、气短等，要立即上岸休息或呼救。

(7)也可能出现救助溺水者时采取措施不当，被溺水者死死抓住而无法脱身等，因此建议学会游泳，掌握基本的溺水自救互救技能。

第二节　溺水后水中救援技巧

一、自救

1. 不会游泳者的自救

溺水者首先要保持冷静，越紧张越容易发生意外。

屏住呼吸，放松全身，去除身上的重物。没有负重的人体在沉到一定程度时就会停止下沉并自然向上浮起。

双臂掌心向下，从身体两边像鸟飞一样顺势向下划水。注意划水节奏，向下划要快，抬上臂要慢；同时双脚像爬楼梯那样用力交替向下蹬水，加速自身上浮。当身体上浮时将头顶向后，口向上方，将口鼻露出水面，此时就能进行呼吸，同时大声呼救。

呼气要浅，吸气宜深，尽可能使身体浮于水面，等待他人救援。

如果身旁有空的矿泉水瓶或漂浮的木板，可以握住，空矿泉水瓶在水面上有浮力，可减缓溺水者身体下沉。

保持冷静，双手不要上举或乱抓，拼命挣扎会消耗体力，还会使人更容易下沉。如果再次下沉就照原样再做一次，如此反复。一定要全身放松，这一点非常重要，这样才能保存更多的体力，坚持更长的时间。

当救援人员到达身边时，一定要冷静，全力配合救援人员。

2. 会游泳者的自救

会游泳者也经常会遇到手脚抽筋，这往往是会游泳者发生溺水的主要原因。抽筋是一种肌肉自发的强直性收缩，此时的处理原则是反向拉伸，即向肌肉收缩相反的方向施加外力，以对抗肌肉的强直性收缩。那游泳时发生抽筋时应该怎么处理呢？原则就是，在保证不呛水的情况下，进行反向拉伸。

一次抽筋发作之后，同一部位可能再次抽筋，所以对抽筋疼痛处要充分按摩，再慢慢向岸上游去，上岸后最好再按摩和热敷抽筋处。

如果手腕肌肉抽筋，自己可将手指上下屈伸，并采取仰面位，以两足游泳，等待救援或自救。

抽筋后的自救见图 6-1。

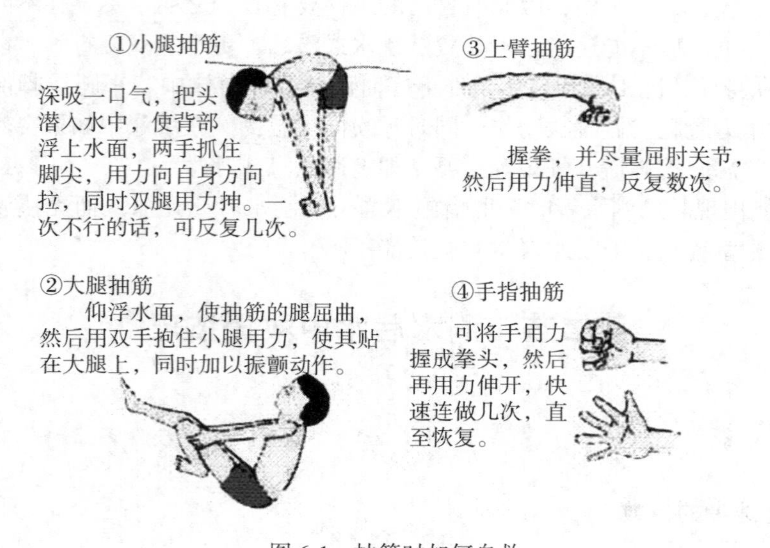

图 6-1　抽筋时如何自救

二、他人施救

1. 施救者的自我保护意识及自身准备工作

不会游泳者不应下水救人!

救护者应镇静，下水前要正确判断溺水者体型，且快速将主要关节活动开，尽可能脱去外衣裤，尤其要脱去鞋(靴)，迅速游到溺水者附近。

对筋疲力尽的溺水者，救护者可从其头部接近。

如果溺水者尚未昏迷，施救者应从其背后接近溺水者：溺水者通常会紧张地挥动双手，在水中向前方或左右乱抓。如果解救者被他抓到，他会死死不放，并形成搂抱，这样施救者就无法游泳，十分危险。因此，施救者千万不要在他的前方，而是要从他的背后接近他。

被溺水者抓住后如何摆脱呢？溺水者抓住施救者分下列几种情况。①溺水者抓住施救者的一条胳膊，施救者应马上也抓住他的一条胳膊，使劲儿向后拧，迅速转到他身后，将他“制服”；②溺水者可能突然搂住施救者的肩膀，施救者应深吸一口气，迅速向下潜水，由于溺水者一心想浮出水面，此举可使其下沉，势必让其放手，施救者可挣脱其搂抱，然后趁机抓住他的一条胳膊向后拧，将其“制服”；③溺水者从正面或背面搂住施救者的腰，施救者的双手要塞进他的怀抱中，用力向外撑开，并向下潜水摆脱，然后抓住他的一条胳膊向后拧，“制服”他；④溺水者可能抱住施救者的腰和左右胳膊，施救者要迅速抬起双手，并抓住抱着自己的溺水者的双手，用力掰开，摆脱后抓住他的一条胳膊，向后拧，转到其身后“制服”他。

2. 如何拖溺水者上岸

施救者“制服”溺水者后，要转到他后面，一只手臂从他的腋窝下穿过，扣住他的脖子，让他的脸露出水面，或抓住其右手，或托住其下巴，然后采用仰泳或侧泳方式，拖带着他向岸边靠近，将其拖上岸。

如果救护者游泳技术不佳，最好能携带救生圈、木板或用小船进行救护，或投下绳索、竹竿等，使溺水者握住再拖带其上岸。

如图6-2所示。

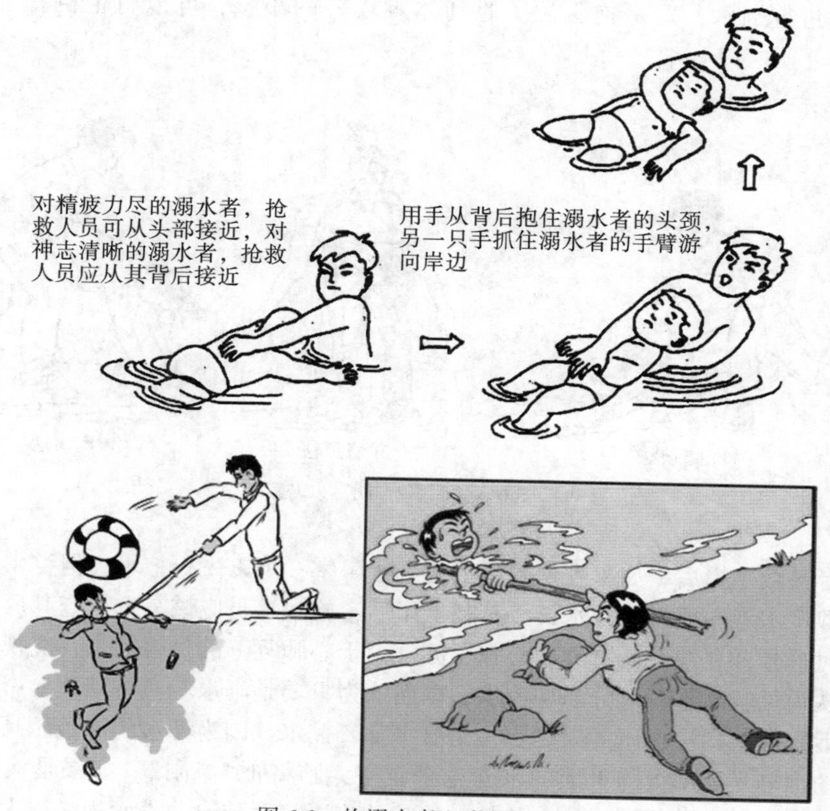

图6-2　拖溺水者上岸的方法

第三节　溺水者被救上岸后的后续救援技巧

一、溺水者被救上岸后如何进行后续急救

溺水者溺水6~9分钟死亡率达65%，溺水超过25分钟死亡率达100%。发生溺水后，若能在一两分钟内被救，则溺水者生存率几乎可达100%。因此，溺水者被救上岸后，切

忌只顾将其往医院送而不做任何处理，这样常常会丧失有效抢救溺水者的时机。采用正确的急救方法，争分夺秒地做好现场抢救对挽回溺水者生命极其重要。

1. 控水(倒水)处理

所谓控水(或倒水)处理，主要是利用头低脚高位，将溺水者胃内的水分倒出来。控水的方法主要有：膝顶控水法、肩顶控水法、抱腹控水法。如图 6-3 所示，救生者一腿跪地，另一腿屈膝，将溺水者腹部搁在屈膝的腿上，然后一手扶住溺水者的头部使其口朝下，可用膝盖点压溺水者腹部或压迫其背部，使水排出，这是膝顶法；将溺水者腹部放在急救者肩上，快步奔跑使积水倒出，这是肩顶法；也可抱起溺水者的腰腹部，使其背朝上、头下垂进行倒水，这是抱腹法。遇到体重较轻的小孩，可以将他倒提，按压腹部排水。

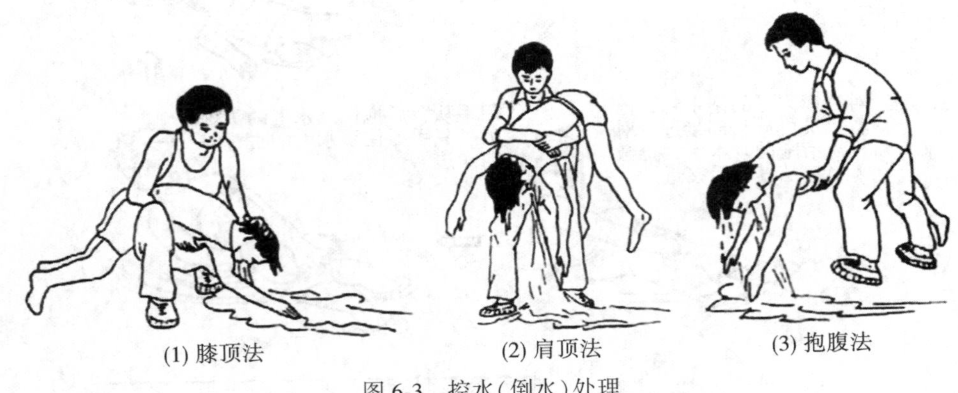

图 6-3　控水(倒水)处理

溺水者被救上岸后，如果发现其呼吸道有水阻塞，可以先行控水，但控水时间要尽可能短。多数溺水者一般不必控水，将其救上岸后，施救人员应该马上检查其反应、呼吸和脉搏，及时呼救，尽快开始对其做心肺复苏。至于心肺复苏前是否控水，应视具体情况而定。目前认为抢救时不要过分强调控水，以前认为只要是溺水者，将其救上岸后必须马上控水，但后来认识到渗透压的问题，凡是海水都要控水，因为海水的渗透压高，如果不控水，体内的水进入肺部，肺里面的水会越来越多，肺将被“淹溺”。如果是淡水，一般不用控水，因为渗透压的作用，加上急救时的胸外按压，而肺泡的表面积又很大，使水被很快吸入血液，肺里面的水会自行消失，切勿因为控水时间过久而影响有效抢救时间。

溺水分干性溺水和湿性溺水。干性溺水是指人被淹没以后，因受惊慌、恐惧、骤然寒冷等强烈刺激，引起喉头痉挛、声门闭锁，以致呼吸道完全梗阻，造成窒息。此类淹溺呼吸道很少或无水吸入。干性溺水者当喉头痉挛时，心脏可反射性地停搏，也可因窒息、心肌缺氧而致心脏停搏。湿性溺水是指人被淹没以后，本能地引起反射性屏气，避免水进入呼吸道，但由于缺氧，不能坚持屏气而被迫深呼吸，水经过咽喉进入呼吸道和肺泡，阻碍了气体交换。干性溺水因为水没有进入肺部，因此没有必要控水；湿性溺水一般实际进入肺内的水并不多，而且控出的水也不多，控出来的可能是来自胃里面的水，关键是这些控水动作会延误抢救时间。溺水者被救上岸以后，如果呼吸心跳存在，可适当控水；如果呼吸心跳已经停止，则应尽快开始心肺复苏。

2. 迅速清除异物

解开溺水者的衣领、腰带，将溺水者头偏向一侧，检查其呼吸道，清除其口鼻中的异物，如泥沙、杂草、痰涕、泡沫等。如果有活动假牙应取下，必要时用毛巾或手绢包着溺水者的舌头，将其拉出，保持呼吸道畅通。在清除口内异物时，如溺水者牙关紧闭，可按捏其两侧颊肌，再用力启开，如有开口器则可用开口器启开。

二、现场心肺复苏

1. 心肺复苏具体步骤

(1)确保现场安全。

(2)识别心脏骤停：检查溺水者意识，双手轻拍溺水者两肩部，并呼唤"喂！你怎么了？喂！你醒醒？"检查其呼吸和脉搏。

(3)呼救、启动应急反应系统：拨打"120"急救电话，或者请周围人帮助，立即开始心肺复苏。

(4)开放气道：将溺水者仰卧安放在平实的地面或硬板上，清除其口鼻内异物，保持其呼吸道通畅。

注意：严禁用枕头等物垫在溺水者头下；手指不要压迫溺水者颈前部、颏下软组织，以防压迫气道；颈部上抬时不要过度伸展，有假牙托者应取出；儿童颈部易弯曲，过度抬颈反而会使其气道闭塞，因此不要抬颈牵拉过甚。成人头部后仰程度应为90°，儿童头部后仰程度应为60°，婴儿头部后仰程度应为30°，对颈椎有损伤的溺水者应采用双下颌上提法。

(5)人工呼吸：首先判断溺水者有无呼吸，主要是看其胸腹部有无起伏，如呼吸微弱，用手感觉不到口鼻气息出入，则可用细毛或棉絮放到病人的鼻孔旁进行观察。正常呼吸时成人每分钟16~20次，儿童每分钟20~30次。如果呼吸次数明显增多、呼吸困难或有鼾声，便是危险的信号；如果呼吸停止，则应立即用"人工呼吸"的方法进行抢救。

常用的人工呼吸法有：口对口吹气法、口对鼻吹气法、举臂压胸法和举臂压背法等。其中最有效、最简便的是口对口吹气法。如图6-4所示。

先用一只手捏住溺水者的下巴，把其下巴提起，或者用手托住其脖子，另一只手捏住其鼻子，不让它漏气。

抢救者正常吸一口气，俯身将嘴紧贴住溺水者的嘴，吹气入口，同时观察其胸膛，看吹气时其胸膛是否鼓起。吹进气后，嘴立刻离开，让溺水者把肺内的气呼出。

一般每分钟吹气10~12次即可。有的人为了防止口腔接触，用手帕或纱布盖在被抢救者的嘴上进行人工呼吸，这样是"卫生"一点，但会影响人工呼吸的效果。救人第一，要抛掉不应有的杂念。

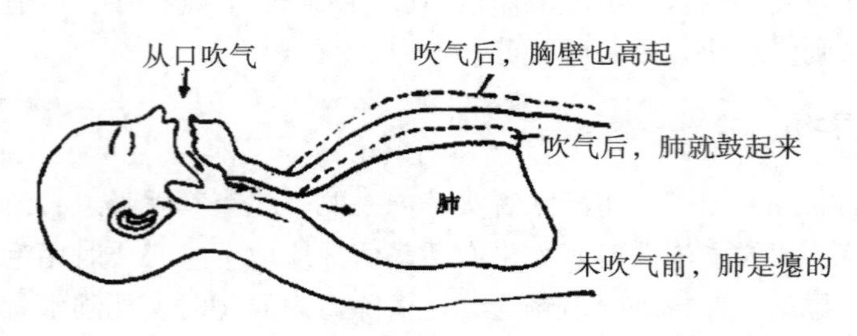

图 6-4　口对口吹气法

人工呼吸要坚持进行，不可时断时续。人工呼吸后可使溺水者恢复呼吸，但此时不能掉以轻心。呼吸恢复之初，呼吸力量相当弱，还应随溺水者的呼吸节律继续进行人工呼吸，直到医生到来或溺水者呼吸次数恢复正常为止。

如果溺水者牙关紧闭，张不开口，无法对其进行口对口呼吸，则可采用口对鼻吹气法。口对鼻吹气法与口对口吹气法基本相同，只是将气息由口腔改为从鼻孔吹入，同时将溺水者嘴捂紧，防止漏气。吹气前同样要清除其鼻内异物，防止阻塞气管。呼气时令溺水者的口张开，以利气体排出。对婴幼儿而言，可以采用"口对口鼻人工呼吸法"：将溺水者后仰，轻抬其下颌部，使溺水者口鼻都张开；急救者深吸一口气，用口唇全包住溺水者的口鼻用力向里吹气，观察其胸廓有否起伏。

(6)胸外按压。

抢救者将一手掌根部按在溺水者胸骨的下半部(或胸骨柄中下 1/3 交界处，或双乳头连线与胸骨交界处；或将右手食指、中指沿溺水者肋弓下缘上移到胸骨下切迹向上两横指)，另一手平行重叠于此手背上，十指交叉，手指不触及胸壁。抢救者双腿分开跪下，两膝与肩等开，双肘关节伸直，借臂、肩和上半身体重的力量垂直向下按压。按压频率为 100~120 次/分，成人按压幅度为 5~6cm，婴儿按压幅度为 4cm，儿童(1~12y)为 5cm，青少年的按压幅度与成人相同。

根据 2015 年 10 月美国心脏协会(AHA)公布的《2015 心脏复苏指南(CPR)和心血管急救(ECC)指南更新》说明，单一施救者应先对被救者进行胸外按压再进行人工呼吸，以减少首次按压的时间延迟。

胸外按压与人工呼吸比例为 30∶2，可以边按压边数数，01、02、03……28、29、30，按压 30 次。心肺复苏 5 个循环约 2 分钟。

胸外按压时，针对成人和青少年双手应放在其胸骨的下半部；对儿童急救时将双手或一只手(对于很小的儿童可用)放在其胸骨的下半部；对婴儿(<1 岁)急救时，当仅有 1 名施救者时，可将 2 根手指放在婴儿胸部中央，乳线正下方，当有两名以上施救者时将双手拇指环绕放在婴儿胸部中央，乳线正下方。

如果有条件取得自动体外除颤器(Automated External Defibrillator, AED)，则应该在 AED 可用后尽快使用。

(7)判断抢救是否成功。

观察溺水者意识是否恢复；检查其颈动脉搏动是否恢复、自主呼吸是否恢复；检查其瞳孔是否缩小以及对光反射情况；检查其颜面和指甲是否由紫绀转为红润。

在转送途中，口对口人工呼吸和胸外心脏按压也不能中断。当溺水者心跳、呼吸恢复后，可用干毛巾擦遍其全身，继续下一步高级生命支持。

2. 心肺复苏——基础生命支持流程

成人心脏骤停基础生命支持流程见图 6-5。也可参考第二章第四节。

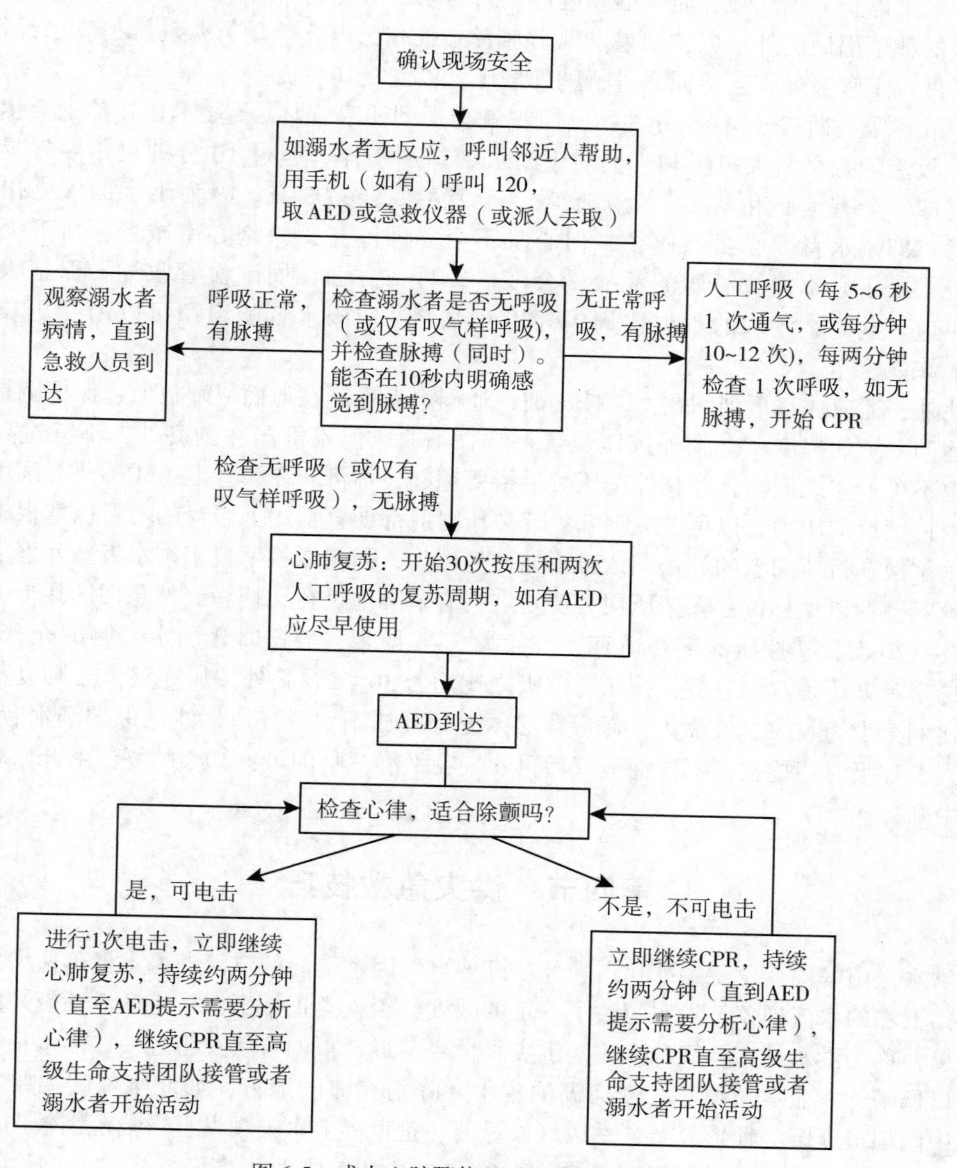

图 6-5　成人心脏骤停基础生命支持流程

3. 现场心肺复苏的注意事项

对于溺水者的心肺复苏与常规的顺序有所不同，常规的心跳先停呼吸后停的患者均是按C-A-B的顺序，即通过判断之后马上进行胸外按压，接着开放气道，然后口对口吹气人工呼吸。而对于溺水这种窒息引起呼吸先停心跳后停的伤者，应该马上开放气道，接着做人工呼吸。尽管溺水造成死亡的过程很短促，但进行人工呼吸的时间一般都比较长，抢救者现场进行人工呼吸，以口对口人工呼吸最为有效。当溺水者出现微弱的自主呼吸后，也不能马上停止人工呼吸，而要继续进行，因为溺水者随时都会有呼吸再次停止的危险。有心跳的就不用做胸外按压，如果发现溺水者心脏亦已停止跳动，颈动脉搏动已经消失，则除了做人工呼吸外，还要同时进行胸外按压，以恢复其心跳。

一般呼吸心跳停止4~6分钟，脑组织就会受到明显损坏，超过10分钟则会出现脑死亡，救治的意义将大打折扣。但对于溺水者却不一样，超过10分钟也不要轻易放弃心肺复苏，要有信心和耐心，全力抢救，千万不要轻易放弃。因为溺水的人会出现潜水反射，即溺水者呼吸虽然停了，但心跳不会立即停止，只是心率减慢，血液循环还在进行，由于心率慢，心肌的耗氧量会较少；另一方面，周围血管收缩，保证大脑的血液供应。同时，溺水的水温比周围环境气温低，使溺水者脑组织可以耐受更长时间的缺血缺氧。

此外，还应注意下列问题：①按压前，让溺水者平躺在地面或硬板上，保证胸外按压可以达到要求的幅度；②胸外按压位置在胸骨下段，但不可压在剑突处，不宜过高或过低，也不可偏左或偏右；③胸外按压时手指要翘起，不可压在肋骨上；④不要对溺水者胃部施以持续性的压力，以免造成呕吐；⑤按压时肘部伸直，用上半身的力量以掌根施加压力，手掌根在挤压间歇的放松期，虽不加任何压力，但仍要将手置于溺水者胸骨下半部不离开其胸壁，以免移位；⑥按压用力要均匀，有节奏地进行，切忌突然急促的猛击，每分钟100~120次；⑦按压深度要适宜，一般为5~6厘米，放松时让溺水者胸廓充分回弹；⑧无论是单人还是双人急救，按压与呼吸之比均为30∶2，胸外按压在整体心肺复苏中的目标比例至少为60%；⑨做人工呼吸前必须充分开放溺水者气道，注意保护溺水者颈椎；⑩做人工呼吸时，抢救者不要深吸气后再吹气，平静呼吸即可；⑪心肺复苏术开始后不可随意中断。

第四节　洪灾急救技巧

洪水是由暴雨、急骤融冰化雪、风暴潮等自然因素引起的江河湖海水量迅速增加或水位迅猛上涨的水流现象。洪水超过了一定的限度，给人类正常生活、生产活动带来的损失与祸患，称为洪水灾害，简称洪灾。洪灾是世界上最严重的自然灾害之一。洪水往往分布在人口稠密、农业垦殖度高、江河湖泊集中、降雨充沛的地方，如北半球暖温带、亚热带。中国幅员辽阔，地形复杂，季风气候显著，是世界上水灾频发且影响范围较广泛的国家之一。全国约有35%的耕地、40%的人口和70%的工农业生产经常受到江河洪水的威胁，并且因洪水灾害所造成的财产损失居各种灾害之首。如1998年长江、嫩江、松花江流域的特大洪水，受灾面积 3.18 亿亩，受灾人口 2.23 亿人(次)，死亡4 150人①；2016年受长时间持续性暴雨影响，全国从南到北如福建、湖北、江西、河南、河北和北京等多地遭受洪涝灾害。

从洪涝灾害的发生机制来看，洪水灾害具有明显的季节性、区域性和可重复性。我国的洪水灾害主要发生在4~9月，如我国长江中下游地区的洪水几乎全部发生在夏季。洪水灾害与降水时空分布及地形有关，对于我国来说，洪涝一般是东部多，西部少；沿海地区多，内陆地区少；平原地区多，高原和山地少。洪水灾害同气候变化一样，有其自身的变化规律，这种变化由各种长短周期组成，使洪水灾害循环往复发生。此外，洪水的形成也受人类活动的影响。

为最大限度地减少洪灾中的安全事故，降低洪灾的影响，依据洪水发生的特性，我们应做好洪灾发生前的自救准备、洪灾发生时的自救以及洪灾发生后的救援工作。

一、洪灾发生前的自救准备

(1)在雨季要多收听洪水警报，多了解水面可能上涨到的高度和可能影响的区域。

(2)发生洪水时，通常有充分的警戒时间。与暴雨之后的激流相比，洪水流动是比较缓慢的。面对可能的汛情，首先应在门槛外(如预料洪水会涨得很高，还应在底层窗槛外)垒起一道防水墙。一般的防水墙材料是沙袋，也就是用麻袋、塑料编织袋或米袋、面袋等装入沙石、碎石、泥土、煤渣等垒成防水墙，然后用旧地毯、旧毛毯、旧棉絮等塞堵门窗的缝隙。

(3)洪水即将来临时，要做必要的物资准备，这样可以大大提高避险的成功率。准备一台收音机，随时收听、了解各种相关信息；准备大量的饮用水，多备罐装果汁和保质期长的食品，并捆扎密封，以防发霉变质；准备保暖的衣物及治疗感冒、痢疾、皮肤感染的药品；准备可以用作通信联络的物品，如手电筒、蜡烛、打火机等，准备颜色鲜艳的衣物及旗帜、哨子等，以防不测时当做信号；汽车加满油，保证随时可以开动。

(4)洪水高发期，要储备好饮用水、保暖衣物和烧火用具等，特别是偏僻山区，一定要做好自力自救的准备，收集绳子或床单等东西，以备不时之用。

(5)平时要学会自制简易木筏的技能，用身边任何入水可浮的东西，如床、木梁、箱子、圆木、衣柜等绑扎而成。洪水来临时，救生物品有以下几类：

挑选体积大的容器，如油桶、储水桶等。迅速倒出原有液体后，重新将盖盖紧、密封；空的饮料瓶、木酒桶或塑料桶都具有一定的漂浮力，可以捆扎在一起应急；足球、篮球、排球的浮力都很好；树木、桌椅板凳、箱柜等木质家具都有漂浮力。

如果出现持续不断的大雨和大风暴，就要警觉起来，远离水道和低洼地区，在高地驻扎宿营会更加安全。如果水位上升，应立即转移到地势更高的区域。因为动物也会躲向高处，无论是食肉动物还是弱小的动物都会集中到安全地带，所以洪水来临时，最初的食物来源不会成问题。但还是要小心水中受惊的动物，避免受到其伤害。水可能已经受污染，所以饮用水会比较紧张，可以接蓄雨水，在饮用前最好煮沸。

---

① 1998 年长江特大洪水. http://www.weather.com.cn/zt/kpzt/65137.shtml.

1. 洪水来临前的准备

(1)根据当地电视、广播等媒体提供的洪水信息，结合自己所处的位置和条件，冷静地选择最佳路线撤离，避免出现“人未走水先到”的被动局面。

(2)认清路标，明确撤离的路线和目的地，避免因为惊慌而走错路。

(3)备足速食食品或蒸煮够食用几天的食品，准备足够的饮用水和日用品。

(4)扎制木排、竹排，搜集木盆、木材、大件泡沫塑料等适合漂浮的材料，加工成救生装置以备急需。

(5)将不便携带的贵重物品作防水捆扎后埋入地下或放到高处，票款、首饰等小件贵重物品可缝在衣服内随身携带。

(6)保存好尚能使用的通信设备。

2. 洪水来临时的逃生

预知洪水将来临时，应避免至低洼地区，尤其当水库或水坝管理单位宣布即将泄洪时，更应及时离开溪床及低地；接到洪水警报，应快速到高地等安全处躲避；一旦落入水中，应尽可能寻找可用于救生的漂浮物，尽可能地保留身体的能量，沉着冷静，等待救援。

二、洪水发生时的自救

(1)当受到洪水威胁时，如果时间充裕，应按照预定路线，有组织地向山坡、高地等处转移；在措手不及、已经受到洪水包围的情况下，要尽可能利用船只、木排、门板、木床等，做水上转移。

(2)当洪水来得太快、已经来不及转移时，要立即爬上屋顶、楼房高屋、大树、高墙，做暂时避险，等待救援，不要独自游水转移。

(3)在山区，如果连降大雨，会容易爆发山洪。遇到这种情况，一定要保持冷静，迅速判断周边环境，尽快向山上或较高地方转移；如一时躲避不了，应选择一个相对安全的地方避洪。山洪爆发时，不要沿着行洪道方向跑，而要向两侧快速躲避；同时应该注意避免渡河，以防止被山洪冲走，还要注意防止山体滑坡、滚石、泥石流的伤害。被山洪困在山中后，应及时与当地政府防汛部门取得联系，寻求救援。

(4)在城市，如果连降大雨，应当注意防止城市内涝所造成的车库等低洼地带渍水。行人行走或车辆出行时，应避开危墙、危险区域，注意人身、车辆安全。

(5)发现高压线铁塔倾倒、电线低垂或断折，要远离避险，不可触摸或接近，防止触电。

(6)洪水过后，不要轻易涉水过河，也不要徒步通过水流很快、水深已过膝盖的小溪。

(7)洪水过后，要服用预防流行病的药物，做好卫生防疫工作，避免发生传染病。

三、洪灾发生后的救援工作

洪水发生后，正确有效的灾后救援工作对减少人员伤害、降低洪灾带来的经济损失有着重大的意义，这需要各级政府部门、社会与民众的共同协作和努力。

1. 消防部门接警

(1)119调度指挥中心要询问发生洪涝灾害的地域、受灾情况、被困人数等情况，了解交通、通信、供电、供水等设施损坏情况。

(2)及时与发生洪涝灾害的当地政府、抗洪指挥部、公安机关、驻地部队等取得联系，掌握情况，做好协同配合；与气象部门保持联系，掌握最新的气象资料。

(3)指挥中心及时将警情报告值班领导，并根据指示要求调派救援力量。保持与政府、公安机关和上级消防部门的联系，掌握灾情信息，及时汇报情况，听从部署，传达落实。

2. 力量调集

调集消防船艇、水上救援装备、水罐、照明、防化救援、抢险救援、后勤保障等消防车辆，以及防护、救生、破拆、照明、通信等器材设备。

报请政府启动应急预案，调集公安、交通、气象、建设、水利、安监、卫生、环保、供电、供水、供气、通信和民政等部门共同处置，请求驻军和武警部队支援。

3. 救生排险

(1)灾情调查：制作灾情调查表，了解受灾地区市、镇、村、组的受灾情况。

(2)生命救助：组成水上救援突击队，利用冲锋舟、橡皮艇等装备，积极营救被困在水中、屋顶、树梢等险恶环境中的遇险人员，搜寻失踪人员，尽可能早发现、早救助那些遇险者。灾情严重时，尽可能救助所有被困人员；灾情相对缓和时，先救助自愿撤退人员，并给予不愿撤退人员必需的生活物资和医疗物质，并做好登记。

(3)受灾人员的安置：①受灾群众安置点、救灾人员居住点等临时居住场所，应远离加油站(>50m)以及河岸下游、地势低洼、易发生山体滑坡等次生灾害的地点，尽可能选择地势高、宽阔、有生活保障的地段，以学校为宜，并做好后勤和医疗保障。②居住帐篷或活动板房应有窗、有照明，住区周围设置排水沟。③设置垃圾收集点和临时厕所，禁止随地大小便，禁止饲养畜禽。④帐篷、板房等住室，每天通风应不少于2h；天气晴朗时，每天晒被褥不少于2h。⑤临时厕所及粪污处理：厕所应远离水源至少30m；粪便必须及时清出并进行无害化处理；传染病人的粪便应单独收集，按等量比例加入生石灰或其他消毒剂，搅拌处理30min后集中掩埋。设置密闭式垃圾收集点，安排专人每天对垃圾及时清理；对垃圾收容场所，每天至少喷洒1次杀虫剂；对于传染性垃圾、废弃衣服等，喷洒含有效氯浓度为1 000mg/L的消毒剂作用30min后，掩埋或焚烧处理。

(4)现场急救：对窒息、休克、出血、溺水等重、危、急伤者进行抢救，并迅速送往医院做进一步救治，对一般伤者送往安置点或现场救治。

(5)固堤排险：加固堤坝、疏通水道，堵截决口、管涌、漏洞，防止暴涨洪水造成堤坝溃决。

(6)恢复交通：及时修复被毁坏的道路，清除障碍，保证救援车辆及装备安全抵达救援地点。

4. 后勤保障

洪涝灾害救援任务重、难度大、时间长，要及时补给各类水上救生装备和饮用水、食品、药品、衣物等生活必需品，确保连续作战的需要。

5. 行动要求

所有救援人员必须加强安全防护意识，佩戴防护装具，正确操作及使用救生船艇和装备。要以组织为单位，不得单独盲目行动。

水上突击队必须由干部带队，实施救助行动时必须穿救生衣。

在抢救陷于河床湍流及危险地段的人员时，要用安全绳索固定，导向、牵引、保护，增强救援行动的安全性。

按照便于撤退的原则选择救援人员、车辆、物资的集结地。

救援中和救援后，要及时掌握人员、装备情况，防止发生意外事故。

随时与气象部门保持联系，获取最新的气象信息。

加强卫生防疫工作，严防灾后疫情的发生和传播。

第七章　急性化学中毒损伤的应急处理

事件回顾：

1. 天津港 8·12 瑞海公司危险品仓库特别重大火灾爆炸事故

2015 年 8 月 12 日，位于天津市滨海新区天津港的瑞海国际物流有限公司危险品仓库发生火灾爆炸事故，造成 165 人遇难(包括参与救援处置的公安消防人员 110 人，事故企业、周边企业员工和周边居民 55 人)、8 人失踪(包括天津港消防人员 5 人，周边企业员工、天津港消防人员家属 3 人)、798 人受伤(伤情重及较重的伤员 58 人、轻伤员 740 人)。据评级机构显示，震撼中国港口城市天津的爆炸事故的保险损失可能高达 15 亿美元，使其成为中国近年来代价最高的灾难事件。① 见图 7-1。

图 7-1　天津港 8·12 重大火灾爆炸事故

据报道，该爆炸仓库里的危险化学品大约有 40 种，共2 500吨，其中剧毒物质氰化钠大约 700 吨。该化学物经吸入、口服或皮肤吸收均可引起急性中毒。这起特大事故造成了巨大的人员伤亡和经济损失，引起了全社会的高度关注。

经调查，事故直接原因是瑞海公司危险品仓库运抵区南侧集装箱内硝化棉由于湿润剂散失出现局部干燥，在高温天气等因素的作用下加速分解放热，积热自燃，引起相邻集装箱内

① http://society.people.com.cn/GB/369130/398135/.

的硝化棉和其他危险化学品长时间大面积燃烧，导致堆放于运抵区的硝酸铵等危险化学品发生爆炸。调查组认定，瑞海公司严重违反有关法律法规，是造成事故发生的主体责任单位。该公司无视安全生产主体责任，严重违反天津市城市总体规划和滨海新区控制性详细规划，违法建设危险货物堆场，违法经营、违规储存危险货物，安全管理极其混乱，长期存在安全隐患。调查组同时认定，有关地方党委、政府和部门存在有法不依、执法不严、监管不力、履职不到位等问题。天津交通、港口、海关、安监、规划和国土、市场和质检、海事、公安以及滨海新区环保、行政审批等部门和单位，未认真贯彻落实有关法律法规，未认真履行职责，违法违规进行行政许可和项目审查，日常监管严重缺失；有些负责人和工作人员贪赃枉法、滥用职权。天津市委、市政府和滨海新区区委、区政府未全面贯彻落实有关法律法规，有关部门和单位违反城市规划，在安全生产管理方面存在失察失管问题。交通运输部作为港口危险货物监管主管部门，未依照法定职责对港口危险货物进行安全管理督促检查，对天津交通运输系统工作指导不到位。海关总署督促指导天津海关工作不到位。有关中介及技术服务机构弄虚作假，违法违规进行安全审查、评价和验收等。

2. 3·29 京沪高速液氯泄漏事故

2005 年 3 月 29 日晚，京沪高速公路淮安段发生重大交通事故，引起槽罐车侧翻，导致 35 吨液氯大面积泄漏，造成 28 人死亡，共有 356 人入院接受治疗。氯气是一种黄绿色的有毒气体，密度比空气大，能溶于水，并能与碱反应。氯气被人体吸入后，会导致呼吸困难，甚至使人窒息死亡。①

3. 四川天然气井喷事故

2003 年 12 月 23 日 22 时，四川石油管理局位于开县高桥镇晓阳村境内的 16 号井，在起钻过程中发生天然气井喷事故，井内喷出的大量含有高浓度硫化氢的天然气四处弥漫、扩散，导致 243 人因硫化氢中毒死亡，2 142 人因中毒住院治疗，6.5 万人被紧急疏散安置。②

4. 湖北孝感 7·22 集体中毒事件

2005 年 7 月 22 日 12 时许，死者高某兰的子女为其置办“头七”丧宴，主厨陈某钗(女，42 岁，死者侄媳)煮滑鱼汤时需要生粉调料，帮厨陈某英(死者四儿媳)在高某兰家中一抽屉内找到了一包“毒鼠强”，误作生粉交给陈某钗倒了一点到鱼汤中。赴宴村民食用鱼汤后即出现中毒症状，导致 37 人中毒、8 人死亡。③

从上述几个典型的急性化学中毒事件我们可以看出，危险化学品事故引发急性中毒事件呈现出以下特点：

(1)事故性与群体性：常因违章操作、管理制度不全、劳动防护措施不力而发生，并

① 京沪高速公路淮安段“3·29”氯气泄漏事故. http://jt.linyi.gov.cn/info/1066/1760.htm.

② 重庆东北气矿天然气井喷事故. http://www.gov.cn/lssdjt/content_476639.htm.

③ http://www.chinanews.com/news/2005/2005-07-25/26/603545.shtml.

且常出现群体中毒，多为突发事件。

(2)复杂性与特异性：化学毒物可通过呼吸道、皮肤或化学烧伤创面进入人体内，累及多种器官、系统。中毒的复杂性往往给治疗造成很大难度，但不同的化学物会影响相对应的靶器官，存在一定的特异性。

(3)社会性与持久性：易造成健康危害及财产损失，引发社会恐慌等。问题持续时间长，有些会对人类生存环境造成长期潜在危害。

(4)存在剂量-反应关系：一般接触毒物浓度越大，时间越长，中毒越深。

第一节 概 述

伴随科学技术的进步以及生产生活的需要，人们接触化学物质的机会和接触化学物质的品种日益增加。目前全球每天新合成化学物约12 000种，化学物总数超过6 000万种，包括农药、涂料、溶剂、重金属、家用化学品、药品等。世界市场上可以见到的化学品多达200万种，其中至少有6万~7万种常见于工农业生产和人民生活中。可以说，我们每天都在接触大量的化学物质。有使用就有风险，化学物品绝大多数均具有一定的毒性，只是程度不同而已，如安眠药，适量使用可以治病，但过量时即可使人中毒甚至死亡。而在化学品生产、运输和使用过程中，多种因素可能导致化学品有毒有害物的逸散，进而造成相关因接触而产生的急性中毒事故。

当有些致病物质进入机体并积累到一定剂量时，就会与机体组织和体液发生生物化学或生物物理学作用，扰乱或破坏机体的正常生理功能，进而引起暂时性或永久性的病变，甚至危及生命，这些物质称为毒性物质，简称毒物。由毒物侵入机体而导致的病理状态称为中毒。化学中毒是指由于毒物的直接化学作用而引起的机体功能、结构损伤甚至造成死亡的疾病状态。

根据接触毒物的毒性、暴露剂量、进入途径以及暴露时间，通常将中毒分为急性中毒和慢性中毒两类。急性中毒是由短时间内吸收大量毒物引起的，一般表现为发病急、潜伏期短、症状严重及变化迅速的特点，如不积极治疗，可危及生命，出现"闪电样"死亡；慢性中毒是由少量毒物长时间进入人体蓄积引起的，起病缓慢，潜伏期较长且病程较长，缺乏特异性中毒诊断指标，容易误诊和漏诊。中毒发生的快慢与人所接触毒物的理化性质、毒性、数量、时间以及场所防护器材、当时周围环境状况等因素有关。急性中毒发生的原因较为复杂，多数情况下不是单一因素。查明中毒原因，可使救治工作更具针对性，也可使控制措施更显时效性。

急性化学物品中毒诊断依据主要有：明确的化学危害因素；化学危害因素与临床表现之间有明确的因果关系；有特定的发病范围，亦可称之为群发性；但个体差异与其发病及严重程度有一定关系，在判断病情时必须考虑；存在剂量-效应(反应)关系；预防和控制病因及其危险因素可以有效地降低发病率。

导致急性中毒的化学物质主要存在于原料、辅助材料、中间产物和副产品，也可以来自废弃物、自然分解产物、热解产物以及意外情况下的燃烧产物等。例如，造纸、粘胶纤维制造、制革、制骨胶等过程中产生的硫化氢气体；含氰废液与酸性废水相遇时产生的氰化氢气体；磷化铅遇湿自然分解产生的磷化氢气体；四氯化碳等某些卤代烃类气体与明火或灼热金属物体接触时氧化生成的光气；含碳物质燃烧时产生的一氧化碳气体；硝酸铵燃烧产生的氮氧化物；腈纶燃烧时产生的丙烯腈等，都是毒性很强、容易引发急性化学物中毒的毒物来源。

有资料显示，全世界每年要发生200多起较严重的灾害性急性化学物中毒事故，给人类的生命安全和赖以生存的大自然生态平衡带来了极大的危害。在正常生产、正规操作和具有完善的防护设备的情况下，一般不会发生中毒。然而，突发化学中毒事故往往发生在意外事件中。如一些工厂设备陈旧、缺乏维护或管理不善，或者当违反操作规程或化学品储存不当时，意外往往发生。而在一些极端或者特殊情况，如水、火、风和地震等自然灾害突然袭击下，当有毒厂矿企业生产设备、防毒设备等遭受损坏时，也容易发生急性化学物中毒事件，比如本章开始时提到的硝化棉由于湿润剂散失出现局部干燥，在高温天气等因素的作用下加速分解放热，从而造成该爆炸仓库里的危险化学品发生爆炸；再比如社会上某些恐怖分子使用恐怖手段，投放化学物致人群受害、致死等；再比如交通运输意外事件，如3·29京沪高速液氯泄漏事故，正是交通事故导致化学品泄漏的典型案件。重大泄漏事故不但可造成大量人群中毒、化学损伤乃至残疾或死亡等，还会严重污染环境，给国家和群众造成重大经济损失。因此，加强对急性化学物质中毒事件的了解和救治，不仅是为了减少国家经济损失，更重要的是为了挽救无辜群众的生命及保障他们的健康安全。

第二节　急性化学中毒事件发生的主要原因

急性化学中毒根据毒物来源和用途可分为：①工业性毒物；②药物；③农药；④医源性；⑤有毒动植物等。

急性化学中毒事件根据其发生的主要原因可以分为：①工业生产过程中发生的急性中毒事件；②生活中发生的急性中毒事件；③农药使用相关性急性中毒事件；④医源性急性中毒事件以及有毒动植物引起的急性中毒事件。

一、工业生产过程中发生的急性中毒事件

在工业生产过程中，由于生产设备不完善、安全管理制度不合理以及个体防护因素欠缺等原因，导致生产工人在短时间内接触较高浓度的毒物，从而引起的急性中毒称生产性中毒。例如近年各大媒体多有报道的有关建筑工地使用含苯的防水涂料(现场测定苯的浓度超过国家最高容许浓度达数百倍)导致建筑工人急性苯中毒事故，就是非常典型的发生于工业生产过程中的急性化学中毒事件。引起这类事件的主要原因常常包括以下几个方面：

(1)生产设备不完善，缺乏合理的通风排毒设施。

通风排毒设备对于工业生产来说至关重要，是防范急性化学中毒损伤事件发生的关键。然而，一些企业因为节省经费等原因，并未按照要求设置通风排毒设施。另一些企业虽有通风排毒设施，但设备陈旧或效果不佳，而企业针对通风排毒效果不佳的情况并未采取积极的改善措施。还有一些企业存在通风排毒设备安装不合理(工艺路线设计不合理或

设备安装不合格)的问题，这些均直接导致或间接诱发了工业生产活动中急性化学中毒事件的发生。此外，生产过程中因为意外或长久使用造成的通风排毒设备发生损坏和故障，导致出现有毒有害化学物质跑、冒、滴、漏、爆等现象，这类事故发生得较多，并且一旦发生往往情况紧急、波及面广、危害严重，容易引起多人发生急性中毒事件。

(2)安全管理制度的制订和实施不当，缺乏足够的安全意识。

合理的安全操作规程是规避工业生产中风险最有效的方式，化工生产作业必须严格按照安全生产操作规程进行操作，对生产的全过程应严格控制，精确计算原料的使用量，细化操作过程的每一步骤。一些没有制订安全生产操作规程的企业，工人无操作规程可依，随意操作非常容易酿成事故。另一些企业虽然制订了安全操作规程，但是在实际生产中操作人员对执行安全操作制度的观念薄弱，存在违反安全操作制度或执行相关制度不当的行为，从而引发安全事故。

此外，化学品的管理也需要严格按照管理规章进行。有无严格的化学品管理制度、是否制定有效的防护措施、有关毒物知识的培训是否扎实到位及发生中毒后是否知晓现场及时处理手段等因素，将直接关系到中毒是否发生，并影响中毒后果的轻重程度。

(3)个体因素。

不同场合使用不同类型的防护用品，针对不同毒物使用不同性能的防毒面具(根据标识、种类)，在防止中毒中可发挥很大作用。无个人防护用品、个人防护用品性能不佳、个人防护用品长期不使用或使用不当均可能是造成急性化学损伤的主要原因。而个体缺乏安全知识、安全意识淡薄，一方面可能造成错误的操作引发事故，另一方面，在遇到突发事件时，由于缺乏急性化学中毒的有关知识，不知道如何防护和快速撤离，造成自身损伤。此外，有些工人因为个体状况，并不适合一些工种的工作，按国家已颁布的有关法规规定，有毒有害岗位的作业者在上岗前必须接受安全技术、劳动卫生和防尘防毒知识的培训，并进行上岗前健康检查；有职业禁忌症者不得从事相关有害作业；工人应掌握自己在生产中接触到的有毒有害物质及其对人体健康的危害以及如何防护等基本知识。工厂应根据工人的身体情况决定其是否可从事该作业。可是现实中，一些工人并不完全清楚自己在工作中接触的有毒有害物质的性质，也并未按照自己的身体健康状况来进行评估是否适合这份工作。有职业禁忌症的人员进入有毒作业岗位，也是造成中毒的常见原因。

二、生活中发生的急性中毒事件

生活中发生的急性化学中毒事件常见于下列情况。

1. 食品污染引起的急性中毒事件

化学性食物中毒是非职业人群发生急性化学中毒事件的常见原因。包括有毒有害的化学物质直接污染食品，食用者根本不知情而中毒。如农药喷洒蔬菜、水果后未按规定的时间上市，又未清洗干净，浸泡过农药的种子加工后又作为粮食等；使用被有毒物质污染的瓶、罐等盛装食物、饮料、调味品，如使用劣质锡壶(内含铅量高)盛酒引起铅中毒所致的铅绞痛等；因食用已中毒或已大量吸收毒物的家禽、家畜、鱼类而引发的中毒；或因误用、误食毒物等而导致的中毒，如误将毒物作为调味品、发酵剂等(以亚硝酸钠作为食盐，以氟硅酸钠作为小苏打，乙二醇误作饮料用等），本章开始时列举的湖北孝感7·22集体中毒事件，即是将“毒鼠强”误作生粉使用的典型急性化学中毒事件。此外，一些防腐剂如硼酸与硼酸衍生物、碘与碘化物、过锰酸钾、酚与其衍生物、阳离子型清洁剂、氯酸盐类、硝酸银、蛋白化银与苦味酸银等，经食入或其他途径接触此类药物，也可造成急性中毒。

常见的化学性食物中毒有：有机磷中毒，亚硝酸盐中毒，鼠药(毒鼠强、氟乙酰胺、敌鼠钠盐等)中毒，砷化物中毒，甲醇、氟化钠、钡盐、铊中毒，等等。化学性食物中毒发生的特点主要有以下几点：一是发病与食用含有毒化学物的食物有关；二是发病与进食时间、食用量有关，一般进食不久发病；三是发病快，潜伏期较短，多在数分钟至数小时，少数也有超过一天的；四是病情重，病程比细菌性毒素中毒长，发病率和死亡率较高；五是发病常呈现群体性的特点，有共同进食某种食品的病史和相同的临床表现；六是无明显地域性、季节性和传染性，中毒食品无特异性，多为误食或食入被化学物质污染的食品而引起，其偶然性较大；七是剩余食物、呕吐物、血尿等样品中可检出相应的化学毒物。在处理急性化学性食物中毒时，一定要突出一个“快”字，及时处理不仅可挽救病人生命，同时对控制事态发展，特别是对群体中毒快速决断处理更为重要。注意对中毒较轻病人和未出现中毒症状者的治疗观察，防止潜在危害。采取清除毒物措施，对症治疗和特效治疗。

2. 生活中因接触而引发的化学中毒事件

除了因食物污染引起的急性中毒事件外，生活中因接触而引发的化学中毒事件的发生也呈上升趋势。比如，家庭装修过程中因为建筑装饰材料日新月异，其中一些便含有毒物，挥发后可造成空气污染致人中毒。近年来常有报道室内装修时因材料中含有苯、甲醛等有毒物质致人中毒或死亡的事件。苯是一种无色、具有特殊芳香气味的有毒液体，能与醇、醚、丙酮和四氯化碳互溶，微溶于水。苯具有易挥发、易燃的特点，其蒸气有爆炸性。经常接触苯，皮肤可因脱脂而变干燥、脱屑，有的人会出现过敏性湿疹。国际卫生组织已经把苯定为强烈致癌物质，长期吸入会破坏人体的循环系统和造血机能，导致白血病。此外，妇女对苯的吸入反应格外敏感，妊娠期妇女长期吸入苯会导致胎儿发育畸形和流产，专家们称之为“芳香杀手”。再比如，常常发生在汽车内的一氧化碳中毒事故，其原因就是一氧化碳从排气管通过汽车底盘裂隙进入车厢内而导致的乘客中毒。

三、农药引起的急性中毒事件

我国现有农药约1.4万种，年产农药约100万吨，这就为农药中毒提供了客观基础。在我国，农药中毒事件存在着以下特点：

(1)灭鼠药中毒事件还未完全消灭。乙酰胺(农药兼鼠药)和毒鼠强因其毒性过强、无特效解药，一旦中毒死亡率极高，早在40多年前国家已明令禁止生产，国内相当一段时间内极少发生此二类灭鼠药中毒事件。但近20年以来，一些不法分子因其合成生产容易、毒性强，为牟取暴利，私下生产氟乙酰胺和毒鼠强，导致中毒事件屡屡发生。2002年发生在我国某地的一起多人食物中毒就是一起严重的人为投毒事件。部分学生和民工因食用了饮食店内的油条、烧饼、麻团等食物后发生大面积中毒，中毒者达200多人，多数口吐白沫、鼻孔出血、四肢抽搐。虽经抢救治疗，但仍有38人死亡。当地卫生监督部门和公安部门从中毒者所进食食物中检查出一种被称为“三步倒”“闻到死”的高毒灭鼠药“毒鼠强”成分。近年来常有因“毒鼠强”致人死亡事件发生，引起我国政府的高度重视，相继出台了加强剧毒物品管理的规定，禁止生产、储存、使用毒鼠强。

(2)除草剂中毒成为关注重点。除草剂中以百草枯使用最为普遍，由之引发的中毒病例最多见。人中毒后，主要靶器官是肺脏，肺脏可发生充血、出血、水肿、增生乃至肺纤维化。损害还可波及肝、肾、胃肠和膀胱等多处脏器。由于百草枯所致脏器损害的确切发病机制尚不明确，临床治疗效果差，所以致死率可高达50%以上。目前百草枯中毒病例仍有上升趋势，已成为临床关注和科研探讨的重点。

四、医源性急性中毒事件

医源性因素导致的急性化学中毒事件多见于民间治疗使用的偏方、土方等，其中含有毒物，易造成急性中毒事件。此外，许多药物(包括中药)过量也可导致急性中毒事件，这类药物比较常见的有地高辛抗癫痫药、退热药、麻醉镇静药、抗心律失常药等。

五、动植物因素所致急性中毒事件

1. 动物因素所致的急性中毒事件

毒蛇、大蜥蜴、蜈蚣、蜂类蝎、蜘蛛、河豚、新鲜海蜇等均可能引发急性中毒事件。

(1)毒蛇：毒蛇在全球大部分热带与温带地区都有存在，尤其以热带与亚热带地区最为多见。人被蛇咬伤后中毒的程度，视蛇的毒液的毒力、毒液注入量与人被咬伤的部位而定。人被蛇咬伤后的诊断，须发现一个或多个刺伤或牙齿痕迹，并有下列毒液中毒的任何一种症状：局部肿胀、局部疼痛、瘀斑、视力模糊、肌肉软弱无力、嗜睡、恶心、流涎或出汗。

(2)大蜥蜴：人被大蜥蜴咬伤可出现恶心、呕吐、局部肿胀等症状，肿胀蔓延迅速，表现出发绀、呼吸抑制及软弱无力。

(3)河豚：人食用河豚中毒最为多见。河豚毒素的毒性比氰化钾大1 250倍，炸、炖、烧、煮等加工都不能破坏其毒性，故严禁食用。我国沿海及长江中下游地区时有居民因食用河豚而中毒死亡的事件发生，且多在食后0.5~3小时发病，主要以神经系统中毒为主，伴有胃肠道和循环系统中毒症状和体征。

2. 植物因素所致的急性中毒事件

相思豆与蓖麻豆、野蕈类、乌头和白果等植物也可引发人的急性中毒事件。

(1)相思豆与蓖麻豆：相思豆与蓖麻豆多用于商业和装饰。若蓖麻豆经压榨后变成粉而被人接触，可致人发生变态反应或中毒。人若吃下一粒相思豆与蓖麻豆，经充分咀嚼，相思豆与蓖麻豆中所含的毒性蛋白质，即使在量很小的情况下，也会造成红细胞凝集和溶血，从而发生致命性中毒。如将豆整个吞下，由于硬豆皮阻碍其被迅速吸收，反而不会让人立刻中毒。

（2）野蕈类：毒蕈可与无毒蕈一起到处生长。食入毒蕈即使量少也会致人死亡。其含有多种毒素，主要有肝脏毒、神经毒和血液毒三大类，人食入后会出现相应的中毒症状和特征。误食毒蕈而死亡者，病理检查发现肝、肾、心脏与骨骼肌发生脂肪样变性。急性中毒表现为呕吐、黄疸、呼吸困难和精神、神经症状。

第三节　急性化学中毒的临床特点

急性化学中毒往往属于意外事故，因此具有发病突然、病变骤急、传播迅速的特点。为了挽救生命，提高治愈率，降低后遗症，需要充分了解急性化学中毒的临床表现，以便妥善进行现场急救。虽然人在发生严重的化学中毒时往往共同表现为发绀、昏迷、惊厥、呼吸困难、休克和少尿等临床症状，然而不同化学物质急性中毒的临床表现并不完全相同。下面将不同化学物质急性中毒对人体不同身体器官和系统所致的临床表现一一列举说明。

一、急性化学中毒的临床发病特点

急性化学物中毒事件发生急，不可预测，且中毒者发病往往无潜伏期，致死率高，特别是当有毒气体通过空气传播时，很难预防和控制。在临床救治上，急性化学中毒具有以下一些特点。

（1）突发性：急性化学物中毒事件往往突发，累及面广，人数多且病情重，必须提供最快速、最有效的医疗急救服务。

（2）复杂性：急性化学物中毒事件发生时，可能存在毒物种类繁多的情况，往往累及人体不同的靶器官，且可能为多种化学物混合作用的结果，可通过多种途径侵入人体，中毒人群病情错综复杂。

（3）差异性：急性化学物中毒事件发生时，因化学物接触途径、时间和剂量的不同，往往会造成中毒人群病情不一的情况，除了要针对群体中毒的共性表现进行救治外，还应特别注意群体中毒中非共性的一些表现。

（4）紧迫性：急性化学物中毒事件发生时，往往出现大批中毒者，造成同一时间多位中毒者同时等待急救的情况，此时应确保重点，兼顾一般。

（5）假愈期：急性化学中毒事件发生时，可能存在“假愈期”。在此期间，中毒者初期反应期的症状缓解或基本消失，无明显临床表现或临床表现似已好转，但机体内病理过程在继续发展，随后又出现明显的相应临床表现。比较典型的是煤气（即一氧化碳）中毒事件，不少人觉得，煤气中毒者只要抢救过来就可高枕无忧了。其实不然，煤气中毒者经抢救后可能会存在“假愈期”，一般为2~3周，最短1天。在这期间，中毒者和正常人一样，好像是没事了，但“假愈期”一过，会突然出现神经系统疾病。医学上称为急性煤气中毒后“后发症”或“迟发性”脑病。

二、急性化学中毒的主要临床表现

(1)皮肤黏膜的变化。

①皮肤及口腔黏膜灼伤：见于强酸、强碱、甲醛、苯酚、甲酚皂溶液(来苏儿)等腐蚀性毒物灼伤。硝酸灼伤皮肤黏膜痂皮呈黄色，盐酸灼伤则痂皮呈棕色，硫酸灼伤则痂皮呈黑色。②发绀：引起血液氧合血红蛋白减少的毒物中毒可出现发绀。③黄疸：毒蕈、鱼胆或四氯化碳中毒损害肝脏会出现黄疸。

(2)眼球及视力的变化：瞳孔扩大或缩小，出现辨色力异常及视力减退等。其中，瞳孔扩大见于阿托品、莨菪碱类中毒；瞳孔缩小见于OPI、氨基甲酸酯类杀虫药中毒。

(3)体温的变化：体温升高见于阿托品、二硝基酚或棉酚等中毒。

(4)听力及嗅觉的变化：出现听力及嗅觉的减退。

(5)口腔的变化：出现溃疡、齿龈黑线、唾液分泌增多(流涎)或减少。

三、急性化学中毒后器官系统病变

1. 神经系统

中枢神经系统是人体最易受多种化学毒物侵害和损伤的部位。人体在短期内大量接触以中枢神经系统(CNS)和周围神经系统(PNS)为主要靶器官的化学毒物可导致神经系统的损害，中毒者常伴有昏迷、谵妄、肌纤维颤动、惊厥、瘫痪和精神失常等外在表现，而按照临床症状的分类又可分为神经衰弱样症状、精神障碍、周围神经病和中毒性脑病等。其临床表现可因毒物的理化特性、毒性、接触时间、接触浓度和个体敏感性等因素而各有差异。

常见的神经系统损伤表现如下：

(1)昏迷：常见于催眠、镇静或麻醉药中毒，有机溶剂中毒，窒息性毒物(如一氧化碳、硫化氢、氰化物)中毒，高铁血红蛋白生成性毒物中毒，农药(如OPI、有机汞杀虫药、拟除虫菊酯杀虫药、溴甲烷)中毒等。

(2)谵妄：常见于阿托品、乙醇或抗组胺药中毒。

(3)肌纤维颤动：常见于OPI、氨基甲酸酯类杀虫药中毒。

(4)惊厥：常见于窒息性毒物或异烟肼中毒，有机氯或拟除虫菊酯类杀虫药等中毒。

(5)瘫痪：常见于蛇毒、三氧化二砷、可溶性钡盐或磷酸三邻甲苯酯等中毒。

(6)精神失常：常见于一氧化碳、酒精、阿托品、二硫化碳、有机溶剂、抗组胺药等中毒，成瘾药物戒断综合征等。

发生神经系统急性化学中毒时，中毒者主要呈现出以下临床表现：

1)中毒性类神经症

神经症(neurosis)曾称为神经官能症、神经衰弱症，是一类神经容易兴奋、脑力容易疲乏，常有情绪烦恼和心理生理症状的神经性障碍。轻度急性中毒或急性中毒恢复期经常出现，有神经衰弱症候群；植物神经功能失调，以交感神经亢进为主者主要表现为心悸、胸闷、心动过速、血压不稳、多汗、易惊、两手震颤、面色苍白、肢端发冷、麻木、腹胀、便秘等；以迷走神经功能亢进为主者主要表现为流涎、恶心、呕吐、食欲不振、腹泻便溏、心动过缓、尿频、眩晕或晕厥等；也可兼有交感神经亢进和癔症样表现，如苯、甲苯、四乙基铅等急性中毒时较为多见。

2）中毒性周围神经病

可分为多发性神经炎型、神经炎型及颅神经型。除急性铊、砷或有机磷中毒后的迟发性神经病的神经变性急剧发展外，多数中毒性周围神经病是在接触毒物一定时间后发生的，且周围神经的变性呈渐进性，起病隐匿，出现肢体远端对称性感觉障碍，对称性下运动神经元性运动障碍，可伴有局部自主神经功能障碍。如多汗或无汗、皮肤苍白、发凉、干燥等。

3）中毒性脑病

接触某些高浓度的毒物，如苯、汽油等有机溶剂引起的急性中毒以及毒物引起的以缺氧为主的急性中毒，常可立即出现脑病症状。而如三乙基锡、四乙基锡、有机汞、甲醇、溴甲烷、碘甲烷等急性中毒可经数小时、数日或数周的潜伏期才出现脑病症状。

急性中毒性脑病属于弥漫性大脑损害，故临床表现为全脑症状，早期出现恶心、呕吐、周身无力、嗜睡或失眠等；精神障碍主要表现为癔症样症候群、意识障碍、抽搐、植物神经症状，如大汗、大小便失禁、高热、瞳孔改变等，中枢神经系统在急性中毒时可缺乏特殊的定位体征。当临床表现为头痛剧烈、频繁呕吐、躁动不安、意识障碍加重、反复抽搐、双瞳孔缩小、收缩压上升、脉搏及呼吸变慢时，常提示颅内压增高。眼球结膜水肿或眼球张力增高也提示有脑水肿的可能。

4）精神障碍

由毒物接触引起的精神障碍（Psychiatric Disorder），以类精神分裂症、癔症样发作、类躁狂-抑郁症、痴呆症和焦虑症多见。

（1）类精神分裂症：见于四乙基铅、汽油、二硫化碳等中毒所致中毒性脑病。表现为谵妄、神经错乱、兴奋躁动、幻听、幻视、恐惧、迫害妄想、紧张型木僵。

（2）癔症样发作：见于有机磷农药及汽油、二硫化碳等有机溶剂中毒。表现多种多样，有情感变化特点，常哭笑无常、吵闹、叫喊，亦可突然停止。一般发作过程短暂，常伴有轻度意识障碍。还可表现为痉挛发作或四肢挺直或角弓反张。亦可发生肢体震颤、抽搐、瘫痪、感觉障碍、过度换气等。

（3）类躁狂-抑郁症：见于有机磷、二硫化碳等急性中毒。表现为躁狂状态，出现情感高涨、兴奋、活跃、乱跑乱窜、思维奔逸、语言增多、不连贯、夸张、易怒、狂躁等；还表现为忧郁状态，情绪低落、感情淡漠、悲观绝望、思维迟缓，有自罪、自责观。

（4）痴呆症：见于急性中毒性脑病后遗症。起初表现为记忆力减退、活动减少、孤僻、情绪波动、睡眠障碍，以后出现记忆力障碍、抽象思维障碍、定向力差、智能减退、呆滞、生活不能自理。

（5）忧郁症：见于汞、锰、铅和二硫化碳等有机溶剂中毒。表现为情绪低落、意志衰退、虚弱无力，对周围事物缺乏兴趣。常有疲劳、焦虑、睡眠障碍、食欲减退、注意力不集中、思维迟钝等症状，甚至产生厌世思想和行为。

（6）焦虑症：可分为急性焦虑发作和广泛性焦虑症。

急性焦虑发作：突然起病，有紧张、恐惧、濒死感，常伴有呼吸困难、胸痛、窒息感、心悸、出汗、口干、震颤、眩晕、昏厥、感觉异常、过度换气，可反复发作，亦可自行终止。

广泛性焦虑症：发作持续较久，发作程度时有波动，紧张、心烦意乱、坐立不安、对周围事物失去兴趣，对自己过分关注，常伴有心悸、胸痛、疲乏、出汗、口渴、咽干、喉梗塞感、睡眠障碍和性功能减退。

2. 呼吸系统

呼吸系统根据中毒程度不同而表现出不同的临床症状。轻度中毒时，会即刻引起急性鼻炎、咽喉炎、气管炎与轻度肺水肿，也可能会存在无症状期，这一阶段应密切关注病情的变化并给予预防肺水肿的药；中度及重度中毒时，常表现为咳嗽频繁、咳大量泡沫样痰、胸闷、气喘及紫绀，在胸部可听到大量细小或中等的水泡音，胸部X片可见弥漫性点状或片状阴影；极重度病例(如氯气中毒)有时会立即死亡，而死亡往往由声门水肿造成窒息所致。

常见的呼吸系统损伤表现如下：

(1)呼出特殊气味：乙醇中毒时中毒者呼气有酒味；氰化物中毒呼气有苦杏仁味；OPI、黄磷、蛇毒等中毒呼气有蒜味；苯酚、甲酚皂溶液中毒呼气有苯酚味。

(2)呼吸加快：水杨酸类、甲醇等让中毒者呼吸中枢兴奋，中毒后中毒者呼吸加快；刺激性气体中毒引起脑水肿时，伤者呼吸也会加快。

(3)呼吸减慢：催眠药或吗啡中毒时会过度抑制中毒者呼吸中枢导致呼吸麻痹，使中毒者呼吸减慢。

发生呼吸系统急性化学中毒时，中毒者主要呈现出以下临床表现：

(1)中毒性喉梗阻：高浓度刺激性气体可致喉痉挛、声门水肿，支气管黏膜大片脱落，导致呼吸道机械性阻塞。高浓度窒息性气体或氨等刺激性气体使鼻黏膜三叉神经末梢受刺激，引起反射性呼吸抑制等症状。

(2)中毒性支气管炎：短时间吸入高浓度刺激性气体后，较快发生剧咳、胸骨后疼痛、胸闷、气短；常伴有鼻塞、流涕、咽痛等症状，继后咳痰明显增多，为黏液性痰。肺部检查可闻及干湿啰音，呼吸音粗糙，胸部X片可见肺纹理改变。外周血化验可见白细胞数增高，动脉血气分析多在正常范围内。

(3)中毒性肺炎：多见于吸入化学物后急性发病，出现呛咳、咳痰、气急、胸闷等；可有痰中带血、两肺有干湿啰音，常伴有轻度发绀；胸部X片表现为两中下肺野可见点状或小斑状阴影。

(4)急性间质性肺水肿：咳嗽、咳痰、胸闷和气急较严重，肺部两侧呼吸音降低，可无明显啰音，胸部X片表现为肺纹理增多，肺门阴影增宽，境界不清，两肺散在小点状阴影和网状阴影，肺野透明度降低，可见水平裂增厚，有时可见支气管袖口征和(或)克氏B线。

(5)急性局限性肺泡性肺水肿：咳嗽、咳痰，痰量少到中等，气急、轻度发绀，肺部有散在性湿啰音，胸部X片显示单个或少数局限性轮廓清楚、密度增高的类圆形阴影。

(6)急性吸入性肺炎：有吸入碳氢化合物或其他液态化学物的病史，出现剧咳、咳痰、痰中带血，也可有铁锈色痰、胸痛、呼吸困难、发绀等症状，常伴有发热、全身不适等。胸部X片显示肺纹理增粗及小片状阴影，以右下侧较多见。

(7)肺泡性肺水肿：剧烈咳嗽，咳大量白色或粉红色泡沫痰，呼吸困难，发绀明显，两肺密布湿性啰音，胸部X片表现两肺野有大小不一、边缘模糊的粟粒小片状或云絮状阴影，有时可融合成大片状阴影，或呈蝶状形分布。血气分析 $PaO_2/FiO_2 \leq 40kPa$ (300mmHg)，外周血白细胞增高 $>10\times10^9/L$。

(8)急性呼吸窘迫综合征：在重度肺水肿的基础上，呼吸频率>28次/分或有呼吸窘迫。胸部X片显示两肺广泛阴影，融合成大片状。血气分析 $PaO_2/FiO_2 \leq 26.7kPa$ (200mgHg)。

3. 循环系统

人体接触某些有毒化学物可直接作用于心血管，也可因其他器官损害、全身代谢障碍、水和电解质紊乱、缺氧、高温、寒冷等间接作用于心血管。重症者可发生心律失常、心力衰竭，甚至发生心脏突然停搏而猝死。如有机磷农药抑制胆碱酯酶活性，使乙酰胆碱在组织内蓄积，引起心血管系统一系列紊乱，严重时，使心脏停止跳动，甚至造成死亡。其他如各种刺激性气体中毒和窒息性气体中毒导致缺氧、血红蛋白变性、溶血性贫血；电解质紊乱，如钡中毒致低血钾，氟中毒致低血钙、自主神经功能紊乱；如铊、丙烯醛、四乙基铅、有机锡、丙烯腈等可刺激迷走神经，出现窦性心动过缓，铊和醛类刺激中枢和交感神经兴奋而引起窦性心动过速。

发生循环系统急性化学中毒时，中毒者主要呈现出以下临床表现：

(1)心律失常：洋地黄、夹竹桃、蟾蜍等中毒时兴奋迷走神经，拟肾上腺素药、三环类抗抑郁药等中毒时兴奋交感神经，氨茶碱中毒等通过不同机制引起心律失常。急性中毒性循环系统疾病中以心律失常较为常见，多为化学物对心肌和传导系统的直接损伤，亦可由自主神经功能失调、电解质紊乱、缺氧等导致。常见于卤代烃类、有机溶剂、有机金属等化学物导致的急性中毒。

(2)缺血性心脏病：急性硫化氢中毒可引起冠状动脉痉挛、血管病变，继而引起缺血性病变。一氧化碳和二氯甲烷的体内代谢产物一氧化碳，因形成碳氧血红蛋白影响氧的传递和释放，引起冠状动脉缺氧、缺血。缺血性心脏病的临床表现有心绞痛、心肌梗死，以及心律失常、心力衰竭，也可无明显症状。心绞痛发作时的心电图图形改变为S-T段移位、T波倒置。心肌梗死的典型心电图图形改变是宽而深的Q波，S-T段抬高呈弓背向上形和T波倒置。

(3)急性心肌病：急性心肌病常见于急性金属化合物、卤代烃、有机溶剂等中毒和继发全身缺氧或冠状动脉血管供血不足和病变。临床表现有胸闷、气急、心悸、心前区疼痛、呼吸困难或窒息感。体征见心率增快、心律不规则、第一心音减弱，可有第三、四心音或舒张期奔马律。重症者面色苍白、四肢厥冷、血压下降、休克、急性心力衰竭、肺水肿或猝死。心电图图形出现Q-T间期延长、S-T段改变、T波平坦或导致异常U波，出现类似心肌梗死的异常Q波，还可出现各种早搏(房性、室性、多元性等)、心动过速、传导阻滞，甚至停搏。

(4)低钾血症造成的心肌损害：见于可溶性钡盐、棉酚或排钾利尿药中毒等。锑、钡、有机汞中毒可引起低钾症。中毒者出现全身无力、肌腱反射迟钝或消失，严重低钾引起松弛性肌瘫痪，影响心肌，引起心律失常。心电图图形改变有S-T段降低，T波减低、平坦、双相和倒置，U波明显增大或Q-T间期延长。心律失常以异位搏动为主，可有房性、房室、节结性、室性早搏，房性或室性心动过速、心室扑动和颤动。少数有Ⅰ度和Ⅱ度房室传导阻滞。长期和严重低钾症可引起心肌纤维横纹消失，甚至坏死或瘢痕纤维化。

(5)高钾血症造成的心肌损害：钒中毒或因其他化学物所致的溶血、组织破坏和急性肾衰竭均可引起高钾血症。高钾使神经-肌肉应激性减弱，中毒者全身乏力、动作迟钝、神态模糊、腱反射消失。心率缓慢，早期血管收缩可引起高血压。心电图早期T波高、尖，血清钾继续增高，P波消失，出现QRS波增宽、R波降低和S波加深，S-T段压低，T波增宽，重症时出现室颤。

(6)心力衰竭：各种化学因素引起心脏长期负荷过重、心肌损害及收缩力减弱均可引起心力衰竭。常见的临床表现有气急、心悸、咳嗽、咳痰，少数有咯血、尿量减少、肝大、下肢浮肿等。

(7)休克：三氧化二砷中毒引起剧烈呕吐和腹泻；强酸和强碱引起严重化学灼伤致血浆渗出；严重巴比妥类中毒抑制血管中枢，引起外周血管扩张，以上因素都可通过不同途径引起有效循环血容量相对和绝对减少而发生休克。

(8)猝死：出乎意外的突然死亡，可发生于严重缺血性心脏病、心肌病、心律失常、低钾或高钾血症患者。急性化学物中毒时常见的为高浓度硫化氢中毒，因其会直接引起呼吸中枢麻痹。刺激性气体引起坏死组织脱落阻塞气管、支气管或反射性支气管痉挛引起缺氧窒息也可发生猝死。

4. 泌尿系统

急性中毒性肾病是因肾脏短期内接触较大剂量的毒物所引起的以肾脏损害为主要表现的急性中毒。化学性肾脏毒物在短时间内较大量地进入机体，引起以急性肾小管坏死为主的病理变化。轻型肾功能损害可不进展为急性肾衰竭，而仅见尿液内容物改变，如血尿、蛋白尿、管型尿、色素蛋白尿、少尿等。其他毒物中毒，在发生心肺功能障碍、缺氧、休克等病理状态时，也可造成急性肾衰竭，但并非毒物对肾脏的直接毒性作用所致。

对肾脏有直接毒性的毒物：重金属或类金属化合物，如镉、汞、铬、铅、铋、铀、铂、砷、磷等；烃类化合物，如三氯甲烷、四氯化碳、三氯乙烯、乙苯、萘、汽油等；酚类，如苯酚、甲酚、间苯二酚等；农药，如有机汞、有机砷、有机氯、有机磷、有机氟、百草枯等；其他化合物，如合成染料、二醇类、丙烯醛、草酸、吡啶、吗啡等。

对肾脏有间接毒性的毒物：急性血管内溶血或生成变性珠蛋白小体的化学物质，如砷化氢、锑化氢、碲化氢、铜盐、苯的氨基硝基化合物、杀虫醚、螟蛉畏、苯肼、煤焦油衍生物等，因形成血红蛋白管型堵塞肾小管；有些化合物还可在肾小管内形成结晶或肌红蛋白管型，亦会造成肾小管堵塞甚至造成急性肾小管坏死。

1)急性肾小管坏死

由毒物的直接毒性引起，如头孢菌素类、氨基糖苷类抗生素、毒草和蛇毒等中毒，存在明显的剂量-效应关系。

(1)轻度中毒：仅见尿中出现红细胞、白细胞、管型及大量肾小管上皮细胞；尿蛋白持续阳性；肾小球滤过率(GFR)持续<80mL/min。

(2)重度中毒：可见肾小管功能异常，如低分子蛋白尿、尿钠增加、尿比重和渗透浓度持续偏低等；GFR 持续<50mL/min；血尿素氮(BUN)持续>7. 0mmol/L(>20mg/dl)，或每日增高幅度>3. 5mmol/L(>10mg/dl)，血肌酐(Pcr)>177μmol/L(>2mg/dl)。临床出现不同程度的恶心、呕吐、头痛、嗜睡、精神恍惚、抽搐、昏迷等尿毒症症状。

2)急性肾小管堵塞

毒物引起的急性溶血者会产生畏寒、寒战、酱油色尿、黄疸、发热及进行性贫血等，产生急性肾小管堵塞；重症时出现少尿、无尿甚至急性肾衰竭等病理变化。如砷化氢中毒产生大量红细胞破坏物堵塞肾小管。

3)急性间质性肾炎

属免疫性损伤，无明显剂量-效应关系。主要病因为药物中毒，工业毒物仅见汞、金、铋等。发病多在再次接触病原后发生，有一定潜伏期。除尿液有异常变化外，尚有发热、皮疹、关节痛、淋巴结肿大、血嗜酸性细胞增加、IgG 增高等表现，甚至可在血中检出肾小管基膜抗体，严重者可导致急性肾衰竭。停止接触病原，辅以糖皮质激素治疗常能很快恢复。

4)出血性化学性膀胱炎

出现尿频、尿急、尿痛等症状。尿液检查可见白细胞、红细胞，严重时尿液呈“洗肉水”样或肉眼血尿，尿液细菌学检查多为阴性。诊断时应排除尿路感染和泌尿道结石。一般在脱离化学物接触后，症状很快改善。

5. 血液系统

短期内有较高浓度化学毒物的接触史，出现以血液系统损害为主的临床表现及有关的血液学实验室检查阳性结果，结合现场调查资料，排除其他原因，特别是药物引起的血液疾病后，方可诊断为急性化学物中毒性血液系统疾病。

急性化学物中毒性血液系统疾病的常见临床类型有以下两种：

1)溶血性贫血

引起急性中毒性溶血性贫血的毒物包括砷化氢、硫酸铜、铅、铬酸、萘、锑等。

溶血性贫血发生时的主要临床表现如下：

(1)轻度中毒：中毒后出现乏力、畏寒、发热、腰痛、倦怠、头痛、恶心、呕吐、腹痛、皮肤巩膜黄染、贫血外貌。血液学检查可见红细胞及血红蛋白减少，网织红细胞增加，赫恩小体出现；尿常规检查可见尿呈红茶色，尿潜血阳性，蛋白阳性，有红、白细胞及管型。

(2)重度中毒：发病急骤，寒战、高热、谵妄、抽搐、昏迷、发绀、巩膜深度黄染，少尿或无尿，严重贫血，红细胞及血红蛋白显著减少，网织红细胞显著增加，赫恩小体大量出现，尿呈深酱油色，尿潜血强阳性，血尿素氮急剧升高，呈现急性肾衰竭表现。

2)高铁血红蛋白血症

引起中毒性高铁血红蛋白血症的毒物有以下3类。

(1)芳香族氨基硝基化合物：如苯胺类(苯胺、苯二胺、甲基苯胺、二甲基苯胺)等。

(2)农药：杀虫醚(氯苯脒)、蝗铃畏(对氯邻甲苯二甲基硫脲)、敌稗(N-3，4二氯苯基丙酰胺)、除草醚、灭草灵等。

(3)其他：氮氧化物、亚硝酸盐、硝酸盐、亚硝酸乙酯、氯酸盐、亚氯酸盐等。

高铁血红蛋白血症发生时主要的临床表现：

(1)轻度中毒：一般高铁血红蛋白浓度在10%~30%以下，中毒者口唇周围、耳郭、舌及指(趾)甲发绀，可伴有头晕、头痛、乏力、胸闷等症状。

(2)中度中毒：高铁血红蛋白浓度在30%~50%，中毒者除有显著发绀外，还出现缺氧症状，如头痛、头晕、疲乏、无力、全身酸痛、呼吸困难、行动过速、反应迟钝、嗜睡等。

(3)重度中毒：高铁血红蛋白浓度在50%以上，中毒者除上述症状明显加重外，颜面呈紫色，尿呈红葡萄酒色或暗褐色，可发生意识障碍，严重中毒性肝疾、肾疾、急性循环衰竭等。

6. 消化系统

人体在短期内摄入以消化系统为主要靶器官的毒物可引起消化系统不同程度的功能性和器质性损伤，主要引起口腔疾病、急性胃肠炎、腹绞痛和肝病等。

1)口腔疾病

职业性接触铅、汞、有机汞、磷、砷、镉、酸雾、氯化氢、氯气、氟化氢、氨等可引起口腔疾病。口腔疾病以口腔炎和牙酸蚀症较为常见。口腔炎以口腔黏膜烧灼感、疼痛为主，检查可见口腔黏膜充血、水肿、糜烂、溃疡、创面渗血不止等。重症者咽喉黏膜损伤，吞咽困难，甚至出现喉头水肿。急性汞中毒时可见磨牙部位齿龈明显红肿酸痛、糜烂出血、牙齿松动、流涎等。氟化氢、氯化氢、氯气及酸雾等中毒伤者以牙酸蚀症为主，主要原因是长期接触酸雾或酸酐引起牙齿脱矿物质缺损所致。

2)胃肠疾病

(1)急性胃肠炎：急性中毒致胃肠疾病，如杀鼠剂毒鼠强和氟乙酰胺等毒物被人误服后会引起急性胃肠炎；有机磷农药中毒因副交感神经兴奋引起平滑肌兴奋和腺体分泌亢进的胃肠道表现；汞蒸气吸收后分布在肠黏膜，并在黏膜下层形成硫化汞，对黏膜表面产生强烈的刺激作用，引发肠炎症反应等。急性中毒所致胃肠炎时，中毒者出现恶心、呕吐、腹痛、腹泻等临床症状。误服毒物症状严重时发生急性出血性胃炎和血性大便、休克、水电解质紊乱和酸碱平衡失调。

(2)腹绞痛：急性中毒致腹绞痛常见于急性铅中毒或慢性铅中毒急性发作时，中毒者出现剧烈腹痛、阵发性发作，伴面色苍白、冷汗、喜按腹部。腹部无明确定位体征，无肌卫及反跳痛。急性二甲基甲酰胺(DMF)中毒早期有以胃肠道症状及腹绞痛为主的临床表现。诊断时必须有明确的毒物接触史且排除外科急腹症。

(3)中毒性肝病：急性中毒致中毒性肝病主要由亲肝脏毒物引起，常见的有金属、类金属及其化合物等。

临床类型主要有以下3种：

(1)急性无黄疸型中毒性肝病：如丙烯腈、二氯乙烷等中毒，起病较隐匿，中毒者有乏力、食欲减退、恶心、呕吐、腹胀不适等；肝区疼痛、肝脏轻度肿大，肝功能检查血清ALT、AST增高等。整个病程中无黄疸出现，病情较轻，如其他系统损害表现突出则肝脏损害可被忽略。

(2)急性黄疸型中毒性肝病：起病急，临床表现似急性黄疸型中毒性肝病。体征有巩膜、皮肤黄染，肝脏肿大、有充实感伴触痛，肝功能检查血清ALT、AST、γ-GT和胆红素均见增高，尿胆原和尿胆红素阳性，病程4~6周。

(3)急性重症中毒性肝病：在短期内吸收大量亲肝毒物所致，或在原有肝病基础上发生较重中毒。临床表现和病程符合爆发型肝功能衰竭。全身及消化道症状明显，常伴有深度黄疸(血清胆红素>85.5μmol/L)，血清胆红素与血清酶分离，凝血酶原时间延长，可出现腹水、肝性脑病、肝肾综合征，甚至肝功能衰竭，或伴有明显出血倾向，病死率在50%以上。经抢救存活者，可发生大结节性肝硬化。

第四节 现场急救

一、现场急救工作重点

1. 救治应将改善生命体征放在首位，争分夺秒

时间就是生命，对于急性化学中毒事件来说，其发病突然，病变骤急，传播迅速，这一特点决定了现场抢救必须争分夺秒。国际医学界常称现场急救为“Gold Time”，即最佳的“黄金时间”，急性中毒临床表现虽然千变万化，但救治其生命体征为首位。

例如，上海曾发生急性职业性硫化氢中毒事故11起，造成42人中毒和13人死亡，这13人在事故现场均曾发生心跳呼吸骤停，但在现场未及时对他们采取心肺复苏术，而是直接将他们送至医院急诊室，以致错失了抢救良机。若平时建立群防群治制度，并掌握好自救、互救的医疗急救技能，第一时间开展急救，则死亡率将会大大降低。

上海农药厂曾发生一起急性硫化氢中毒事故，当消防人员将两名工人从事故现场救出时，心跳、呼吸已骤停，但该厂训练有素的医务人员根据化学事故应急救援预案中的现场急救程序，就地对中毒者进行心肺复苏，在第一时间进行抢救后再转送医院救治，使这两名重度中毒的中毒者起死回生，获得了第二次生命。

因此，我们应特别强调在现场第一时间的急救，这时的救是救中有防，是预防性治疗。

2. 在现场开展流行病学调查的重要性及必要性

急性化学中毒的抢救成功与否，除了在时间上的争分夺秒外，对现场中毒的正确诊断也十分重要，不同的毒物可累及不同靶器官，必须当机立断，采取正确的抢救治疗措施，

才能为中毒者提供宝贵的生命机会。

但正确的诊断往往来源于临床实践和现场流行病学调查。由于急性中毒常发生在意外事件中，受害者有时不知为何种毒物中毒，就医时往往因说不清而延误诊断，以致未能得到早期的正确治疗，失去最佳的治疗机会，造成伤亡率增高等不良后果。对群体中毒出现的临床症状不能与接触靶器官相关联时，应积极采取相应的对症处理；同时应到现场进行流行病学调查以确认是否存在其他毒物。

例如，2002 年上海某区发生 39 名医院建筑工地民工不明原因的上吐下泻甚至休克等症状，由于毒物不明确，早期抢救缺乏针对性，造成 1 人死亡。后经区 CDC 认真进行流调，结合临床症状，认为是人为投毒三氧化二砷(砒霜)所致，诊断明确，后及时使用了金属络合剂及对症处理，使 38 名中毒民工转危为安。

3. 开展有预见性的治疗

一些化学物(如光气、有机氟、氨氧化合物、硫酸二甲酯等)在被机体摄入后具有一定潜伏期，吸入当时可无明显的特殊不适，因此，在吸入、食入不明性质的毒物时，若不采取有预见性的治疗措施，在潜伏期内处理不当(如氧疗不合理，洗胃、透析不及时，用药不及时，活动过多等)，均会使病变突然加重。例如，刺激性气体中毒致重度肺水肿时，处理不当会发展成 ARDS；窒息性气体中毒致脑水肿时，处理不当会发生迟发性脑病。职业中毒的各种毒物均会对靶器官造成损害，若调查或询问发现中毒者有明确毒物接触史，应当立即采取相应的解毒、排毒等对症处理，而不能被动等待各种检查报告结果，或等待症状明显时才开始对症治疗，这样往往丧失抢救的黄金期，造成疗效差、疗程长、并发症和后遗症多。因此，发生刺激性气体和窒息性气体中毒时要保持中毒者呼吸道通畅，保持其镇静以减少氧耗，维持其生命体征，防止肺水肿、脑水肿的发生和发展；化学品污染皮肤和眼睛时要用大量流动清水冲洗；对口服毒物中毒者应立即采取催吐、洗胃等措施防止其病情加重。

二、现场急救医疗救治原则和措施

急性化学中毒事故发生时，救援小组必须在当地卫生行政部门领导下开展急救工作，抢救人员应根据化学物品种、中毒者中毒方式与当时病情进行有针对性的急救。一般急救措施为：

移离现场→保持呼吸道通畅→清除毒物及冲洗→共性处理→个性处理。

具体如下：

(1)尽快将中毒者救离事故地点，移至空气新鲜处并注意保暖。

发生化学品泄漏后，应立即疏散现场的无关人员，隔离毒物污染区。如果是易燃易爆物的大量泄漏，应立即报警，请求消防专业人员救援，并由应急救援指挥机构决定周围居民的疏散范围和疏散方向。环境污染区的确定一般由环保部门根据现场毒物测定情况结合气象条件确定，由公安部门实施隔离和警戒。此外，还要做好毒源控制、加强通风等现场处理。只有阻断毒物侵入，积极进行现场急救，才是防治急性中毒发展的有效措施。

(2)保持呼吸道通畅。

将中毒者迅速搬移到空气新鲜场所，避免其活动和紧张；解开其衣领，卸去其假牙(若有的话)，清除其口腔异物和呼吸道堵塞物，保持其呼吸道畅通，并使用简易呼吸器和急救用吸痰器，以利于中毒者呼吸道吸入的毒物自呼吸道排出；密切观察中毒者呼吸、脉搏、血压、体温等生命体征及意识、瞳孔变化；对吸入刺激性气体者，不论当时有无症状，都应安排其安静休息，密切观察一个阶段(48~72h)，防止迟发性肺水肿发生。

(3)清除毒物。

当化学物污染衣服、皮肤时，应尽早脱去被污染衣服，用流动清水及时冲洗被污染的皮肤。对于可能引起化学性烧伤或能经皮肤吸收的毒物更要充分冲洗，特别是皮肤皱褶、毛发处，要冲洗20~30分钟，并根据情况考虑选择适当中和剂进行中和处理。如有毒物引起中毒者眼睛灼伤时要优先迅速冲洗。

当发生口服毒物的情况时，如摄入毒物者清醒，可于现场以手指、压舌板、棉棒、卷纸或其他钝物刺激中毒者软腭、咽后壁及舌根部催吐；也可先让其服牛奶或蛋清加水混合液200mL，然后加以催吐，但对口服腐蚀剂或惊厥、昏迷休克者禁用此法。此法简单易行，在任何场合均可使用，引起呕吐较快，食物和毒物大颗粒可顺利排出，是最常用的方法。但胃排空不够彻底，受方法本身或中毒者配合程度的影响，效果的差别较大。

当发生伤口染毒时，为阻止毒素、毒物由伤口或随静脉进入全身，应迅速在伤口近心端用软布条、橡皮带等绑扎，其松紧程度以阻止静脉回流为度，其后每间隔15~30分钟放松1分钟，以防止组织坏死。此外，还要限制中毒者活动，可用等渗盐水清洗中毒者局部伤口并冷敷，随后再送医院做进一步处理。

(4)区别病情轻、重、缓、急，抓住病变要点，加强有针对性的医学急救处理。

危重的中毒者必须在现场处理后方可送上级医院。如中毒者呼吸困难或呼吸停止，应立即对其进行给氧与人工呼吸，若心跳骤停则立即进行胸外心脏按压，并及时通知医院做好抢救准备，送医院途中需安排有经验的医护人员陪同。

(5)如明确是什么化合物中毒，则应立即对中毒者使用特殊的排毒剂与特效解毒剂。

直接作用于毒物的解毒治疗：比如，氢氟酸(包括无机氟化合物)中毒用钙离子使氟与钙结合形成不溶性氟化钙而解毒；钡中毒会引起严重低血钾，致心律失常，可用硫酸钠使之成为硫酸钡而解毒，同时补充大剂量钾以纠正低钾及心律失常，等等。

直接络合毒物的排毒治疗：铅、汞、锑、砷中毒应用金属螯合剂，让螯合剂直接与毒物作用，减低毒物的毒性。例如：

a. 依地酸二钠钙($CaNa_2$-EDTA)，肌注或静脉滴注。

b. 二巯丁二酸(DMSA)或二巯丁二钠(NaDMS)，肌注或静脉注射。

c. 二巯丙磺酸钠(Na-DMPS)，5%水剂，肌注。

d. 二巯丙醇(BAL)，10%油制剂，肌注。

直接作用于生化反应异常的解毒治疗：

a. 有机磷农药中毒可用抗胆碱药阿托品及胆碱酯酶复能剂氯解磷定或碘解磷定治疗。

b. 苯的氨基硝基化合物中毒可用高铁血红蛋白还原剂治疗，如静注小剂量(1~2mg/kg)亚甲蓝(美蓝)。

c. 氰化物中毒可用抗氰药物解毒剂亚硝酸钠、硫代硫酸钠治疗，或10%的4-二甲基氨基苯酚(4-DMAP)、硫代硫酸钠治疗。

d. 氟乙酰胺中毒可用解毒剂乙酰胺(解氟灵)或无水乙醇治疗。

(6)对症支持疗法。

许多毒物尚无相应的解毒剂，对这类毒物中毒的患者须积极进行对症及支持治疗；有些毒物有解毒剂，对这类毒物中毒的患者，也须进行相应的对症、支持治疗，以防止机体继续吸收毒物，维持患者生命及各器官系统的功能。

a. 尽快阻断毒物对机体的侵袭，维护患者心、肺、脑、肝和肾功能。

b. 行生命支持措施，如早期给氧、糖皮质激素、能量合剂，抗感染，改善微循环等措施。

c. 及早使用自由基清除剂和抗氧化剂，以减轻蓄积毒物对脏器的损伤。

d. 进行输液利尿、血液净化治疗，包括血液透析、血液滤过或血液透析滤过、血液灌流、血液置换和血浆置换。

e. 高压氧舱等综合治疗措施。

(7)在急救的同时加强护理与卫生宣传，防止医源性疾病。

(8)抢救人员必须同时迅速控制中毒化学物的来源，防止再中毒情况的发生；救护者应做好自身防护，如佩戴有效的过滤式防毒面具与供氧面具，系好安全带。

对存有窒息性、刺激性气体的现场应先通风，降低有毒气体的浓度；但施救者应佩戴防毒面具，系安全带，再进入现场施救，以防止更多的人中毒。

三、常见化学物急性中毒的救治原则

1. 一氧化碳中毒的治疗原则

对于轻度一氧化碳中毒者，可给予氧气吸入及对症治疗；对于中度及重度一氧化碳中毒者，应积极给予常压口罩吸氧治疗，有条件时应给予高压氧治疗；对于重度一氧化碳中毒者，视其病情应给予消除脑水肿、促进脑血液循环、维持呼吸循环功能及镇痉等对症及支持治疗。加强对中毒者护理，积极防治并发症及预防迟发脑病。对迟发脑病者，可给予高压氧、糖皮质激素、血管扩张剂或抗帕金森病药物以及其他对症与支持治疗。

2. 硫化氢中毒治疗原则

迅速让中毒者脱离现场，让其吸氧、保持安静、卧床休息，严密观察，注意病情变化。抢救、治疗原则以对症及支持治疗为主，积极防治脑水肿、肺水肿，早期、足量、短程使用肾上腺糖皮质激素。对中、重度中毒者，有条件的应尽快安排高压氧治疗。对呼吸、心跳骤停者，应立即进行心肺复苏，待呼吸、心跳恢复后，有条件的尽快给予高压氧治疗，并积极进行对症、支持治疗。

3. 氯气中毒治疗原则

立即让中毒者脱离现场，保持中毒者安静并对其保暖。对于出现刺激反应者，应严密观察至少 12h，并予以对症处理。吸入量较多者应卧床休息，以免活动后病情加重。必要时静脉注射糖皮质激素。

合理氧疗：可选择适当方法给氧，吸入氧浓度不应超过60%，使动脉血氧分压维持在8~10kPa。如发生严重肺水肿或急性呼吸窘迫综合征，应给予鼻面罩持续正压通气(CPAP)或气管切开呼气末正压通气(PEEP)治疗，呼气末压力宜在0.5kPa(5cm H_2O)左右。

应用糖皮质激素：应早期、足量、短程使用，并预防发生副作用。

维持呼吸道通畅：可给予雾化吸入治疗、支气管解痉剂治疗，去泡沫剂可用10%二甲基硅油(消泡净)；如有指征应及时实施气管切开术。要预防发生继发性感染，维持血压稳定，合理掌握输液及应用利尿剂，纠正酸碱和电解质紊乱，给予良好的护理及营养支持等。

4. 光气中毒治疗原则

治疗原则：对于吸入光气者应迅速让其脱离现场到空气新鲜处，立即脱去其被污染的衣物，体表沾有液态光气的部位要用水彻底冲洗净。让其保持安静，绝对卧床休息，注意保暖。早期给氧，给予药物雾化吸入，给予支气管解痉剂、镇咳、镇静等对症处理。至少要密切观察48h，注意病情变化。

防治肺水肿：早期、足量、短程应用糖皮质激素，控制液体输入。可以应用消泡剂如二甲基硅油气雾剂吸入，注意保持呼吸道通畅。

合理给氧：吸入氧浓度不宜超过60%。对于急性呼吸窘迫综合征的治疗按照相关处理原则进行。其他急救治疗及防治并发症同内科治疗原则。

5. 氨中毒治疗原则

治疗原则：迅速安全地将中毒者移至空气新鲜处，维持其呼吸、循环功能；彻底冲洗其被污染的眼和皮肤。

保持呼吸道通畅：可给予支气管解痉剂、去泡沫剂(如10%二甲基硅油)、雾化吸入治疗；必要时给予气管切开，清除气道堵塞物，以防止窒息。

早期防治肺水肿：可早期、足量、短程应用糖皮质激素及莨菪碱类药物等，尤应注意严格限制补液量，维持水、电解质及酸碱平衡。合理氧疗。积极预防控制感染，及时、合理应用抗生素，防治继发症。对眼、皮肤灼伤进行对症治疗。

6. 氮氧化物中毒治疗原则

现场处理：让中毒者迅速、安全脱离中毒现场，静卧、保暖，避免活动，立即吸氧；并给予对症治疗。对刺激反应者，应观察24~72小时，观察期内应严格限制其活动，让其卧床休息，保持安静，并给予对症治疗。

保持呼吸道通畅：可给予药物雾化吸入、支气管解痉剂、去泡沫剂(如10%二甲基硅油)，必要时给予气管切开。早期、足量、短程应用糖皮质激素。合理氧疗。预防控制感染，防治并发症，维持水、电解质、酸碱平衡。

7. 一甲胺中毒治疗原则

现场处理：立即让中毒者脱离现场，移至上风向地带，脱去其被污染的衣服，并立即用大量流动清水彻底冲洗被污染的衣服或皮肤，眼冲洗时间至少 10min。有刺激反应者需卧床休息，一般严密观察 48h，并给予必要的检查及处理。

保持呼吸道通畅：可给予药物雾化吸入、支气管解痉剂、去泡沫剂(如 10%二甲基硅油)。必要时应早期做气管切开。注意体位引流，鼓励中毒者咯出坏死黏膜组织。

合理氧疗：根据病情选择合适的给氧方法，吸入氧浓度不宜超过 60%。对于伴有急性二氧化碳潴留者，在积极改善其通气的同时，调节其吸氧浓度，使血氧饱和度大于 90%；若需吸入高浓度氧，可给予呼气末正压通气(PEEP)，PEEP 压力小于 0.49kPa (5cm H_2O)。尽早、足量、短程应用糖皮质激素，中、重度中毒可联合应用莨菪碱类药物。病程早期严格限制补液量，控制输液速度，维持尿量大于 30mL/h，必要时加用利尿剂，以改善换气功能。纠正酸、碱中毒和电解质紊乱。积极防治并发症。对眼、皮肤灼伤进行对症治疗。

8. 氢氟酸中毒治疗原则

皮肤接触氢氟酸后应立即用大量清水做长时间彻底冲洗，尽快地稀释和冲去氢氟酸，这是最有效的措施，也是治疗的关键。氢氟酸灼伤后的中和方法不少，总的原则是使用一些可溶性钙、镁盐类制剂，使其与氟离子结合形成不溶性氟化钙或氟化镁，从而使氟离子灭活。现场应用石灰水浸泡或湿敷易于推广。氨水与氢氟酸作用形成具有腐蚀性的二氟化胺，故氨水不宜作为中和剂。可用氢氟酸灼伤治疗液(5%氯化钙 20mL、2%利多卡因 20mL、地塞米松 5mg)浸泡或湿敷，或用冰硫酸镁饱和液浸泡。还可做钙离子直流电透入，利用直流电的作用，使足够量的钙离子直接导入需要治疗的部位，提高局部用药效果。在灼伤的第 1~3 天，每天 1~2 次，每次 20~30 分钟。对于重症病例每次治疗时间可酌情延长。若氢氟酸溅入眼内，应立即分开眼睑，用大量清水连续冲洗 15 分钟左右。再滴入 2~3 滴局部麻醉眼药，可减轻疼痛。同时送眼科诊治。

9. 异氰酸甲酯中毒治疗原则

应迅速将中毒患者移离现场，脱去其被污染的衣物，严密观察。必要时供氧。对于眼及皮肤污染部位迅速用流动清水冲洗。给予对症和支持疗法，如用弱碱液局部雾化吸入，早期应用糖皮质激素，并可用支气管扩张剂、抗生素等。

10. 氢化氰中毒治疗原则

立即将中毒者搬离现场至空气新鲜处。对猝死者应同时立即进行心肺脑复苏。氢化氰急性中毒病情进展迅速，应立即就地应用特效解毒剂。吸入者给予吸氧。皮肤接触氢化氰液体者立即脱去其被污染的衣服，用流动清水或 5%硫代硫酸钠冲洗皮肤至少 20 分钟。眼接触氢化氰者用生理盐水、冷开水或清水冲洗 5~10 分钟。误服氢化氰者用 0.2%高锰酸钾或 5%硫代硫酸钠洗胃。皮肤或眼灼伤可按酸灼伤处理。

11. 有机磷农药中毒治疗原则

立即将中毒者移离中毒现场，脱去其被污染的衣服，用肥皂水或清水彻底清洗其被污染的皮肤、头发、指(趾)甲；眼部受污染时，迅速用清水或2%碳酸氢钠溶液清洗。

特效解毒剂：轻度中毒者可单用阿托品等抗胆碱药；中度和重度中毒者，合用阿托品和胆碱酯酶复能剂(氯解磷定、碘解磷定等)。两药合并使用时，阿托品剂量应较单用时减少。

对症和支持治疗：处理原则同内科。中度和重度中毒者临床表现消失后仍应继续观察数天，并避免过早活动，防止病情突变。

中间期肌无力综合征：在治疗急性中毒的基础上，主要给予对症和支持治疗；重度呼吸困难者，及时建立人工气道，进行机械通气，同时积极防止并发症。

迟发性多发性神经病：治疗原则与神经科相同，可给予中、西医对症和支持治疗及运动功能的康复锻炼。

12. 毒鼠强中毒治疗原则

加快毒物排出：①催吐：对神志清醒、毒物进入体内不足24小时者，在院前无洗胃条件的情况下均需立即催吐。②洗胃：对摄入不足24小时者均要洗胃。插入胃管后要先抽出胃内容物，然后再开始灌注温清水或淡盐水。每次灌注量为500毫升，直到洗出液澄清，总量不少于10升，对重症患者要留置胃管，方便在洗胃后第2小时、4小时以及以后的冲洗。③活性炭使用：首次在洗胃后立即应用，最初24小时内，每隔4小时，将活性炭(成人用量为50~100克，儿童用量为1克/千克体重，配成15%混悬液)经胃管灌入胃内，保留1小时后尽量抽出。24小时后仍可使用。④导泻：在首次应用活性炭并将其抽出后开始使用20%甘露醇，成人500mL，儿童酌减。

(1)止痉药物要联合应用：强镇静剂(如硫喷妥钠)或肌松剂应用，如经上述处理抽搐仍难以控制，则应在准备好呼吸机的情况下再应用。

(2)血液净化：血液灌流对控制抽搐和病情恢复效果较好，每日一次，连续2~3天。如患者情况允许，初期可连续用2个过滤罐。其他血液净化疗法也有一定的效果。

(3)对症、支持治疗：根据临床表现对症处理，应用保护心、脑、肝等脏器的治疗。

(4)精神症状治疗：随病情好转逐渐恢复，可应用抗精神病药物治疗。

对不能排除有机氟类杀鼠剂中毒者，应用乙酰胺，待明确毒鼠强诊断后再停用。

13. 苯胺中毒治疗原则

迅速将中毒者搬离现场，清除其皮肤污染，立即让其吸氧，并严密观察。高铁血红蛋白血症用高渗葡萄糖、维生素C、小剂量美蓝治疗。溶血性贫血，主要为对症和支持治疗，重点在于保护肾脏功能，碱化尿液，应用适量肾上腺糖皮质激素。严重者应输血治疗，必要时采用换血疗法或血液净化疗法。化学性膀胱炎，主要为碱化尿液，应用适量肾上腺糖皮质激素，防治继发感染，并可给予解痉剂及支持治疗。若肝、肾功能损害，则应给予专科治疗。

14. 氯乙酸中毒治疗原则

立即将中毒者搬离中毒事件现场，转移到空气新鲜处，脱去其被污染的衣物，并用大量清水冲洗被污染皮肤至少15分钟。眼污染时应分开眼睑用微温水缓流冲洗至少15分钟。注意勿让冲洗后流下的水再污染健康的眼。使中毒者安静、保暖、休息，并密切观察其病情变化。轻度中毒者以支持疗法为主，同时给予对症治疗。较重中毒者应早期、适量、短程给予糖皮质激素，以控制肺水肿。

15. 甲醇中毒治疗原则

立即将中毒者搬离现场，去污，并给予适当的支持治疗和对症治疗。纠正酸中毒。通过血液或腹膜透析清除已吸收的甲醇及其代谢产物。

血液透析疗法的指征为：①血液甲醇>15.6mmol/L或甲酸>4.34mmol/L；②严重代谢性酸中毒；③视力严重障碍或视乳头、视网膜水肿。

16. 急性苯中毒治疗原则

应迅速将中毒者移至空气新鲜处，立即脱去其被苯污染的衣服，用肥皂水清洗其被污染的皮肤，注意让其保暖。急性期应卧床休息。可用葡萄糖醛酸急救，忌用肾上腺素。

第八章　暴雨后的生活自救常识

暴雨是中国主要气象灾害之一，其危害主要包括洪灾和涝渍灾。长时间的暴雨容易产生积水或径流淹没低洼地段，造成洪涝灾害。暴雨是一种影响严重的灾害性天气。某一地区连降暴雨或出现大暴雨、特大暴雨，常导致山洪爆发，水库垮坝，江河横溢，房屋被冲塌，农田被淹没，交通和电信中断，会给国民经济和人民的生命财产带来严重危害。暴雨尤其是大范围持续性暴雨和集中的特大暴雨，不仅影响工农业生产，而且可能危害人民的生命，造成严重的损失。

2012 年 7 月 21 日，北京市发生暴雨到大暴雨天气，全市平均降水量 170 毫米，为自 1951 年有完整气象记录以来最大降水量。其中，最大降雨点房山区河北镇降雨达到 460 毫米。暴雨引发房山地区山洪暴发，拒马河上游洪峰下泄。截至 8 月 6 日，在北京市境内共发现因灾死亡 79 人①。

2014 年 7 月 15 日，受暴雨影响，湖南长沙、凤凰古城等地出现严重内涝，导致多处楼房底层被淹。凤凰古城景区内一座风雨桥被冲垮，凤凰全城停电。②

2016 年汛期，连续强降雨天气覆盖我国大部分省市，截至 7 月 3 日统计，全国已有 26 省(区、市)遭受洪涝灾害，受灾人口3 282万人，因灾死亡 186 人，直接经济损失 506 亿元。据不完全统计，6 月 30 日之后的强降雨所带来的洪灾主要集中在长江流域，集中在浙江、贵州、湖南、湖北、江苏以及安徽。其中，安徽和湖北两省受灾最为严重。截至 7 月 4 日，安徽省受灾人口1 028. 2万人，因灾死亡 29 人，直接经济损失 208 亿元；湖北省受灾人数超 800 万人，死亡 34 人，直接经济损失 73. 3 亿元。③

2017 年 6 月开始的连续强降雨导致江西、广西等地受灾严重。据江西省防总不完全统计，江西 89 个县(市、区)近 417 万人受灾，转移群众 44 万多人，因洪涝灾害死亡 7 人，失踪两人。受强降雨影响，广西南宁、柳州、桂林、河池、百色等 9 市 32 个县(区)出现洪涝灾害，近 39 万人受灾，因灾死亡或失踪 11 人。④

2019 年汛期全国曾出现 14 次区域性强降雨过程。全国累计降水量达 163 毫米，接近

---

① 城市之殇——“7. 21”北京特大暴雨 . http://www.weather.com.cn/zt/kpzt/696656.shtml.

② 湖南暴雨洪灾 致凤凰古城内涝. http://www.chinanews.com/cul/2014/06-03/6239829.shtml.

③ 南方多省洪涝灾情严重 入汛以来全国千余县遭洪灾. http://www.chinanews.com/gn/2016/07-04/7926124.shtml.

④ 6 月以来连续强降雨致江西、广西等地受灾严重. http://china.cnr.cn/news/20170702/t20170702_523828701.shtml.

常年同期(165毫米)，降雨分布呈“南北多、中间少”格局。广西、江西、福建、广东等省受灾较重。截至2019年6月10日，有22个省份不同程度遭受洪涝灾害，受灾人口675万人，比近5年均值少48%。①

2020年6月以来，我国南方地区经历了多轮强降雨过程，多地遭遇洪涝灾害，逾千万人次受灾：6月27日，四川省凉山彝族自治州冕宁县境内出现强降雨天气，冕宁县彝海镇、高阳街道等地受灾严重，当地紧急转移7 000余人。此次暴雨造成3人遇难、12人失联。7月7日，受上游来水影响，长江南京下关段水位持续上涨，长江中下游干流部分控制站陆续突破警戒水位。水利部长江水利委员会水文局26日发布消息，“长江2020年第3号洪水”在长江上游形成，预计27日晚三峡水库最大入库流量在60 000立方米/秒左右。②

那么，面对极端天气的增多、增强，在暴雨来临时，应该如何自救与逃生呢？首先，在遇到暴雨时，应尽可能待在室内。但在室内也应做好相关防护措施。

(1)随时关注实时天气预报。

(2)打雷时，首先要做的就是关好门窗，离开进户的金属水管和与屋顶相连的下水管等。在这样的天气更不要使用太阳能热水器洗澡。

(3)切断电源，慎用电器，尽量不要拨打、接听电话，或使用电话上网，应拔掉电源和电话线及电视天线等可能将雷击引入室内的金属导线。

(4)如果遇到家中进水，要采取“小包围”措施，如砌围墙、在门口放置挡水板、配置小型抽水泵等。

(5)一旦室内积水，应迅速切断电源以防止触电伤人。

(6)远离金属管道，包括水管、暖气管、煤气管等，因为这些管道可能传导室外的雷电。

第一节　暴雨中行车时的注意事项

突遇雷暴天气，往往会让许多驾驶员猝不及防。再加上风雨交加、路况不明，新手驾驶员缺乏应对经验，更容易出现慌乱，这让暴雨行车危险因素大大增加。2012年7月21日的北京特大暴雨，丁某在广渠门桥下车内溺亡；41岁的段某，在离家不到1千米的铁路桥下，试图快速冲过水深两米多的大水坑，却连人带车被陷了进去。2013年8月30日，深圳一场特大暴雨导致一名女子驾车至南山区原二线关管理路涵洞中被淹死，在令人扼腕叹息的同时，也引人深思。2014年9月28日，南京暴雨大爆发，一对夫妻在暴雨中开车行走在街上，因驾驶不慎闪躲不及，冲进了10米深的水库里，直到29日车子才被渔民打捞起来，但因事发多时，车内副驾驶座上的女子已经停止呼吸，女子的丈夫也不见踪影。29日下午1时30分，女子的丈夫才被民警打捞上岸，但他也已经死亡，双手紧握拳头，

① 入汛以来全国有22个省份遭受洪涝灾害. http://www.xinhuanet.com/politics/2019-06/11/c_1124609222.htm.

② 2020年南方暴雨洪灾. http://topics.gmw.cn/node_135035.htm.

满脸痛苦挣扎状态。

那么，暴雨中司机应如何快速自救和逃生？暴雨中行车应遵循哪些规则？暴雨中行车又有哪些安全指南呢？

一、暴雨中行车的自救与逃生

(1)车主要做到主动预防：学会汽车在雨中涉水驾驶的技巧，可以增加人和车的安全系数。遭遇暴雨后，行驶过程中要判断路面积水的深浅，主动绕开积水低洼路段，不要试图单独穿越被积水淹没的路段。涉水行车易造成汽车电路短路，当水深超过排气管高度时，很容易造成车辆熄火。在积水区行驶时应用低速挡，稳住方向盘和油门，保持车辆有足够而稳定的动力，使排气管中始终有排气压力，防止水倒灌入排气管而造成熄火。当车辆涉水熄火时，切勿强行二次发动。

(2)遇到特大暴雨时待在车里躲雨很不安全。车主一旦发现路面有积水的可能，应该马上打开车门随时准备下车，或者马上到路边的室内躲避。

(3)暴雨中行车可能遇到的危险主要有两种，一是地道桥，二是泥泞、低洼地段。当车在涉水过程中熄火时一定先保持冷静。如果车熄火后停在水中水没有没过车窗时是基本不会有生命危险的。这时不要慌张，并切忌重新启动发动机。

(4)如果车辆已经落水，则应迅速辨明自己所处位置并制订逃生方案，保持面部尽量靠近车顶以获得更多空气。第一时间解开安全带并打开电子中控锁，如果安全带无法解开要利用安全锤后面的刀或者尖锐物品割断安全带，利用就近侧门逃生。

(5)应迅速打开车窗。如果车辆已经断电同时无法打开车门和车窗，可尝试用安全锤、座位头枕、车内灭火器或高跟鞋等类似尖锐物品砸开车窗。挡风玻璃很厚是基本敲不碎的，在这种情况下，首先，驾驶员应该立即向后座移动，并用安全锤砸破侧窗玻璃。在砸玻璃的时候，要用力砸玻璃的 4 个角，这样玻璃更容易被击碎，同时注意不要被玻璃划伤。由于车辆在刚刚遇水时，车外压力大于车内压力，驾驶员很难击碎车窗，这个时候不能慌，更不能放弃，要继续用安全锤砸车窗。很快车内外的压力就会变得相对平衡，这时击碎车窗会变得相对容易。

(6)成功砸开车窗后做一个深呼吸然后打开车门或通过车窗逃离。逃到车外后应保持面部朝上。如果不会游泳可设法爬到车顶(见图 8-1)或在离开车前尽量找一些可以漂浮的物体抱住，并且迅速游向水面寻求救援。

很多人认为，当汽车不幸落水时，由于水压作用，车门会难以打开，因此无法通过车门逃生。而事实上，汽车落水后，并不会很快沉入水底，而是车头下倾车尾翘起漂浮在水上，逐渐下沉。试验表明，经车门逃生是最为快捷、成功率最高的逃生方式。因此我们在汽车落水后逃生时要避免以下几个误区，以防错过最佳的逃生时机。

误区 1　寻找浮生物。事故发生时，有寻找浮生物的时间，还不如赶紧打开车门逃生。当然，有人担心，不会游泳，如果不寻找浮生物，会导致溺水。所以，学会漂浮是水上求生必备的技能，其中最省体力的漂浮方法是“水母漂式”。具体做法是：吸气后闭气，全身放松俯漂在水面，注意一定要全身放松，不能紧张，四肢自然下垂，如水母般静静地漂浮在水面；待要吸气时，双手向上抬至下颌处向下、向外划水，顺势抬头吐气和吸气，随即再低头闭气恢复漂浮的姿势。

误区 2　从天窗逃生。天窗是车落水后的一条逃生通道，但不是首选通道，在车刚落水时，如果天窗可以打开，说明车子还有电，此时与其从狭小的天窗逃出，还不如直接打开车门或者落下车窗逃生。

误区 3　等水进入车内后再打开车门逃生。通常人们都认为车子落水后，水会顺着车门间的缝隙往车内灌，同时车门也会因水的压力难以开启，而当水进入车内一定高度后，再打开车门压力会没有那么大，此时更容易打开车门。但事实上，请大家注意，车刚落水时，水对车门的压力还不是太大，车门还比较容易打开，直到水面超过车门钢板高度的50%时，水对车门的压力才会增大；而且车辆落水后，车内暂时是一个密闭的空间，车内进水会非常慢。因此，在车落水时，应抓紧时间，趁着水对车门压力还小，赶紧打开车门逃生。

误区 4　用塑料袋自制氧气罩逃生。要注意，人在慌乱的情况下所消耗的氧气量很大，小小的塑料“氧气袋”根本不够用，有时间去找塑料袋，还不如抓紧时间推开车门逃生。

总之，以上几点提示我们，在车落水时，要趁水对车门的压力还没有足够大、车门还较容易推开前，迅速打开车门逃生。如果车门确实已经打不开，需要破窗逃生时，一定要选择恰当的破窗工具，找准合适的位置破窗而出。

图 8-1　爬到车顶寻求救援

二、城市内涝时机动车和行人注意事项

(1)一些司机仗着自己的车子性能好，自信可以开足马力冲过去，就盲目进入积水很深的涵洞，很多被淹死的司机就是这样因为太过自信而害了自己。地势低洼的涵道、道

路、桥梁等城市道路，在内涝时往往水位很深，一旦车子和人被淹没，别人即便有心也无力施救。因此，千万不可盲目进入这些积水深的地方。

(2)骑行摩托车或电动车经过积水路段时，如果水比较深，且不清楚路况，千万不要盲目冲过去，否则掉进坑里或是掉进下水井，就是死伤事故。在了解路况的条件下，如果要快速冲过去，也尽量不要超重载人或是载物，以加快冲刺速度，否则，车子在水里浸泡可能会熄火或电路短路。在水位将淹没气门或是蓄电池的情况下，尽量不要再冒险冲刺，那样做熄火或电路短路的可能性非常大。

(3)在街道内涝时，下水道井口往往成为安全隐患。有的窨井盖被盗了，有的窨井盖被涌进下水道的雨水冲开，因此，从下水道井口处经过，就存在安全风险。内涝时，井口往往会出现急速进水的漩涡，如果排水不及，就会出现冒水的喷涌浪花，因此，无论开车还是步行，都要尽量避开这些地方。

(4)很多街道上都散布着变电箱、路灯、地下线缆、电线杆、电力塔等带电设施，这些公共设施很多在铺设和架设时可能存在质量问题，一旦被水淹，就很可能出现漏电。因此，为了安全，在街道积水时千万要远离这些带电设施。

(5)很多司机在街道积水严重的情况下，往往还会加大油门强行冲过积水路段，这样激起的浪涌非常大，尤其是大型货车高速行驶冲出来的浪涌。为了安全，行人通过积水路段时，要尽量避开快速冲刺的汽车，大货车更是必须要避开的，否则，这些车子激起的浪涌可能会把行人击倒，一旦倒在尖利硬物上，很可能危及生命。所以，作为司机，为了他人安全和公德，也要尽量避让行人。

(6)为了不湿身，或为了珍惜自己的鞋子，很多市民会在街道上设置支点，来个“铁腿水上漂”。这确实是方便，但穿高跟鞋等鞋子时尽量不要跳跃，否则如果支点不稳，就很可能让自己摔倒受伤。

(7)很多人看到水漫城市，就觉得好玩，走在街道上顺带玩水。其实，内涝的时候，城市街道的积水是很脏的，排污管道、化粪池等地方的污水都可能会涌出来，细菌无数，一旦皮肤有创口，就很可能感染病菌。

三、突遇暴雨时的安全行车指南

(1)雨天行车使用前大灯会形成炫目的光幕，要改用雾灯。若前挡风玻璃上产生雾气模糊了视线，需要打开空调的制冷开关，用冷风吹前挡风玻璃，这样能迅速使视线清晰；当后挡风玻璃出现雾气时，需打开后挡风玻璃加热开关，以尽快消除雾气。不过，需要提醒的是，停车避险时不要打开空调。

(2)车辆在湿滑路面上的制动距离大约是在干燥路面制动距离的3倍，因此，务必注意保持和前车的车距，最少应保持两个车身以上的距离，以避免急刹车。遇到情况多用点刹，以防止车辆侧滑跑偏。

(3)暴雨天行车能见度下降，应多加注意及礼让行人。可打开近光灯及雾灯增加能见度，必要时还需打开危险警示灯。

(4)如遇轮胎陷入泥坑，不要急踩油门，应使用低速挡缓加油门驶出，也可往泥坑堆加石块或者树枝，增加轮胎附着力，使车辆平稳开出泥坑。

(5)如遇前方积水漫过车辆前保险杠，则不可继续前行，以免发动机进气道吸水熄火，造成发动机“顶气门”。万一车辆在水中熄火，切记不能再次启动发动机以免造成发动机二次损坏。当车辆在深水处熄火时，不能呆坐在车内等待救援，应当观察水势，确保安全时尽快逃到高处避雨。

(6)风雨过大要停车，最好是靠边停车或者寻找地势高的地方停车，待暴雨过后继续前行。但不要停在树下及广告牌等物体下面，避免物体倒塌而砸伤车辆。

(7)如果在户外或者空旷地带遇到雷雨天气，待在车内其实比较安全，因为车壳是金属的，有屏蔽作用。就算不幸被雷电击中，车辆会通过车身及轮胎向地面导电，不会伤及乘客。另外需要注意必须把门窗关好，不可把手或头伸出窗外，因为车辆可能会被雷电击中。还要把收音机天线收起，因为它有避雷针的作用，也会吸引雷电。

第二节　暴雨天气避免坠井

近年来，全国发生多起暴雨天气无盖窨井“吞人”事件。2011 年 6 月，北京周边突然暴雨如注，路面很快被淹没。此时，一辆路过的黑色轿车抛锚熄火停在水中。不久，两名年轻男子从附近赶来，站在水中帮忙推车，推行没多远，一名男子突然脚下踩空，身体瞬间下坠，消失在水流中，另外一名男子上前搭手施救时也被水流卷走。2013 年 3 月 22 日，湖南长沙暴雨，由于下水道窨井盖被冲开，一位 21 岁女孩不慎落入下水道被急流卷走。尽管长沙各部门紧急开展了搜救，但最终花季少女的生命还是因为一枚井盖而陨落。2013 年 6 月 9 日晚，广西南宁暴雨肆虐，部分路段积水可达腰间。当晚一名中年妇女雨中归家时坠入 10 米深井，直至次日上午家属才确认这一噩耗，相关部门展开了搜救行动，但未能寻获失踪者……面对一起起沉重的“窨井吞人”事故，我们应如何避免暴雨天坠井呢？

当遭遇短时强降雨时，湍急的水流就有可能通过雨水井涌上来并顶开井盖。在遇到路面积水而看不清水下情况时，容易坠落井下。暴雨天时应尽可能待在安全的室内，如迫不得已要涉水，应采用“涉水行走防身三式”。

第一式：双臂向前伸展，在水中行走时，重心放在后脚上，前脚试探性地伸出，用脚尖左右扫动，确认前方是平地，双脚交替探路前进。如果还是踩空，身体在下坠时，两只伸开的手臂可以架在井口，防止身体被深井吸入。如图 8-2 所示。

第二式：有条件的话，找来棍子、结实的长柄雨伞等作为探路工具。但手持探路棍的方式很有讲究，持棍人应正手抓牢棍子插入水中探路。这样握棍，可以在人突然失去重心时用棍子撑住。如果像钓鱼那样晃来晃去，手握棍子一端，将棍子斜插进水里，则不能在发生情况时充分借助棍子支撑身体。如图 8-3 所示。

第三式：如果有两人结伴前行，可以一人在前，参照第一种方式探路，另一人双手抓紧前者裤腰部位，前脚虚、后脚实地跟着前进。前者如发生情况，后者可以第一时间做出反应将前者拽住，不至于让其坠井。如图 8-4 所示。

图 8-2　涉水行走防身第一式

图 8-3　涉水行走防身第二式

图 8-4　涉水行走防身第三式

第三节　意外坠井后的自救

暴雨天气时，政府和公共力量的工作量和工作负荷极大，救援资源相对分散。因此，在突遭不幸、意外坠井时，及时有效的自救措施能最大可能地保护自身安全。

(1)若不慎坠入雨水井中，千万不能慌张，不要乱动以节省体力。

(2)在坠入水中后屏住气，保持镇定，用手触摸井壁，找寻是否有可供攀爬的扶手。

(3)如果一坠到底，首先应往上游方向走，找到最近的井筒，顺着爬梯爬上去打开井盖。如果打不开井盖，可大声呼救。若手机还能用，就立即打电话报警。

(4)若井口位置较偏，人烟稀少无人救援，可继续沿管壁、渠壁往上游走。

(5)当水流较急时，坠井者可能会被管道内的水直接冲走，在这种情况下应留意每隔约 40 米出现的井室，尽量抓住井室与管道的转弯处。

(6)坠井者要避免往下游走或长时间待在管道最下方，因为大量有害气体都聚集在这一区域，人吸入过多会导致昏迷。

意外坠井如果一坠到底被冲入下水道时应按下列方法逃生：

(1)找到某种光源。用手电筒、手机屏幕或打火机来照明。若没有可用的光源，那么就朝上方看，寻找穿过雨水井进水口、街道上的网状格栅或者下水道检修井盖上的小洞射入下水道中的光线。最好能找到一个可以抓住的地方，避免被水冲到下游。

(2)站直身体前进。硫化氢的比重要比空气略大，所以在下水管道的下方这种气体会聚集得更多。尽可能将头抬高，接近下水道顶部。用衣服捂住口鼻会减少有毒气体的吸入。

(3)等到深夜行动。通常在早餐和晚餐之后，或者在大雨中和大雨后，下水道中的水流达到其最高流量，午夜流量通常会最低，判断方向和行动也就最容易。因此，可以等到午夜 2~3 时再开始脱逃。

(4)向上游移动。位于下游的大型管道会有大量堆积已久、被细菌充分分解的污水和污物，存在比上游管道中高得多的硫化氢层。相反，上游污物存放时间较短，而且有毒气体的浓度会更低。

第四节　雨天如何防范触电

2013 年 8 月 8 日，在郑州市郑上路同汇小区附近，两根 10 千伏电缆折断垂落地面，一名 26 岁小伙骑车经过时，触电身亡；晚 8 点 10 分左右，在郑州花园路上，一名女子骑车经过积水路面时触电倒在水中，不幸身亡。2016 年 7 月 7 日傍晚，湖北武汉市洪山区幸福路上，一名女子下班回家途中，经过一较浅积水路段时突然倒在水中，多位武警官兵和市民快速将其救起后送往医院，但女子仍不治身亡，目击者怀疑其为触电身亡。那么，在城市内涝时，我们应如何防范雨天触电呢?

(1)出现恶劣天气时，行人最好走在没有电线的一侧，尽量远离积水点，防止触电。

(2)不要靠近架空供电线路和变压器，更不要在架空变压器下面避雨。因为大风有可能将架空电线刮断，而雷击和暴雨容易引起裸线或变压器短路、放电，对人身安全构成威胁。

(3)避雨的时候要注意观察周围环境，不要在紧靠供电线路的高大树木或大型广告牌下停留或避雨。因为大风一旦将树枝刮断或将广告牌刮倒，就很可能将紧靠的电线砸断或搭在电线上。人体一旦接触那些被砸断的电线以及被淋湿的树木或金属广告牌，就会十分危险。

(4)不要触摸电力线附近的树木。有些地方树线并行，随着树木逐年长高，有的树冠将电线包围，遇到雷雨大风时，树线之间相互碰撞、摩擦，会导致短路、放电。虽然不少地方的电力线都已经更换成绝缘线，但长时间的摩擦仍可能使电线的绝缘外皮受损，致使被雨淋湿的树木带电。

(5)在户外行走时应尽量避开电线杆的斜拉铁线，因为拉线的上端离电力线很近，遇恶劣天气时有可能出现意想不到的情况而使拉线带电。

(6)暴雨过后，有些地方的路面很可能出现积水，此时最好不要趟水，如果必须要趟水通过的话，也一定要随时观察所通过的路段附近有没有电线断落在积水中。大家都知道，水是可以导电的。雨后趟水触电死亡的事故在全国各地都曾经发生过，务必请大家高度注意。

(7)10 千伏电缆线落地，在它周围 8 米以内是比较危险的。如果发现供电线路断落在积水中使水中带电的情况，千万不要自行处理，应立即在周围做好记号，提醒其他行人不要靠近，并及时打电话通知供电部门紧急处理。

(8)一旦发现有人在水中触电倒地，千万不要急于靠近搀扶，必须要在采取应急措施后才能对触电者进行抢救。否则不但救不了别人，而且还会导致自身触电。

(9)一旦电线恰巧断落在离自己很近的地面上，自己整个身体已经在危险范围内，此时不要慌张，更不能撒腿就跑，应当立即单脚着地，使身体尽量保持平衡，不要跌倒，丢掉手中携带的物品，蹦跳着朝安全地带前进。

第五节　遭遇雷电天气时的应对

雷电是大气中的一种放电现象，打雷造成的危害又叫做雷击，它会破坏建筑物和电气设备、伤害人畜等。打雷放电时间极短，但电流异常强大且能释放大量热能，使局部空气温度瞬间升高 1 万~2 万℃，具有极大的破坏力，易引起火灾和易燃易爆物品的爆炸。每年春夏之交和夏季是雷电天气的高发时期。2007 年 5 月 23 日，重庆开县兴业村小学的学生们像往常一样到学校上课。下午 4 时，突然狂风骤起，雷电交加，倾盆大雨随之而来。4 时 34 分，两个班的学生正在正常上课，突然一道闪电直击教室上空。惊天一声巨响后，教室腾起黑烟，两个班的学生和老师几乎全部倒在地上，有的学生全身被烧得黑乎乎的，有的头发竖起，7 条鲜活的小生命瞬间被夺走，另外还有 44 名小学生在这次雷击事故中不同程度受伤。2016 年 4 月 3 日上午 10 时许，江西南昌安义县金安福园墓区内，4 位南昌市民撑伞扫墓时被雷击中。据安义县委宣传部消息，事故造成一死三伤，其中一位市民被雷击中后当场死亡，其余三人当即被送入县医院经及时治疗才脱离生命危险。

那么，在遇上雷电天气时应如何应对呢？

1. 在室内

(1)雷电天气时，要关好门窗，避免因室内湿度大而引起导电效应及防止侧击雷和球形雷侵入。

(2)雷电天气时，最好切断家用电器的电源，并拔掉电源插头；不要使用带有外接天线的收音机和电视机；打雷时，最好不要打电话。

（3）雷电天气时，不要接触天线、煤气管道、铁丝网、金属窗、建筑物外墙等；远离带电设备；不要赤脚踩在泥地和水泥地上。

（4）不要在雷电交加时洗澡。

2. 在户外

（1）立即寻找避雷场所，可选择装有避雷针、钢架或钢筋混凝土的建筑物等处所，但注意不要靠近防雷装置的任何部分。若找不到合适的避雷场所，可选择蹲下，双手抱膝，取下身上的一切金属物品，尽量降低身体重心，并减少人体与地面的接触面积。

（2）不要待在露天游泳池及开阔的水域或小船上；不要停留在树林的边缘；不要待在电线杆、旗杆、干草堆、帐篷等没有防雷装置的物体附近；不要停留在铁轨、电力设备、拖拉机等外露金属物体旁；不要靠近孤立的大树和烟囱（山顶孤立的大树边尤其危险）；不要躲进空旷地带孤零零的棚屋或岗亭内。

（3）应立即停止户外活动，在空旷场地不宜打伞，不宜把金属工具扛在肩上，切勿站立于山顶上或接近导电性高的物体。

（4）要避免开摩托车、骑自行车，更不能开摩托车、骑自行车在雷雨中狂奔；人在汽车里要关好车门窗。

（5）多人一起在野外时，应相应拉开几米距离，不要挤在一块。

（6）高压电线被雷击落地时，近旁的人要保持高度警觉，当心被地面"跨步电压"电击。逃离的正确方法是：双脚并拢，跳着离开危险地带。

（7）身处空旷地带时宜关闭手机。

（8）切勿处理以开口容器盛载的易燃物品。

第六节　趟水注意事项

2016年7月，湖北省武汉市连降暴雨，汉口的陈大爷出去买东西后趟水回家，由于污水很脏，他回家后赶紧将脚冲干净。谁知第三天，他的左脚起了一片红斑，还有些肿胀，并且出现全身高热寒战的症状。在家吃药后不见消退，家人赶紧将老大爷送到了医院。经诊断，是因污水中的细菌通过脚上的破口进入淋巴管，从而使老大爷患上丹毒，需要住院系统治疗。

暴雨过后，因为生活、工作、学习等有时不得不趟水外出。这时候很多人会选择穿拖鞋短裤直接趟水，于是便出现了类似陈大爷这样的案例。值得留意的是，暴雨过后，污水中充斥着动物尸体、生活垃圾以及部分寄生虫的虫卵等污染源，长时间在渍水中浸泡，人体皮肤的屏障功能会遭到破坏，真菌和细菌便有机可乘，很容易引发间擦疹、脚足癣等皮肤病。

另外，细菌容易从皮肤毛孔乘虚而入，钻到淋巴管里，从而引发丹毒和淋巴管炎等。丹毒是一种累及真皮浅层淋巴管的感染，主要致病菌为A组β溶血性链球菌。丹毒多发于下肢和面部，一般发病急，患者常有畏寒、发热等全身症状，与普通感冒症状相似。丹毒严重时，可引起慢性淋巴水肿甚至败血症。

无保护性趟水还容易感染血吸虫病。人们在接触疫水时，血吸虫尾蚴有可能钻进人的皮肤，从而引发血吸虫病，甚至引起急性感染。患者临床表现为发热、恶心、呕吐、消瘦、乏力等。

所以，在不得不趟水时，我们应做好以下防护措施：

(1)在涉水前，双腿部涂上防水油膏，尤其是趾间。下水劳动时，每隔1~2小时休息一次，擦干脚，在阳光下暴晒片刻。

(2)为预防皮肤擦烂，要随身携带毛巾等擦汗，保持皮肤清洁干燥。

(3)如果皮肤本来有创口，要先在创口处涂上抗菌药膏，有可能的话穿上高筒雨靴或套上厚实点儿的塑料袋，切记不要光足涉水。

(4)涉水的鞋子尽量不要再穿。在出门前最好在包里准备一双其他种类的、更保暖一些的鞋子以及棉袜，到达目的地后第一时间用纸巾或者毛巾将脚擦干，换上干爽的鞋袜以保暖，减少来自脚部的寒气，袜子定期更换即可。

(5)趟水回家后要及时用流水和肥皂清洗并擦干腿脚，再换上干净的鞋、裤，以免病菌滋生。有条件时还可以用12.5%的明矾加3%的盐水配置成溶液浸泡双小腿2~3分钟左右，然后再用清水洗净晾干；或者用适量医用酒精擦洗消毒。

(6)如在涉水之后皮肤出现红斑、水泡、瘙痒等症状，要及时就医，尤其是本来就有足癣或其他皮肤病的患者，更不能凭经验用药。

第七节　暴雨洪涝灾害后的饮水和食品安全

遭受暴雨袭击后，供水设施和污水排放系统容易遭到破坏，水质被污染，环境卫生极差，而且天气潮湿，病菌容易滋生。

特别是洪涝灾害期间，洪涝灾区搞好饮水卫生应参照下列原则：

(1)喝开水，不喝生水。尽可能喝以下三种水：经过烧开的水、包装完整的瓶装水或饮料、桶装水。绝对不能喝被污染过的水。当对水质有怀疑时，就应当换用安全的水。

(2)被水淹没过的供水设施必须经清洗消毒并经过水质检测后方能重新启用；装水的缸、桶、锅、盆等必须干净，并经常倒空清洗；对临时饮用的井水、河水、湖水、塘水，一定要进行消毒；混浊度大、污染严重的水，必须先加明矾澄清。

那么紧急情况下，应如何判断水质的好坏呢？

(1)视：干净水应无色、无异物，附近无漂浮动物尸体等；

(2)嗅：干净水应没有异味，否则不宜饮用，有消毒水味道的水相对比较安全；

(3)尝：干净水应该没有味道，如果入口有酸、涩、苦、甜等味道都不能饮用。

那么又应如何对灾后的饮用水进行消毒呢？

(1)对缸水、井水进行消毒。

缸水：静置沉淀1小时，用以下方法之一进行消毒：①煮沸5~10分钟；②漂白精片消毒法：清洁水100公斤加漂白精片1片，混匀静置30分钟即可。

井水：用500毫升的矿泉水瓶或竹筒装入半瓶(筒)漂白粉，在容器上面或旁边均匀钻4~6个小孔，孔的直径为0.2~0.5厘米。将简易消毒器口扎紧置于井水，用浮筒悬在水中。一次加药后可持续消毒3~5天。

(2)处理浑浊水。

对于浑浊水，取水装入缸(桶)中，可选用明矾、硫酸铝、三氯化铁、碱氏氯化铝等混凝剂，按要求比例加入水中，充分搅匀，将水中的泥沙或有机物混凝，静置沉淀约1小时取出上面澄清液倒入另外缸(桶)进行消毒。

(3)重新启用水井的注意事项。

水井重新启用前必须进行清掏、冲洗与消毒，先将水井抽干，清除污泥，用清水冲洗井壁、井底，再抽尽污水。待水井自然渗水到正常水位后，进行加氯消毒。

(4)发生饮用水污染的处理。

立即停止饮用，并立即上报上级政府部门采取相应措施。

人们在抗洪救灾期间，身体极度疲乏，不洁的饮食除了易引起食物中毒外，还容易传播细菌性痢疾、甲戊型病毒性肝炎、急性胃肠炎、霍乱、伤寒等各种肠道传染病。且肠道传染病是经粪—口传播的传染病，因此预防重点就是要把住病从口入关。注意饮水和饮食卫生，是灾后预防肠道传染病的关键。

(1)不要吃被洪水淹过的食品。遭到水淹的生鲜食品，一律丢弃，不要食用。若冰箱已遭水侵入，或曾经停电，则生鲜食品最好丢弃不用。罐头、利乐包(铝箔包)等食品，要注意是否有外包装破损、锈蚀以及膨罐等现象，若有这些现象，必须将其丢弃，不要食用。不要存有侥幸心理，以免得不偿失。

(2)不要吃未洗净的瓜果蔬菜。瓜果蔬菜不要用河水洗，皮可以吃的瓜果，生吃前一定要用清洁的水洗净，再用开水烫一下，或者削皮后再吃。

(3)不要吃凉拌菜、沙拉等未经煮熟的食品。灾区条件差，凉菜特别是卤菜在制作和销售过程中容易被污染，吃了容易诱发疾病。不要误以为新鲜大蒜、蒜头、姜、辣椒、芥末这些东西可以消毒杀菌，在被水淹过后，彻底煮熟食物才是正确的消毒杀菌法。

(4)不要吃剩饭剩菜。在夏天高温状态下，在室温下过夜或存放太久的食物容易腐败，细菌繁殖而产生毒素，虽然加热能将细菌杀死，但其所分泌的毒素仍会造成食物中毒。

(5)不要吃毒死、病死和死因不明的禽畜及鱼虾。死因不明的禽畜、鱼虾可能受毒物或病菌污染，吃了可能会引起食物中毒及肠道传染病等。

(6)不吃过期食品。方便面、罐头等盒装、瓶装、袋装的定型包装食品在食用前要注意查看生产日期和保质期。

(7)尽量不要在外面进食，因为餐馆也一样遭受过洪灾，在不确定餐馆的食物是否安全卫生的状况下，还是自行烹调为好。若是必须在外进食，要选择有信誉的餐馆，同时只点熟食，不要吃凉拌菜、沙拉、生鱼片等易受污染的食物。

(8)所有餐具要在清洗消毒后存放在安全卫生的位置，或用干净的柜子、箱子或塑料袋包好存放。在处理食物的过程中，要特别注意刀、砧板、容器、锅、盘的清洁与卫生，以防污染，必要时可以用沸水冲洗后再使用。

第八节　灾后的消毒防疫工作

洪涝灾害能引起多种致病微生物对生活环境、饮水、食物的广泛污染。由于灾害改变了人们的生活环境，人们长时间处于疲劳状态，抗病能力会下降。因此，消毒工作显得特别重要，尤其是洪水退后及时合理消毒是一项极为紧迫的工作。

1. 水灾后消毒应严格遵循的原则

(1)加强环境消毒。对受淹的室内地面、墙壁及物品应进行及时消毒，对临时灾民安置点应随时进行消毒，防止传染病的发生。

(2)确保重点场所及时消毒。暴露的粪便、排泄物要及时处理、消毒，防止污染扩散。

(3)及时处理动物尸体。家畜、家禽和其他动物尸体应尽早处理。

(4)注意餐具及手部卫生。水灾过后，肠道传染病发病风险加大，应对餐厨具进行严格消毒，正确洗手，预防肠道传染病的发生。

(5)一般不必对室外环境开展大面积消毒，防止过度消毒现象的发生，避免消毒药剂造成环境污染。

2. 灾后消毒方法

灾后消毒又分为室内消毒和室外消毒。室内消毒方法如下：

(1)餐具首先煮沸消毒 10~15 分钟，或流通蒸汽消毒 10 分钟。也可用有效氯浓度为 250~500mg/L 的含氯消毒剂溶液浸泡 5 分钟或用浓度为 0.2%~0.5%的过氧乙酸溶液浸泡 30 分钟后，再用清水洗净。

(2)地面、墙壁、门窗、桌面等物体表面受污水污染的环境及物品可用有效氯浓度为 500~700mg/L 的含氯消毒剂或浓度为 0.2%~0.5%的过氧乙酸溶液喷洒消毒，作用 30 分钟，喷洒剂量为 100~300mL/m^2，以喷湿为度。对于不耐腐蚀的表面，消毒后要用清水擦拭。

(3)衣服被褥用有效氯浓度为 250~500mg/L 的含氯消毒剂浸泡 30 分钟，含氯消毒剂对衣物有漂白的作用，消毒后要用清水清洗。

(4)家具用浓度为 0.2%的过氧乙酸、0.5%的洗必泰或 0.5%的新洁尔灭擦拭，作用 30 分钟。

(5)畜舍用浓度为 10%的漂白粉上清液喷雾(200mL/m^2)或喷洒(1 000mL/m^2)，作用两小时，如疑有炭疽菌污染则可用浓度为 20%的漂白粉上清液喷雾，作用 4 小时。

(6)手的一般卫生消毒，可用有效氯浓度为 250mg/L 的含氯消毒剂浸泡 3 分钟，或用浓度为 0.2%的洗必泰、0.5%的新洁尔灭作用 3 分钟。当有红眼病流行时，手的消毒可用浓度为 0.5%的过氧乙酸擦洗 3 分钟。

(7)手巾、毛巾、脸盆、门把手分别用水煮沸 15 分钟，或用有效氯浓度为 500mL/L 的含氯消毒剂作用 10 分钟，或用 0.5%的过氧乙酸浸泡或擦拭，作用 10 分钟。

(8)瓜果、蔬菜用浓度为0.1%的高锰酸钾溶液浸泡30分钟，或用有效氯浓度为100mg/L的含氯消毒剂作用30分钟。

(9)确认受肝炎病毒污染的物品、手，可用浓度为0.5%的戊二醛消毒剂擦拭，作用10分钟，然后用清水冲洗。

室外消毒方法如下：

(1)及时修复被洪水淹没的公厕、垃圾收集站点的设施，并进行消毒处理。粪便处理不好极易污染水源，滋生蝇类。灾民安置点要设临时厕所，灾民不得随地大小便。

粪便消毒采用10份粪水加1份漂白粉，搅拌，两小时后倒在指定地点掩埋。肠道传染病人的粪便，按5份粪水与1份漂白粉的比例，或加等量生石灰，搅匀2~4小时后，倒在指定地点掩埋。

(2)对水灾致死的家畜、家禽等动物尸体要及时清理、掩埋或焚烧。先用浓度为5%的漂白粉上清液喷雾消毒1~2小时，后装入塑料袋，投入深坑，掩埋地要远离居民居住地和距水源50m以外，挖坑深≥2m，在坑底和动物尸体上层应用漂白粉按20~40g/m^2的量处理后覆土掩埋压实。

(3)对清淤后的环境可用有效氯浓度为1 000~2 000mg/L的消毒溶液(每1公斤水加5~10g漂白粉，漂白粉有效氯浓度按20%计)喷洒消毒30分钟。

水灾过后首先要预防的是肠道传染病，如霍乱、伤寒、痢疾、甲型肝炎等。人畜共患疾病和自然疫源性疾病也是洪涝期间极易发生的，如钩端螺旋体病、流行性出血热等；水灾过后还可能患浸渍性皮炎、虫咬性皮炎、尾蚴性皮炎等皮肤病。另外，还要注意防止食物中毒、农药中毒等。

具体而言，洪涝灾害过后，尤其要留意以下几种疾病的传播：

细菌性痢疾：细菌性痢疾简称菌痢，是由志贺菌属(痢疾杆菌)引起的急性肠道传染病。患者主要表现为畏寒、高热、腹痛、腹泻、黏液脓血便以及里急后重等，严重者可出现感染性休克或中毒性脑病。菌痢可通过消化道传播，病原菌随病人粪便排出，污染食物、水、生活用品或手，经口使人感染；亦可通过苍蝇污染食物而传播。生活接触是引起散发病例的主要途径，水、食物污染常引起爆发。

伤寒和副伤寒：伤寒、副伤寒是由伤寒杆菌和副伤寒杆菌甲、乙、丙引起的急性消化道传染病。水源污染是该病传播的重要途径之一，常呈爆发流行。临床上以持续高热、相对缓脉、特征性中毒症状、脾肿大、玫瑰疹与白细胞减少等为特征。肠出血、肠穿孔为主要并发症。

钩端螺旋体病：钩端螺旋体病(简称钩体病)是遭遇洪灾后需要重点防范的传染病之一。发病者以青壮年、有接触疫水者为主。猪是洪水型钩体病流行的主要传染源，家畜和鼠类、蛙类等是次要传染源。钩端螺旋体具有很强的侵袭力，通过皮肤、眼结膜、鼻或口腔黏膜侵入人体，迅速进入血流并繁殖，随后侵害肝、肾、肺、脑膜等器官引起多种症状。临床上患者常见的是发高烧、头痛、全身酸痛、腓肠肌(小腿)疼痛、眼结膜充血、淋巴结肿大等。

3. 洪水过后卫生防疫基本方法和措施

(1)搞好室内外环境卫生，清除污染源。各地区应组织群众大力开展爱国卫生运动，积极预防传染病发生。对灾民临时安置点，要搭建临时厕所，并进行消毒，搞好临时住所的室内外卫生。对过水村屯及内涝和被水淹村屯，待洪水消退后应组织村民清淤，修路、厕所、牲畜圈，整修庭院、填平坑洼，清除淤积在村内的易腐烂变质动植物，消灭蚊蝇滋生地和污染源，彻底改变村屯的卫生面貌。在此基础上，对室外环境普遍用生石灰消毒一次，室内用浓度为 0.5%的过氧乙酸或浓度为 5%的漂白粉澄清液喷洒消毒一次，切断粪—口传播途径。

(2)保护好水源，做好饮用水消毒。水灾后由于地下水位升高，居民饮用的大口井、家庭小井、手压井等浅层地下水均受到污染，特别是被淹村屯的水井还有有机物淤积。因此，保护好水源，做好饮用水消毒，是预防肠道传染病最有效的措施。各灾区应组织群众清淘水井，对饮用水进行消毒，提倡喝开水。常用的饮用水消毒剂为含氯量为 25%的漂白粉粉剂，如针对大口井的水质消毒建议使用塑料袋装漂白粉(1 000 克)，在塑料袋两侧各扎 5 个孔，用绳子系好置于井内水面下即可；缸水水质消毒时漂白粉浓度及用量为 4~6g/m^3(吨)。用含氯量为 25%的漂白粉澄清液进行饮用水消毒，应先配制 100%漂白粉澄清液备用(可保存 2~3 周)，每 100 斤饮用水加澄清原液一匙，搅拌后作用半小时至两小时再饮用。用含氯量为 60%~70%的漂白精片进行饮用水消毒，可每 100 斤饮用水加漂白精片 1 片(0.3 克)，搅拌后作用半小时至两小时再饮用。消毒后饮用水余氯含量应达 0.3mg/L，以保证饮用水安全。

(3)大力开展除四害活动，消灭疾病传播媒介。灾后由于环境污染，加之高温天气，蚊蝇极易滋生繁殖。应发动群众，采取专群结合，落实“防、打、药”等综合措施，即安装纱窗、纱门，人工捕打和药物杀灭蚊蝇。常用杀虫剂有有机磷、有机氯和拟菊酯类杀虫剂，使用方法为 80%敌敌畏原药 1.25~4mL 加水 100mL，配制成 0.1%~0.3%浓度用于灭蝇。敌百虫 10mL 或克加水 100mL，配制成 0.1%浓度与稀饮或其他食物按 1∶4 混合诱杀成蝇。6%可湿性 666 原药 84 克加水 100 毫升，配制成 0.5%浓度，喷洒地面、墙壁、天棚灭蝇。对流行性出血热流行区，特别是内涝和过水村屯，室内鼠密度较高，应在水灾后及早采取预防性灭鼠，把室内鼠密度控制在 3%以下。要发动群众因地制宜，采取夹、扣、压等器械灭鼠，并组织货源，积极开展药物灭鼠。药物灭鼠宜采用对畜、禽毒性小，使用安全的灭鼠安、杀鼠灵、敌鼠钠、溴敌隆等灭鼠药。

(4)搞好饮食卫生，预防食物中毒。要采取多种形式，宣传和教育灾区群众不吃腐烂变质的食物(品)和病(死)畜禽肉，不采食有毒野菜和毒蘑菇，以免发生食物中毒。加强集(农)贸市场的食品卫生监督，严禁向灾区居民出售超期、变质食品和未经检疫畜禽肉，一经发现就地封存或销毁。指导群众采取煮沸或药物方法做好餐具消毒，确保饮食安全卫生。

(5)加强疾病监测，执行疫情报告制度，做好疫区流行病调查和处理。由于灾区饮水、饮食、环境卫生较差，居民易患肠道传染病；接触疫水机会多易感染猪型钩端螺旋体病；进入秋收季节，野外作业极易接触鼠类，感染流行性出血热机会较多。因此，各地应严密监视疫情动态，及时做出疫情预测预报。对散发病例和疫区要及时组织力量做好流调和疫区处理，防止爆发流行。

(6)加强鼠疫监测。要高度重视灾区鼠疫疫情。各级医疗卫生防疫人员均应掌握国家《鼠疫诊断标准》，注意发现疑似病例，并严格执行疫情报告制度。凡发现疑似病例，责任疫情报告人应以最快的方式逐级报告，其时限为农村应于12小时内、城镇应于6小时内上报疫情。疫区应按国家《人间鼠疫疫区处理标准及原则(GB 15978—1995)》进行处理。

(7)开展预防接种，保护易感人群。为保证儿童计划免疫正常运行和接种率，对儿童计划免疫中断的乡镇或村，要查清0~14岁儿童的去向。对投亲靠友、转移到灾民临时安置点的儿童，采取就近就地的原则，实行临时属地管理。对未完成基础免疫的12月龄内儿童，由所在地的社区卫生服务中心、乡卫生院或村卫生所建立临时计划免疫卡证，依据接种证或计划免疫程序，推断儿童应接种疫苗种类，如漏种两种以上的疫苗可实施联合免疫措施进行补种，即两种以上疫苗可同时在左右臂三角肌接种部位分别接种或口服。对灾区内伤寒疫区的重点人群开展伤寒VI多糖菌苗注射。对流行性出血热疫区青壮年劳力等易感人群，未接种过流行性出血热野鼠型疫苗的可按0天(注射第1针当天)、7天、28天免疫程序，分别采用肌肉注射出血热疫苗1mL，6个月后再加强一针。对灾区中小学7~14岁学生开展甲型肝炎疫苗预防接种，用法为1mL，上臂三角肌外侧皮下注射，以预防相应传染病的发生。

第九章　新型冠状病毒引起的肺炎的防控

第一节　新型冠状病毒引起的肺炎概述

一、新型冠状病毒概况

新型冠状病毒，简称“新冠病毒”，世界卫生组织（WHO）命名为2019-nCoV，其中，n代表novel（新奇的），CoV是coronavirus（冠状病毒）的缩写。它与造成严重急性呼吸综合征（SARS，俗称“非典”）的病原体一样，都属于冠状病毒，但两者并不相同。

二、新型冠状病毒引起的肺炎流行的三个基本环节

1. 传染源

目前的主要传染源是新型冠状病毒引起的肺炎患者和无症状感染者。

2. 传播途径

人与人之间经呼吸道飞沫和接触传播是新型冠状病毒引起的肺炎主要的传播途径，其也可经母婴垂直传播，气溶胶和消化道等传播途径尚待明确。

3. 易感人群

所有人群普遍易感。老年人及有慢性基础疾病者感染后病情较重，儿童及婴幼儿也有感染发生。

三、新型冠状病毒引起的肺炎的临床特点

1. 潜伏期

潜伏期为1~14天，多为3~7天。

2. 症状

以发热、乏力、干咳为主要表现。少数患者伴有鼻塞、流涕、腹泻等症状。部分患者仅表现为低热、轻微乏力等。重症患者多在感染1周后出现呼吸困难。

3. 治疗

目前还没有确认有效的抗病毒的方法，有效药物正在研发中。

4. 预后

多数患者预后良好，少数患者病情危重。老年患者和有慢性基础疾病的患者预后较差。儿童患者症状相对较轻。

第二节 新型冠状病毒引起的肺炎的防控方案

一、良好的卫生习惯

1. 口罩的选择和正确佩戴方法

疫情期间，在与人碰面、到公共场所、进入人员密集或密闭场所、乘坐公共交通工具等时，均需要佩戴口罩。具体佩戴什么类型的口罩，应根据所处环境和需要进行选择。

1）口罩类型的选择

对于一般公众（医务工作者或疫情防控相关工作人员除外），建议戴一次性医用口罩。人员密集场所（医院、机场、火车站、地铁、地面公交、飞机、火车、超市、餐厅等）工作人员和警察、保安、快递等从业人员，以及居家隔离及与其共同生活人员，建议佩戴医用外科口罩，或者佩戴符合 N95/KN95 及以上标准的颗粒物防护口罩。对于带呼吸阀的口罩，普通人群佩戴可以保护佩戴者，但疑似病人或确诊病人不应佩戴有呼吸阀的口罩，因为呼吸阀不能阻挡佩戴者的飞沫向环境中传播。

2）口罩的正确使用方法

（1）鼻夹朝上，深色面朝外（或褶皱朝下）；

（2）上下拉开褶皱，将口罩覆盖口、鼻、下颌；

（3）将双手指尖沿着鼻梁金属条，由中间至两边，慢慢向内按压，直至金属条紧贴鼻梁；

（4）适当调整口罩，使口罩周围充分贴合面部。

如图 9-1 所示。

3）特殊人群如何佩戴口罩

（1）孕妇佩戴防护口罩，应注意结合自身条件，选择舒适性比较好的产品；

（2）老年人及有心肺疾病的慢性病患者佩戴口罩后可能会造成不适感，甚至会加重原有病情，应寻求医生的专业指导；

（3）儿童处在生长发育阶段，其脸型小，应选择儿童防护口罩。

2. 增强体质和免疫力，保持环境清洁和通风

增强体质和免疫力，均衡饮食，适量运动，作息规律，避免过度疲劳。

图 9-1　口罩的正确佩戴方法

每天开窗通风次数不少于 3 次，每次 20～30 分钟。当户外空气质量较差时，通风换气频次和时间应适当减少。

3. 尽量减少到人群密集场所活动并且关注症状

尽量减少到人群密集场所活动，避免接触呼吸道感染患者。

出现呼吸道感染症状如咳嗽、流涕、发热等时，应居家隔离休息，持续发热不退或症状加重时应及早就诊。

4. 洗手在预防呼吸道传播疾病中的作用

正确洗手是预防腹泻和呼吸道感染的最有效措施之一。中国疾病预防控制中心、世界卫生组织等权威机构均推荐用肥皂和清水(流水)充分洗手。

1)正确掌握六步洗手法

六步洗手法如图 9-2 所示。

2)哪些时候需要洗手

传递文件前后、在咳嗽或打喷嚏后、在制备食品之前及期间和之后、吃饭前、上厕所后、手脏时、在接触他人后、接触过动物之后、外出回来后等情况下均要洗手。

二、居家隔离

为应对新型冠状病毒引起的肺炎疫情，指导居家隔离医学观察的人员做好个人防护，预防和控制感染，遏制疫情蔓延，在 2020 年 2 月 5 日，国家卫健委发布《新型冠状病毒感

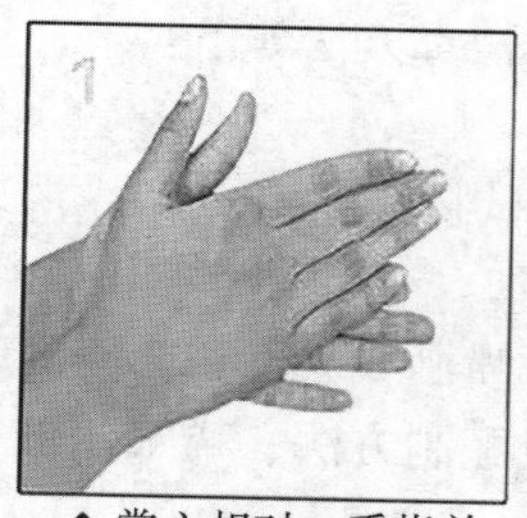

◆掌心相对，手指并拢，相互揉搓

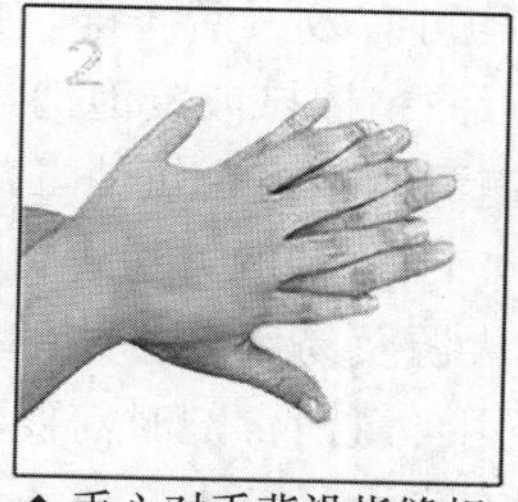

◆手心对手背沿指缝相互揉搓，交换进行

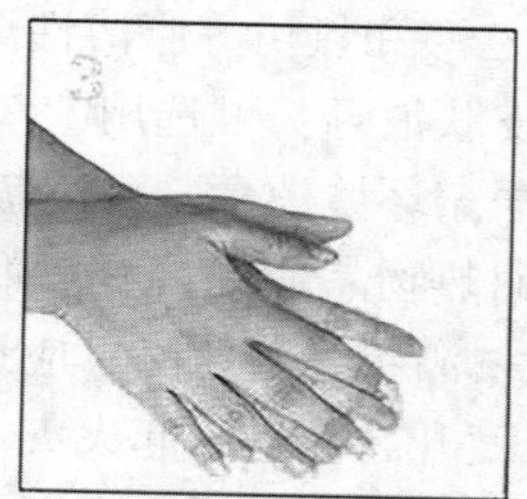

◆掌心相对，双手交叉指缝相互揉搓

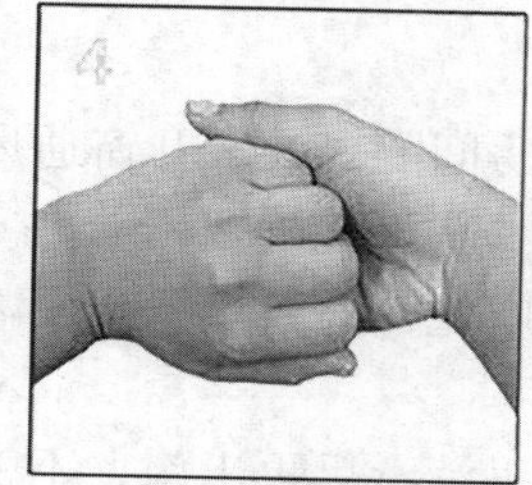

◆弯曲手指使关节在另一手掌心旋转揉搓，交换进行

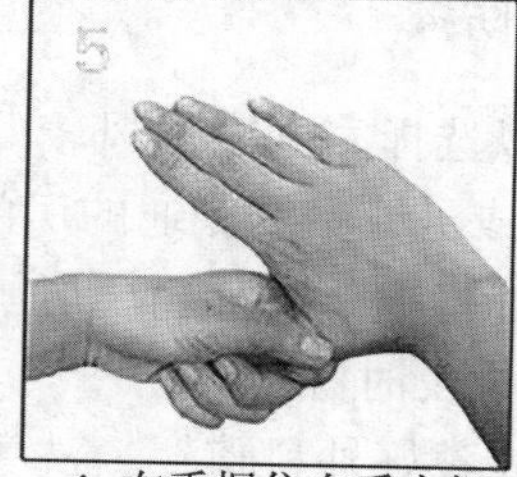

◆左手握住右手大拇指旋转揉搓，交换进行

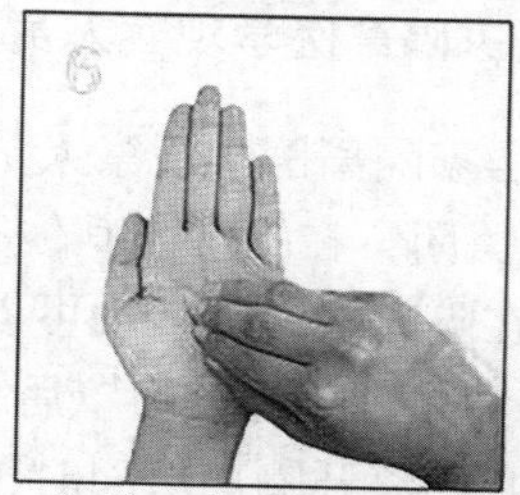

◆将五个手指尖并拢，放在另一手掌心旋转揉搓，交换进行

图 9-2　六步洗手法

染的肺炎防控中居家隔离医学观察感染防控指引(试行)》①，就加强疫情防控中居家隔离医学观察的感染防控工作提出了具体要求。

1. 居家隔离的目的和意义

居家隔离是指通过物理上的隔绝，阻止患者在社会上滞留与传播，避免形成二代和三代病例。当存在大量无症状感染者、密切接触者或潜在病人的时候，居家隔离应该作为一个重要的选择，一方面可以通过减少接触来减少个人感染和疾病流行的风险，另一方面也可以缓解医疗机构资源紧张的压力。但是，若出现与疾病相关的症状时，必须及时去医院就诊。

2. 居家隔离的人群

在 14 天(最长潜伏期)内有去过疫源地或其他疫源地病例持续传播地区旅行史或居住史的人员，或者 14 天内曾与疑似病例、确诊病例有密切接触史的人员，应居家隔离 14 天，其间如果出现与新冠肺炎相关的可疑症状，应该立即上报并就医。

3. 居家消毒方法

新型冠状病毒对紫外线和热敏感，56℃ 3 分钟、乙醚、75%乙醇(酒精)、含氯消毒

① 国家卫生健康委办公厅关于印发新型冠状病毒感染的肺炎防控中居家隔离医学观察感染防控指引(试行)的通知，国卫办医函〔2020〕106 号 . http：//www.gov.cn/zhengce/ zhengceku/2020-02/05/content_5474688.htm.

剂、过氧乙酸和氯仿等脂溶性溶剂均可有效灭活病毒。具体消毒方法如下：

(1)皮肤消毒：可选用75%消毒酒精擦拭或浸泡消毒；

(2)居家环境消毒：可用75%消毒酒精或含氯消毒剂擦拭物体表面；

(3)耐热物品消毒：可采用煮沸15分钟的方法进行消毒。

注意：酒精是易燃品，应远离火源及易燃物，并且不可喷洒或大面积消毒，否则空气中乙醇浓度升高容易引起火灾。使用含氯消毒剂时需要注意配制方法、稀释比例，尤其应避免与其他消毒剂混用，否则可能产生大量有毒气体。

4. 居家隔离医学观察人员感染防控

(1)居家隔离医学观察人员可以选择家庭中通风较好的房间隔离，多开窗通风；保持房门随时关闭，在打开与其他家庭成员或室友相通的房门时应先开窗通风。

(2)在隔离房间内活动可以不戴口罩，离开隔离房间时应先戴外科口罩。佩戴新外科口罩前后和处理用过的口罩后，应当及时洗手。

(3)必须离开隔离房间时，应先戴好外科口罩，洗手或手消毒后再出门。不随意离开隔离房间。

(4)尽可能减少与其他家庭成员接触，必须接触时应保持1米以上距离，并尽量处于下风向。

(5)生活用品与其他家庭成员或室友分开，避免交叉污染。

(6)避免使用中央空调。

(7)保持充足的休息时间和充足的营养。最好限制在隔离房间内进食、饮水。尽量不要共用卫生间，必须共用时须分时段，用过后通风并用酒精等消毒剂消毒身体接触过的物体表面。

(8)讲究咳嗽礼仪，咳嗽时用纸巾遮盖口鼻，不随地吐痰，用过的纸巾及口罩丢入专门的带盖垃圾桶内。

(9)用过的物品及时清洁消毒。

(10)按居家隔离医学观察的要求，每日上午下午测量体温，自觉发热时随时测量并记录。出现发热、咳嗽、气促等急性呼吸道症状时，及时联系隔离点观察人员。

5. 居家隔离医学观察随访者感染防控

(1)访视居家隔离医学观察人员时，若情况允许电话或微信视频访视，这时无需个人防护。访视时应当向被访视对象开展咳嗽礼仪和手卫生等健康宣教。

(2)实地访视居家隔离医学观察人员时，常规正确佩戴工作帽、外科口罩或医用防护口罩，穿工作服、一次性隔离衣。每班更换，污染、破损时随时更换。

(3)需要采集居家隔离医学观察人员呼吸道标本时，加戴护目镜或防护面屏，外科口罩换为医用防护口罩，戴乳胶手套。

(4)一般情况下与居家隔离医学观察人员接触时保持1米以上的距离。

(5)现场随访及采样时尽量保持房间通风良好，被访视对象应当处于下风向。

(6)需要为居家隔离医学观察人员进行检查而与之密切接触时，可加戴乳胶手套。检查完后脱手套进行手消毒，更换一次性隔离衣。

(7)接触居家隔离医学观察人员前后或离开其住所时，进行手卫生，用含酒精速干手消毒剂揉搓双手至干。不要用手接触自己的皮肤、眼睛、口鼻等，必须接触时先进行手卫生。

(8)不重复使用外科口罩或医用防护口罩，口罩潮湿、污染时随时更换。

(9)居家隔离医学观察随访者至少须随身携带：健康教育宣传单(主要是咳嗽礼仪与手卫生)、速干手消毒剂、护目镜或防护面屏、乳胶手套、外科口罩/医用防护口罩、一次性隔离衣、医疗废物收集袋。

(10)随访中产生的医疗废物应随身带回单位按医疗废物处置。

6. 居家隔离医学观察人员的家庭成员或室友感染防控

(1)佩戴外科口罩。

(2)保持房间通风。

(3)尽量不进入隔离观察房间。

(4)与居家隔离医学观察人员交流或为其提供物品时，应当距离至少1米。

(5)注意手卫生，接触来自隔离房间物品时原则上先消毒再清洗，不与被观察者共用餐饮器具及其他物品。

其他人员如物业保洁人员、保安人员等需接触居家隔离医学观察对象时，按居家隔离医学观察随访者要求使用防护用品，并正确穿戴和脱摘。

目前，在尚无新冠肺炎疫苗的情况下，物理隔离、流行病学调查等非药物干预方法仍然是控制疫情的重要手段。近日，国际医学期刊《柳叶刀》在线发表了一篇题为“Institutional, not home-based, isolation could contain the COVID-19 outbreak”的通讯文章①，比较了大多数欧美国家采用的居家隔离以及中国式的集中隔离对新冠疫情传播的影响。文章发现，集中隔离可以更好地减少家庭和社区传播，相比居家隔离，中国式集中隔离可再减少37%新冠感染。

2020年2月6日，武汉市实施四道防线，从基层的社区卫生服务中心，到分诊的64家发热门诊，再到收治密切接触者、疑似患者及轻症患者的集中隔离点和“方舱医院”，直到誓将病死率降下来的集中收治重症和危重症患者的定点医院，有效阻断了新冠病毒的传播。同时普遍实行社区封闭式管理，全民居家实行规定时间的居家隔离、在家办公学习等，还普遍严格执行跨地区旅行后的14天居家隔离政策，隔离期结束后仍减少一切不必要的外出，为斩断病毒传染链做出了重要贡献。

2020年6月7日，国务院新闻办发布了《抗击新冠肺炎疫情的中国行动》白皮书，强调通过超常规的社会隔离和灵活、人性化的社会管控措施，构建联防联控、群防群控防控体系，我国打响抗击疫情人民战争，通过非药物手段有效阻断了病毒传播链条。

① Borame L Dickens, Joel R Koo, Annelies Wilder-Smith, et al. Institutional, not home-based, isolation could contain the COVID-19 outbreak[J]. The Lancet, 2020, 395(10236): 1541-1542.

三、公共场所防护

疫情期间，由于各种生活和工作需要，可能需要外出。那么，在公共场所有哪些防控措施呢?

(1)疫情期间，尽量避免去人多的密闭空间。如果必须外出，也要特别注意佩戴口罩。如果条件允许，可选择步行、骑自行车或自驾出行，尽量不要选择乘坐公共交通工具。

(2)当乘坐高铁、飞机时，进出站一定要配合工作人员测量体温，减少进食，尽量避免脱口罩，避免双手频繁接触口、鼻、眼睛；打喷嚏或咳嗽时注意用纸巾或手肘遮住口鼻；途中尽量与他人保持安全距离，密切留意周围旅客的健康状况，如果发现异常，在条件允许的情况下尽量换座位，并主动上报工作人员；尽可能远离人群走动频繁的过道，减少在车厢或机舱内来回走动；避免使用公共饮水机，尽量自备或购买瓶装水；留意自己的航班号、高铁车次信息，注意社会公示的患者同乘交通工具信息，如果是同乘者，需上报并居家隔离。

(3)乘坐电梯时，厢式电梯中电梯楼层按钮上可能残留飞沫或病毒，有接触感染的可能，按楼层按钮时，最好不直接使用手指；如果用手指，在接触按钮后要避免手指接触身体其他部位，出电梯后立即洗手；同时应减少乘坐电梯的频率，上低楼层尽量走楼梯。楼梯扶手、办公室座机、电脑等公共设施表面也可能被病毒污染，因此应避免触碰公共设施，避免用脏手触碰口鼻、揉眼睛等。一旦触碰公共设施，要尽可能立即洗手。

(4)在多人一间的办公室内办公，要佩戴口罩，同时保持工作环境清洁卫生，室内空气流通，尽量不要使用中央空调；当必须开空调时，要同时开排气扇，并定期清洗和消毒空调。定期用消毒液对办公室设备、门把手等进行消毒。注意手卫生，养成勤洗手的好习惯。如果有人出现发热、乏力、干咳及胸闷等症状，其应暂时不要上班，并根据情况及时就医。办公室内其他人员也应暂时停止上班，并居家隔离。

(5)外出后回家时，先脱外衣，把外衣挂在门口特定的地方(或通风处)，不与干净的衣物混放，然后摘口罩、洗手，立即洗澡并换上干净衣服。

四、就医时的防护

疫情期间，切勿恐慌，不要盲目就医，因为这样反而可能增加感染的风险。一旦出现疑似症状，如发热、气短和憋喘，若在家观察休息1~2天后病情仍无好转，近期近距离接触过有发热、咳嗽症状的患者，且去过人群密集的医院、超市、农贸市场等，需要立即上报并就医。那么，就医过程中需要做好哪些防控呢?

1. 前往/返回医院途中

(1)佩戴口罩，注意咳嗽礼仪，咳嗽、打喷嚏时不要用手捂口鼻，要用纸巾或肘部遮挡。

(2)尽量避免乘坐地铁、公共汽车等公共交通工具，避免前往人群密集场所。

(3)运营人员应对交通工具进行消毒。

2. 就诊时

（1）主动告诉医生自己在相关疾病流行地区的居住史和旅行史，发病前曾经接触的疑似或确诊患者，以及发病后曾接触的人群，配合医生开展相关流行病调查。

（2）如怀疑自己为新型冠状病毒感染者，要直接至发热门诊就诊，并减少在医院其他区域活动。

（3）如果因其他原因必须前往医院就医，请勿穿行于发热门诊、急诊等区域，避免接触有发热、咳嗽等症状的患者；如果遇到，也要尽量保持1米以上距离。

（4）就诊结束后，不要在外逗留，要尽快回家。

课后习题

第一章　灾害应急救援概述

一、名称解释

1. 灾害
2. 突发公共事件
3. 自然灾害
4. 生态平衡
5. 突发公共卫生事件
6. 意外伤害
7. 窒息性气体
8. 急性中毒
9. 传染病
10. 心理危机

二、单项选择题

1. 战争是一种集体和有组织地互相使用暴力的行为，可造成大量人员伤亡和财产损失。根据其发生的原因，其最合适的定义为(　　)。

A. 突发公共卫生事件　　B. 自然灾害
C. 突发公共事件　　D. 人为灾害
E. 群体性暴力事件

2. 洪灾、泥石流、矿难等灾害发生原因可能包括(　　)。

A. 大自然的地质变化　　B. 自然气候条件原因
C. 自然因素与人为因素　　D. 人为因素
E. 大自然治理不力和安全管理缺乏

3. 地震发生发展可能造成的危害有(　　)。

A. 生态破坏　　B. 受灾人员意外伤害
C. 传染病流行　　D. 救灾人员心理危机
E. 以上均是

4. 各类灾害造成的传染病流行最主要原因是(　　)。

A. 病原微生物变异　　B. 大量传染源迁入

C. 灾民免疫力下降　　D. 气候条件变化

E. 以上均是

5. 为减轻灾害造成的人员伤亡和财产损失，减少灾害引发的伤残、心理危机和传染病流行，必须遵循的应急救援策略是(　　)。

A. 生命第一　　B. 快速反应　　C. 科学救援　　D. 以上均是

E. 以上均不是

三、判断题

1. 局部的、轻微的生态平衡失调尚不构成灾害，但当危害从局部和轻微进一步扩张和发展时，造成较大范围和严重的生态破坏即演变成灾难。(　　)

2. 某医院由于医患矛盾，病人持刀砍伤医生，经治疗抢救无效死亡。这起暴力事件造成医院医务人员极度愤怒，要求严惩肇事者。这起事件经公安部门界定为突发公共卫生事件。(　　)

3. 几年前我国南方地区发生大面积洪灾，其主要为异常气候条件引起，即主要为自然灾害事件。(　　)

4. 灾害发生导致的心理危机罹患对象只是受灾居民，不可能发生在其他人群之中。(　　)

四、案例分析

历史上，森林曾覆盖了地球陆地面积的 2/3，全球森林面积曾经拥有 80 亿公顷，直到 19 世纪后半叶，森林覆盖率还有 50%左右。进入 20 世纪以后，由于人为的砍伐，造成森林覆盖面积不断减少。试分析由于森林面积减少可能造成的灾害类型有哪些，并分析原因。

第二章　突发性群体性意外伤害事件的应对与救援

一、名词解释

1. 群体性事件
2. 网络恐怖袭击
3. 核与辐射恐怖袭击
4. 生物恐怖袭击
5. 化学恐怖袭击

二、填空题

1. 恐怖袭击非常规手段包括：________、________、________、________。

2. 保护自身的安全应做到的是记住三原则（按顺序填写）：________、________、________。

3. 遇群体性事件时，逃离过程中应牢记以下几点：________、________、________、________。

4. 发现可疑爆炸物时的处置原则：________。

5. 遇到枪击事件时第一反应应该是：________。

6. 若遇砍伤事件，躲避时要注意：____________________。

三、单项选择题

1. 发生砍杀、劫持等事件时，哪一个是正确判断危险的方向？(　　)

A. 向警局的方向　　B. 向河边的方向

C. 人流的方向　　D. 空旷的地方

2. 发生室内恐怖事件后，人群的撤离路径首选(　　)。

A. 消防撤离通道　　B. 电梯

C. 藏身于卧室内　　D. 藏身于卫生间内

3. 踩踏过程中的自我保护包括(　　)。

A. 躲、慌、通、护　　B. 跑、稳、避、护

C. 躲、稳、通、护　　D. 跑、稳、通、护

4. 可疑爆炸物可通过(　　)等步骤进行识别。

A. 一拆、二看、三嗅　　B. 一看、二听、三嗅

C. 一听、二拆、三看　　D. 一拆、二看

四、案例分析及论述题

1. 在一场持枪抢劫银行事件中，小明不幸被劫匪作为人质劫持。在劫匪抢劫过程中，小明大声呼救、奋力挣扎，被劫匪施以暴力制服。小明有哪些做得不妥的地方？如果你是人质，应该怎么做来确保自身的生命安全？

2. 在一次大型超市做促销的活动中发生踩踏事件，现场有许多受伤者。若你刚好经过现场，你会如何对受伤者进行急救？

3. 如何预防踩踏事件的发生？

第三章　地震救援与防疫

一、名词解释

1. 地震

2. 地毯式搜索

3. 旋转式搜索

二、填空题

1. 地震发生后的__________秒为最佳逃离时间，震后的__________小时为救援的黄金时间。

2. 地震伤中，发生率和死亡率最高的伤害分别是______________和______________。

3. 国际上常用的多色灾害伤员分类卡系统包括________、________、________、________四种颜色标记。

4. 地震发生后的营救原则：__________、__________、__________、__________。

5. 对地震后救出的出血、骨折伤员应采取__________、__________、__________适当的方法，待其生命体征稳定后再进行有计划的医疗转送。

6. 地震后，要从__________、__________、__________方面做好防疫工作。

7. 对于脊柱、胸部和腰部骨折的伤员，采用________人搬运法，用________担架进行转运，以避免截瘫。

8. 可用漂白粉等卤素制剂消毒饮用水。按水的污染程度，每升水加__________毫克氯，__________分钟后即可饮用。

三、判断题

1. 地震带来的危害主要包括建筑物破坏、地面破坏、环境破坏、健康危害。（ ）

2. 当地震发生后不具备逃出条件时，应该躲到桌子或者床底下。（ ）

3. 地震是无法预料的，因此在日常生活中也无法进行有效的防范工作。（ ）

4. 在地震中被埋压后，为保证足够的活动空间和保持呼吸道通畅，应该移除身边的一切埋压物。（ ）

5. 当在地震中被埋压无法爬出时，应该大声呼喊求救来获得被救援机会。（ ）

6. 地震后进行生命营救时，随时都可以使用铁锹、钢筋、铁铲甚至挖掘机扒开埋压物。（ ）

7. 从地震现场营救出的幸存者，应根据伤员受伤的严重程度选择合适的搬运方法进行转运，以进一步治疗。（ ）

8. 挖掘、搬运和掩埋尸体的作业人员，要合理分组，采取多组轮换作业，防止过度疲劳，同时缩短接触尸臭时间。（ ）

四、案例分析

2008年5月12日14时28分，四川省汶川县发生8.0级特大地震，地震波及大半个中国。曲山幼儿园是震灾区的一所幼儿园，地震发生瞬间，部分老师带着孩子们逃到了操场，认为那里是安全的。不料，还没等他们站稳，后面的山体发生了滑坡，楼房180度翻转，顷刻间，一大批老师和孩子被滚石压埋。

1. 在已经逃到操场和在教室内未逃出的人员在山体滑坡、楼房坍塌时，应指导他们如何进行自我保护？

2. 被滚石埋压后如何进行自救？

3. 救援队员到达现场后，如何进行科学施救以减少对周边被埋压人员的伤害？

第四章　火灾逃生与施救

一、名词解释

火灾

二、判断题

1. A类火灾指油脂及可燃液体如汽油、煤油、柴油等燃烧引起的火灾。（ ）

2. 在火灾现场，消防员任何时候都应该先救人后灭火。（ ）

3. 发现火灾时，要首先报警，然后灭火，最后逃生，依次进行。（ ）

4. 火灾发生时如果在场人员认为自己有能力灭火就可以不用报警。 ( )
5. 含油液体起火时绝不能直接用水灭火。 ( )
6. 高层建筑发生火灾时不要乘坐普通电梯逃生。 ( )
7. 在火场疏散时应采用湿毛巾或手帕捂住口鼻，弯腰行走或爬行。 ( )
8. 发生火灾，室外火势较大，门已发烫时，要赶快打开门逃出去。 ( )

三、单项选择题

1. 火灾过程中产生大量( )、硫化氢、二氧化氮、氰化氢等有毒气体，人吸入后会中毒死亡。

A. 氮气　　B. 氧气
C. 一氧化碳　　D. 氢气
E. 甲烷气

2. 遇到火灾，你应该迅速向哪个方向逃生？( )

A. 着火相反的方向　　B. 着火相应的方向
C. 人员多的方向　　D. 安全出口的方向
E. 有亮光的方向

3. 下面可以用于扑救煤气火灾的灭火剂是( )。

A. 泡沫灭火剂　　B. 干粉灭火剂
C. 水　　D. 油
E. 冰

4. 电器起火时，要先( )。

A. 打电话报警　　B. 切断电源
C. 用灭火器灭火　　D. 逃出房门
E. 用水泼

5. 发生火灾时，如各种逃生的路线都被切断，则最直接的做法应当是( )，同时可向室外扔出小东西，在夜晚则可向外打手电，发出求救信号。

A. 大声呼救　　B. 强行逃生
C. 退居室内，关闭房门　　D. 跳楼逃生
E. 防烟中毒

6. 火场逃生防烟中毒、窒息最恰当的方法是( )。

A. 用湿毛巾捂住口鼻　　B. 用报纸捂住口鼻
C. 用手抱住头　　D. 用手捂住嘴
E. 用干毛巾捂住口鼻

四、多项选择题

1. 要发生燃烧必须同时具备的条件是( )。

A. 可燃物　　B. 氧化剂
C. 火源　　D. 温度
E. 时间

2. 灭火的基本方法包括( )。

A. 隔离法　　B. 冷却法
C. 窒息法　　D. 化学抑制法
E. 扑打法

3. 当熟睡时，听到火警警示信号，许多人都慌张地把门打开，试图一下子冲出去，这种做法很危险，正确的做法应是(　　)。

A. 爬到卧室的门边，用手背试一试门是否热
B. 准备好湿毛巾
C. 自制救生绳索，但切勿跳楼
D. 利用自然条件作为救生滑道
E. 在阳台上用手电光等呼救

4. 拨打报警电话应该至少说清楚哪几个方面的内容？(　　)。

A. 单位地址　　B. 火势大小
C. 什么东西着火　　D. 起火部位
E. 有无人员被困

五、案例分析

若你在一栋高层写字楼里工作，某日这栋写字楼里突然发生了火灾，

1. 你应当怎么办？
2. 如果你发现起火点在你要下去的那一层又怎么办？

第五章　户外探险生存训练及事故救援

一、判断题

1. 在野外进行活动时，如遇到雷雨，可到附近较高的大树下避雨。(　　)
2. 毒蛇的颈部可以竖立，无毒蛇颈部不竖立。毒蛇的蛇尾突然变细，无毒蛇蛇尾逐渐变细。(　　)
3. 在野外扎营时，营地一定要建在河边，如果没有雨，最好建在河滩上面。(　　)
4. 野外饥饿时，可食用一些颜色不鲜艳的蘑菇，因为这样的蘑菇无毒。(　　)
5. 被毒蛇咬伤后可以用嘴去吸伤口里的毒液。(　　)
6. 登山杖的主要作用就是维持身体平衡，并减轻地面对人腿部的冲击力。(　　)
7. 在野外，应避免进行夜间穿行。(　　)
8. 在野外用灯光发出求救信号时，要三长、三短、再三长。(　　)
9. 营地的厕所要尽量远离营地，撤营时应掩埋。(　　)
10. 在饮用水紧缺的情况下，科学合理的饮水方法是：少喝，勤喝；喝水时，一次只喝一两口，将水在口中充分湿润口腔各部位后再慢慢咽下，止渴即止。(　　)

二、填空题

1. 有毒蛇的头型一般呈(　　)，无毒蛇的头型一般呈(　　　　)；有毒蛇的颜色(　　)，无毒蛇的颜色(　　)。
2. 国际通用的英文求救信号为(　　)。

三、论述题

1. 简述在野外宿营时，选择营地应注意的问题和原则。
2. 在野外搭建帐篷时应注意哪些问题？
3. 简述在野外干旱缺水的情况下科学饮水的方法。
4. 野外在没有指北针的情况下，辨别方向的方法有哪些？试举三种以上的方法。
5. 野外求救信号的使用方法有哪些？试举三种以上的方法。

第六章　溺水事故及紧急救援技巧

一、单项选择题

1. 下列哪种不属于溺水的原因？(　　)

   A. 手脚抽筋　　B. 水草缠身　　C. 遭遇漩涡　　D. 绝望自杀

2. 下面哪项不属于溺水后的表现？(　　)。

   A. 全身浮肿　　B. 瞳孔散大　　C. 血压下降　　D. 心音高且不规则

3. 不会游泳者在自救时，(　　)是错误的。

   A. 屏住呼吸，放松全身，去除身上的重物

   B. 双臂掌心向下，从身体两边像鸟飞一样顺势向下划水

   C. 呼吸要深，吸气宜浅，尽可能使身体浮于水面，等待他人救援

   D. 双手不要上举或乱抓拼命挣扎

4. 会游泳者大腿抽筋后的正确自救方式是(　　)。

   A. 深吸一口气，把头潜入水中，使背部浮上水面，两手抓住脚尖，用力向自身方向拉，同时双腿用力抻

   B. 仰浮水面，使抽筋的腿屈曲，然后双手抱住小腿用力，使其贴在大腿上，同时加以震颤动作

   C. 深吸一口气，把头潜入水中，使抽筋的腿屈曲，然后双手抱住小腿用力，使其贴在大腿上，同时加以震颤动作

   D. 仰浮水面，两手抓住脚尖，用力向自身方向拉，同时双腿用力抻

5. 游泳时，(　　)呼吸方式不容易呛水

   A. 用嘴呼吸　　B. 用鼻呼吸

   C. 用嘴吸气、用鼻呼气　　D. 用鼻吸气、用嘴呼气

6. 对成人心肺复苏时打开气道最常用的方式为(　　)。

   A. 仰头举颏法　　B. 双手推举下颌法

   C. 托颏法　　D. 环状软骨压迫法

7. 2015 心肺复苏指南中，胸外按压的频率为(　　)。

   A. 60~80 次/分　　B. 80~100 次/分

   C. 100~120 次/分　　D. 120~140 次/分

8. 2015 心肺复苏指南中，胸外按压的部位为(　　)。

   A. 胸骨的下半部　　B. 心尖部

C. 胸骨上半部　　D. 胸骨左缘第五肋间

9. 在成人心肺复苏中，人工呼吸的频率为(　　)。

A. 6~8 次/分　　B. 8~10 次/分　　C. 10~12 次/分　　D. 12~15 次/分

10. 非专业急救者在遇到呼吸停止的无意识患者时应(　　)。

A. 立即开始胸外按压　　B. 呼叫急救医疗服务体系

C. 马上寻找自动除颤仪　　D. 先开始生命体征评估，再进行心肺复苏

11. 2015 心肺复苏指南中，对成人胸外按压的幅度是(　　)。

A. 1~2cm　　B. 3~4cm　　C. 4~5cm　　D. 5~6cm

12. 在心肺复苏中，针对成年人和青少年，胸外按压与人工呼吸比例为(　　)。

A. 10∶2　　B. 15∶2　　C. 20∶2　　D. 30∶2

13. 在进行口对口人工呼吸时，(　　)方法是错误的。

A. 吹气时，要用手捏住患者的鼻子　　B. 每次吹气之间应有一定的间隙

C. 每分钟吹气次数不得超过 10 次　　D. 保持呼吸道通畅

14. 判断减少按压中断的标准，是以胸外按压在整体心肺复苏中占的比例确定的，所占比例越高越好，目标比例至少为(　　)。

A. 30%　　B. 40%　　C. 50%　　D. 60%

15. 在胸外按压的过程中，尽量减少按压中断的时间，一般中断的时间限制在(　　)秒以内。

A. 10　　B. 15　　C. 20　　D. 25

16. 2015 心肺复苏指南中，院外心脏骤停生存链(Out-of-Hospital Cardiac Arrest, OHCA)总结的是几环几步？(　　)。

A. 3，3　　B. 4，4　　C. 5，5　　D. 6，6

二、多项选择题

1. 遇有溺水者首先要尽快使其脱离水面，迅速清除其口腔呼吸道异物，设法使其尽快倒出腹腔或胸腔积水。倒出积水的方法包括(　　)。

A. 膝顶法　　B. 肩顶法　　C. 抱腹法　　D. 倒立法

E. 平卧法

2. 水中救护，正确的做法是(　　)。

A. 迅速接近溺水者，从其后面靠近

B. 迅速接近溺水者，从其前面靠近

C. 不要被慌乱挣扎中的落水者抓住

D. 从后面双手托住落水者的头部，采用仰泳方式将其带至安全处

E. 把溺水者打晕，再将其带至安全处

3. 岸上救护正确的做法是(　　)。

A. 将溺水者头偏向一侧，清除其口、鼻腔内的泥沙和污物

B. 将溺水者的舌头拉出口外，保持其呼吸道通畅

C. 如遇呼吸停止、意识不清者，迅速打开其气道，口对口吹气 2 次

D. 不必为溺水者控水，马上采用心肺复苏

E. 不要轻易放弃抢救，特别是在低温情况下，应抢救更长时间，直到专业医务人员到达现场为止

4. 下述哪些原因容易导致喉部反射性痉挛，造成溺水窒息缺氧？(　　)

A. 酗酒　　B. 兴奋　　C. 寒冷　　D. 饭后

E. 惊吓

5. 胸外心脏按压的部位为(　　)。

A. 胸骨体中下 1/3 交界处

B. 胸骨体中上 1/3 交界处

C. 两乳头连线与胸骨相交点下一横指处

D. 剑突上 2~3 横指处

E. 剑突处

三、填空题

1. 溺水过程十分迅速，常在________分钟内即死亡。

2. 心脏骤停的严重后果以分秒来计算。心脏骤停 3~5s，出现黑蒙；5~10s 昏厥；12~20s______；30~60s______。

3. 将溺水者救上岸后要做 4 件事：立即拨打 120 请求医疗急救；______；______；心肺复苏。

4. 常用的人工呼吸法有：____________、____________、举臂压胸法和举臂压背法等。

四、名词解释

1. 溺水

2. 心肺复苏

3. 干性溺水

4. 仰头抬颏法

5. 心脏性猝死

6. 湿性溺水

五、判断题

1. 有关心肺复苏，医务人员如果不能在 10 秒钟内确认伤者呼吸是否正常，可直接开始胸外按压。初级救助者如果不愿意或不会进行人工呼吸，那么可开始胸外按压。(　　)

2. 急救者实施胸外按压时应该把手掌放在伤者胸部正中两乳头之间的胸骨上，另一只手平行重叠压在其手背上，手指自然放在伤者胸壁上。(　　)

3. 对于非专业急救者，如果遇到意识丧失的伤者没有呼吸，就可假定为其心脏停搏。(　　)

4. 一个完整的心肺复苏要进行 5 个循环，大约用时 15 分钟。(　　)

5. 所有心脏骤停接受复苏治疗，但继而死亡或脑死亡的患者，都应被评估为可能的器官捐献者。(　　)

六、案例分析

1. 简要病史：患儿，男，汉族，10岁，于2013年7月12日在池塘边玩要时不慎掉入池塘中，7分钟后被救出。当时查体：昏迷，躯体四肢冰冷，面色铁青，唇最明显，口鼻腔内有大量泡沫液，呼吸慢而浅，不规则，心率84次/分，心音弱，双肺布满湿啰音。

问题：(1)请问该患儿发生了什么情况？

(2)如果你在现场，该如何实施急救？

(3)人工呼吸时有哪些注意事项？

2. 张某，15岁，暑假期间，由于天气炎热，就约上同学一起去长江游泳。虽然市政府有规定不许在长江游泳，且学校老师也三令五申进行了强调，但张同学觉得自己水性很好，应该不会有什么大的意外发生。但结果是，在张同学游泳的过程中，由于江水比较清凉，加之其下水前又没有做好热身活动，游泳不到半小时突然出现腰部肌肉剧烈抽筋，整个人开始下沉。好在伙伴们发现及时，再加上路人的积极救援，终于将张同学救上岸。经过及时对其进行心肺复苏，总算是将他抢救过来。请你谈谈，心肺复苏成功的指标有哪些？

第七章　急性化学中毒损伤的应急处理

一、单项选择题

1. 下列不是影响毒物毒性的因素是(　　)。

A. 接触途径　　B. 接触时间　　C. 接触剂量　　D. 毒物的物理性质

2. 中毒事件的卫生应急专业队伍由(　　)建立。

A. 政府　　B. 卫生行政部门

C. 疾病预防控制中心　　D. 医院

3. 突发化学事故应急监测中的哪项问题应引起监测人员和有关部门的高度重视？(　　)

A. 个人防护　　B. 化学因子多重性

C. 化学因子不确定性　　D. 化学因子易变性

4. 下列化学物中毒的特点哪一条是不正确的？(　　)

A. 化学物中毒是一种全身损害性疾病

B. 不同的毒物中毒可有不同的靶器官

C. 凡是多系统、多器官损害就是中毒

D. 在同一环境中，同时或短时间内相继发生的类似综合征，要想到中毒的可能

二、判断题

1. 突发事件发生的突然性决定了建立突发事件应对组织体系和专业队伍的重要性。(　　)

2. 从公共卫生事件和卫生应急处置的视角来看，任何物质都有毒性。(　　)

3. 接触毒物造成机体毒物内负荷增高即可诊断为中毒。(　　)

4. 是否引起中毒及中毒的严重程度由毒物在机体内剂量的水平决定。(　　)

5. 救死扶伤是医务人员的职责，但在发生中毒事件时，如没有良好的个体防护措施，医务人员也不能进入事故现场进行抢救。 (　　)

6. 吗啡中毒以瞳孔扩大、大汗和谵妄为特征。 (　　)

7. 皮肤洗消是化学物中毒现场早期处置的关键步骤。 (　　)

8. 不同部位的洗消有时也需要使用不同成分或浓度的消毒剂，所以救援时初期洗消也应该使用相应的消毒剂。 (　　)

三、问答题

1. 简述急性化学中毒事件具有的特点。

2. 当急性化学中毒事件发生时，循环系统常常会表现出何种反应?

3. 简述现场急救医疗救治的原则和具体措施。

第八章　暴雨后的生活自救常识

一、单项选择题

1. 强降雨后，在遇到路面积水且看不清水下路况时，下列说法错误的是(　　)。
   A. 在水中行走时，双臂应向前伸展
   B. 在水中行走时，重心应放在后脚上，前脚伸出，用脚尖左右扫动，双脚交替探路前进
   C. 在有棍子等探路时，应钓鱼式握棍探路
   D. 如果有两人结伴，可以一人在前，另一人双手抓紧前者裤腰部位，前脚虚、后脚实地跟着前进

2. 意外坠井后，下列自救措施错误的是(　　)。
   A. 找到某种光源照明　　B. 弯曲身体前进
   C. 等到深夜行动　　D. 向上游移动

3. 下列不属于雷电高发地段的是(　　)。
   A. 海滩　　B. 高尔夫球场　　C. 游乐场　　D. 自习室

4. 户外遭遇雷雨天气时，下列应对措施错误的是(　　)。
   A. 如果雷电已经来到头顶，应在附近低洼处蹲下，注意双腿并拢，背要平，头要低下
   B. 如果在户外遭遇雷雨，来不及离开高大物体时，应马上找些干燥的绝缘物放在地上，并将双脚合拢站在上面
   C. 如果在户外遇到雷电时，应骑摩托、自行车或在雨中狂奔快速逃离
   D. 如果在户外看到高压线遭雷击断裂，应立即双脚并拢，跳跃着跳离现场

5. 下列灾后防疫措施中，错误的是(　　)。
   A. 加强环境消毒
   B. 确保重点场所及时消毒
   C. 一般不必对室外环境开展大面积消毒
   D. 就地掩埋动物尸体

二、填空题

1. 当意外坠井且一坠到底时，首先应往________走，找到最近的井筒爬上去打开井盖。当水流较急时，坠井者可能会被管道内的水直接冲走，这时应留意每隔约________米出现的井室，尽量抓住井室与管道的转弯处。

2. 当遭遇电线意外落地且来不及避开时，应当立即________，使身体尽量保持平衡，不要跌倒，丢掉手中携带物品，________朝安全地带前进。

3. 洪水过后在被迫涉水前，双腿部应涂上________，尤其是________。

4. 洪水过后在被迫趟水后，要及时用________清洗擦干腿脚，或者用适量________擦洗消毒，以免病菌滋生。

5. 洪涝期间饮水也需特别注意，尽可能喝以下三种水：__________、____________、__________。

6. 洪涝期间饮水时，在紧急情况下，应通过________、________、________来判断水质好坏。

7. 洪涝期间使用的餐、饮具应及时消毒，首选________，煮沸时间应在________以上。

8. 10千伏电缆线落地，在它周围________米以内，是比较危险的。

9. 洪涝灾害过后，容易发生的疾病有________、人畜共患疾病和自然疫源性疾病、________、________、食物中毒和农药中毒。

10. 受到洪水威胁时，如果时间充裕，应按照预定路线，有组织地向______、______等处转移。

三、名词解释

1. 洪涝灾害

2. 消毒和灭菌

3. 防疫

四、案例分析

1. 2016年7月19日至22日，受强降雨和上游来水影响，湖北省某市境内多条河流水位上涨漫溢，城区大面积被淹，多数村庄遭洪水围困，给该市造成巨大损失。据初步统计，该市受灾人口达68万人，受灾面积达2万公顷，交通、电力、通信基本中断。该市市委市政府迅速部署抢险救灾工作，全力组织公安、交警、特警、民政、海事、卫生等部门组成救灾应急分队赴各地紧急转移民众。从20日至22日16时，已转移受灾民众64 937人。

(1)洪水来临时，救生物品有哪些？

(2)遭遇洪水时应如何自救逃生？

2. 2015年11月8日下午1时许，在福建省长乐市松下镇某汽车维修店附近，一名不满两周岁的男童在与伙伴玩耍时，不慎坠入路边一处无盖窨井中，被井中的污水冲走。事发后，男童父亲在沿路搜寻了十几个窨井后，最终在距离事发地点约三千米外的一处窨井中找到男童，可惜男童已不幸身亡。

2016 年 6 月 10 日清晨 6 点多，宁波奉化北街一个水井里，一女子坠井身亡，令附近群众惋惜不已。

那么，如果发生意外坠井，应该如何自救呢？

第九章 新型冠状病毒引起的肺炎的防控

一、单项选择题

1. 下列哪一项不是新型冠状病毒的主要传播途径。(　　)

A. 呼吸道传播　　B. 母婴传播　　C. 消化道传播　　D. 体表传播

2. 某人可能接触过新冠肺炎患者，现要求居家隔离，则隔离时间为(　　)天。

A. 3 天　　B. 5 天　　C. 7 天　　D. 14 天

3. 下面哪一类人群不适宜佩戴有呼吸阀的口罩？(　　)

A. 车站工作人员　　B. 疑似或确诊患者

C. 快递员　　D. 与居家隔离者共同生活人员

4. 居家消毒时，下面哪一种消毒剂不合适？(　　)

A. 95%乙醇　　B. 75%乙醇　　C. 乙醚　　D. 过氧乙酸

二、填空题

1. 新冠肺炎的主要传染源为：________________和________________。

2. 口罩的正确戴法是：鼻夹________________，深色面________________。

三、判断题

1. 新冠肺炎疫情期间，可以开中央空调升高室内温度来控制病毒传播。(　　)

2. 新冠肺炎疫情期间，打喷嚏或咳嗽时注意用手遮住口鼻。(　　)

3. 新冠肺炎疫情期间，外出后回家，外套应该挂在通风处。(　　)

4. 新冠肺炎疫情期间，一旦出现发热症状，应立即去医院就诊，以免耽误病情。(　　)

四、论述题

试述新冠肺炎疫情期间居家隔离医学观察人员感染防控措施。

课后习题参考答案

第一章　灾害应急与救援概述

一、名称解释

1. 灾害：灾害是指任何能引起设施破坏、经济严重受损、人员伤亡、健康状况及卫生服务恶化的事件。包括各类自然灾害和人为灾害。

2. 突发公共事件：突发公共事件是指突然发生、造成重大人员伤亡、财产损失、生态环境破坏和严重社会危害的紧急事件。包括自然灾害、事故灾害、突发性群体事件、突发公共卫生事件等严重危害事件。

3. 自然灾害：自然灾害是指人类社会目前不能或难以支配和操纵的自然界物质运动过程中具有破坏性的自然力，通过非正常的能量释放而给人类造成的危害事件。如地震、龙卷风、雪灾、海啸等灾害主要为地壳运动和异常气候条件引起的自然灾害，部分洪水灾害、地质灾害、生物灾害等自然灾害也包含人类活动对生态环境造成破坏的协同作用。

4. 生态平衡：生态平衡是指各类生物之间以及生物与环境之间的关系，这种关系相互作用、高度适应、协调统一，处于一种平衡状态，即为生态平衡。由于人类过度开发造成生态失衡可以诱发灾害发生；反过来，由于地震、水灾、旱灾、台风、山崩、海啸等自然灾害和火灾、交通事故、矿难、突发性群体事件等人为灾害发生发展，可造成人类、动物、植物等各种生物大量死亡，以及生物赖以生存的环境发生恶化，导致生态平衡破坏。

5. 突发公共卫生事件：突发公共卫生事件是指突然发生的，造成或可能造成公众健康严重危害的重大传染病疫情、各类中毒事故和其他引起公众健康危害的事件。突发公共卫生事件为突发公共事件的一类事件，主要为引起公众健康损害的一类突发公共事件。公共卫生事件当属灾害的一种类型，其他各类灾害的发生发展也可以引发公共卫生事件。

6. 意外伤害：意外伤害是指因各种意外事故导致的身体受到伤害的事件，常用于保险业。意外伤害为外来的、突发的、非本意的、非疾病的因素使身体受到伤害的客观事件。突发灾害可导致受灾人群的各种意外伤害，造成受灾人群的大量残疾甚至死亡，如地震、火灾、群发事件等均可导致受害人群机体机械性伤害，轻者仅伤及肌肤，重者可累及骨骼、头颅、内脏，甚者可危及生命。

7. 窒息性气体：窒息性气体是以气态吸入而引起人体窒息甚至死亡的一类有害气体。窒息性气体被机体吸入后，可使氧的供给、摄取、运输和利用发生障碍，使人体组织细胞得不到或不能利用氧，从而导致组织细胞缺氧窒息。包括单纯性窒息性气体和化学性窒息性气体。单纯性窒息性气体有氮气、甲烷、二氧化碳等，化学性窒息性气体包括一氧化碳、硫化氢、氰化物等。火灾、天然气泄漏、煤矿瓦斯爆炸等灾害常常伴随窒息性气体造成的中毒死亡。

8. 急性中毒：急性中毒是指毒物短时间内经皮肤、黏膜、呼吸道、消化道等途径进入人体，使机体受损并发生器官功能障碍的事件。急性中毒起病急骤，症状严重，病情变化迅速，不及时救援常危及生命，必须尽快作出判断和进行急救处理。环境毒物一次性大量释放、食品被剧毒污染、毒蛇咬伤等均可导致受害人群的急性中毒事件。

9. 传染病：传染病是由各种病原体引起的能在人与人、动物与动物或人与动物之间相互传播的一类疾病。由于大量传染源进入，细菌、病毒、原虫等病源生物变异，人群免疫力下降，以及具备传染病传播的合适途径，可造成传染病在某个地区人群中流行。地震、海啸、泥石流等灾害发生造成生态环境破坏后可以衍生传染病暴发。

10. 心理危机：心理危机是由于突然遭受严重灾难、重大生活事件，出现了用现有的生活条件和经验难以克服的困难，使当事人陷于痛苦、不安状态，常伴有绝望、麻木不仁、焦虑以及植物神经功能紊乱和行为障碍的一类心理症候群。各类自然灾害和人为灾害事件均属于危机事件，会同时对受害者、救援者及其他公众造成心理危机。

二、单项选择题

1~5：DCECD

三、判断题

1~4：✓×××

四、案例分析

历史上，森林曾覆盖了地球陆地面积的2/3，全球森林面积曾经为80亿公顷，直到19世纪后半叶，森林覆盖率还有50%左右。进入20世纪以后，由于人为的砍伐，造成森林覆盖面积不断减少。试分析由于森林面积减少可能造成的灾害类型有哪些，并分析原因。

参考答案：

可能造成泥石流、蝗虫、干旱等灾害。其原因为绿色森林是地球的肺，是气候调节器，由于森林面积减少，可造成气候条件变化、泥土流失、生物链变化，进而引发泥石流、蝗虫、干旱等灾害。森林破坏造成的如上灾害当属人为灾害。

第二章 突发性群体伤害意外事件的应对与救援

一、名词解释

1. 群体性事件：指由某些社会矛盾或突发性的事件引发，使特定或不特定群体聚合临时形成的规模性聚集事件。

2. 网络恐怖袭击：指利用网络散布恐怖袭击、组织恐怖活动、攻击电脑程序和信息系统等。

3. 核与辐射恐怖袭击：指通过核爆炸或放射性物质的散布、造成环境污染或使人员受到辐射照射。

4. 生物恐怖袭击：指利用有害生物或有害生物产品侵害人、农作物、家畜等。

5. 化学恐怖袭击：指利用有毒、有害化学物质侵害人、城市重要基础设施、食品与饮用水等。

二、填空题

1. 恐怖袭击非常规手段包括：核与辐射恐怖袭击、生物恐怖袭击、化学恐怖袭击、网络恐怖袭击等。

2. 保护自身的安全应做到的是记住三原则：逃离、躲避、反抗。

3. 逃离过程中应牢记以下几点：保持镇静、辨明方向、选择路径、别贪念财物。

4. 发现可疑爆炸物时的处置原则：①不要触动；②及时报警；③迅速撤离；④协助警方的调查。

5. 遇到枪击事件时第一反应应该是：快速趴下，寻找掩体，择机逃离，及时报警，等待救援。

6. 躲避时要注意：①安静；②阻拦；③求救；④镇定。

三、选择题

1~4：C A C B

四、案例分析及论述题

1. 在一场持枪抢劫银行事件中，小明不幸被劫匪作为人质劫持。在劫匪抢劫过程中，小明大声呼救、奋力挣扎，被劫匪施以暴力制服。小明有哪些做得不妥的地方？如果你是人质，应该怎么做来确保自身的生命安全？

答：(1)保持冷静，不反抗；

(2)不对视、趴在地上，动作要缓慢；以免激怒绑匪或引起绑匪的误解，快速的动作可能被误认为是反抗；

(3)尽可能保留和隐藏自己的通信工具，及时将手机置于静音状态；

(4)适时用短信等方式向警方求救，报告自己所在的位置、人质人数、恐怖分子人数；

(5)在警方发起突击的瞬间，更需要保持冷静的头脑，尽可能趴在地上，在武力解救开始时按照已经观察到的最安全的逃脱路线逃生，或者寻找安全的庇护场所，在警方掩护下脱离现场。

2. 在一次大型超市做促销的活动中发生踩踏事件，现场有许多受伤者。若你刚好经过现场，你会如何对受伤者进行急救？

答：现场的救护应进行检伤分类评估及选择性施救分别对待，能爬起来自行走到一边的，大多是轻伤，可不作为重点关注对象。

(1)昏迷失去反应者是最严重的。此类伤者若无反应、无呼吸、无颈动脉搏动则为心脏骤停，需要即刻实施心肺复苏。由于伤者合并窒息缺氧因素，应该给予包括人工呼吸在内的标准心肺复苏，按压和人工呼吸的频次为30：2。单纯胸外按压仅适用于日常生活中常见的心源性心脏骤停，对窒息因素导致的心脏骤停效果不佳。对于那些无反应但有呼吸脉搏者(第一优先急救)，虽然无需马上进行心肺复苏，但他们随时可能出现心跳骤停，应保持其气道通畅，密切观察其呼吸脉搏，随时准备对其做心肺复苏。等待救援。

(2)呼吸困难、神志淡漠、咯血的患者，存在严重内出血、休克、气道窒息风险，随时可能出现心跳呼吸骤停，应保持其气道通畅、下肢抬高的休克体位，必要时给予通气支持或心肺复苏。等待救援。鼓励、安慰、陪伴。

(3)对于神志清醒能喊叫但是有活动障碍、肢体畸形体位的患者，切记不可随意搬动，以免其颈椎、腰椎、肢体骨折部位的二次损伤。等待救援。鼓励、安慰、陪伴。

3. 如何预防踩踏事件的发生?

答：(1)时刻保持冷静，提高警惕，尽量不受周围环境的影响。

(2)熟悉所处环境的安全出口，保障安全出口的通畅。

(3)已经处于拥挤人群中时一定要双脚站稳，抓住身边稳固的物体。

(4)志愿者有权利和义务组织人群有序疏散，并及时联系外援。

第三章　地震救援与防疫

一、名词解释

1. 地震：又称地动、地震动，是地壳快速释放能量的过程中造成震动，其间会产生地震波的一种自然现象。

2. 地毯式搜索：指搜索人员一字排开，用敲、喊、听、看的方法整体推进寻找幸存者。

3. 旋转式搜索：5~6 人一组，围成直径约 5m 的圈，相互间隔 2~3m，卧倒、敲击、静听，寻找幸存者。

二、填空题

1. 地震发生后的 12 秒为最佳逃离时间，震后的 72 小时为救援的黄金时间。

2. 地震伤中，发生率和死亡率最高的伤害分别是骨折和颅脑伤。

3. 国际上常用的多色灾害伤员分类卡系统包括红色标记、黄色标记、绿色标记、黑色标记四种颜色标记。

4. 地震发生后的营救原则：先救近后救远、先易后难、先救轻伤员和青壮年、医务人员、先救“生”后救“人”。

5. 对地震后救出的出血、骨折伤员应采取适当的方法止血、包扎、固定，待其生命体征稳定后再进行有计划的医疗转送。

6. 地震后，要从水、食物、环境方面做好防疫工作。

7. 对于脊柱、胸部和腰部骨折的伤员，采用 4 人搬运法，用硬质担架进行转运，以避免截瘫。

8. 可用漂白粉等卤素制剂消毒饮用水。按水的污染程度，每升水加 1~3 毫克氯，15~30 分钟后即可饮用。

三、判断题

1~5：✓ ✕ ✕ ✕ ✕　　6~8：✕ ✓ ✓

四、案例分析

1. 在已经逃到操场和在教室内未逃出的人员在山体滑坡、楼房坍塌的时，应指导他们如何进行自我保护？

答：对于已经逃到操场的人员，应该在空旷的能避开大树等可能倒下造成压伤的物体的地方蹲下或趴下，并用柔软的物品或者手护住头颈。

对于未能成功逃到户外的人员，在靠近讲台、课桌、承重墙等结实的物体旁边，可以构成安全的三角区域躺下，然后蜷缩起来，头尽量向胸部靠拢，用手或靠垫等保护住头部和颈部。

2. 被滚石埋压后如何进行自救？

答：(1)保持强烈的求生欲望，保持坚定的信念和坚强的意志。

(2)用湿手巾、衣物等将口鼻和头部捂住，避免灰尘呛闷而引起窒息及意外事故。要多活动手和脚，尽量去除堆积在头部周围和压在身上的杂物，以扩大安全活动的空间，保证有足够的空气吸入。但是要千万注意，搬动杂物时切不可勉强，防止造成进一步坍塌。

(3)注意寻找生存通道，仔细观察周围环境，设法爬出去。在确实无法爬出去时，不要大声呼喊，否则可能因此消耗体力而失去被救援的机会。

(4)注意寻找食物和水，在暂时找不到生存通道，救援人员也未及时到达时，主要寻找水和食物以维持身体基本所需，等待被救援的机会。关键情况下尿液也可以作为水的来源。

(5)合理发出求救信号。仔细倾听，当听到外面有救援人员在呼叫时，可以敲击墙壁等发出声音，向外界传出求救信号。

3. 救援队员到达现场后，如何进行科学施救以减少对周边被埋压人员的伤害？

答：(1)保护被埋压者生命部位：情况紧急需要救的人多时，可先扒开被埋压者头部和胸部的埋压物，不影响其生命安全后，再逐个扒出全身。

(2)合理使用工具：可以充分利用铲、铁杠等较轻便的工具和毛巾、被单、衬衣、木板等较方便的器材；尽量不用硬质工具，最好用手扒。

(3)挖掘时要周全考虑挖掘的位置，要分清支撑物和阻挡物，应保护支撑物，清除阻挡物，扒出的各种压埋物不要乱扔，以免使其他被压埋人员受损伤。遇有较大物体搬不动时，可用木棍撬或从侧面薄弱部位打洞。

第四章　火灾逃生与施救

一、名词解释

火灾：是指失去控制的火，在其蔓延发展过程中给人类生命财产造成损失的一种灾害性的燃烧现象。它可以是天灾，也可以是人祸；它既是自然现象，又是社会现象。火灾是发生频率最高的灾害。

二、判断题

1~5：× × × × ✓　　6~8：✓ ✓ ×

三、单项选择题

1~6：C D B B C A

四、多项选择题

1. ABC　　2. ABCDE　　3. ADE　　4. ABCDE

五、案例分析

若你在一栋高层写字楼里工作，某日这栋写字楼里突然发生了火灾，1. 你应当怎么办？2. 如果你发现起火点在你要下去的那一层又怎么办？

答：1. 首先迅速找到消防通道，向楼下跑(切记不能坐电梯)，如果已经有烟在蔓延，应当放低体位迅速移动，同时用湿毛巾折叠捂住口鼻。如果知道楼顶没有堵上，你的楼层又离楼顶近，则可以向楼上移动。

2. 首先不要向楼下跑，因为火场中心温度最高可达1 000度以上，有去无回，也不要在临近楼层停留，那里温度也在几百度左右。应当迅速转身上到较高层后找一个合适的房间，房间最好靠近主干道、有窗户。进入房间后，关闭房门，打开窗户。如果窗户上有玻璃，敲碎玻璃。如果是在白天，应当寻找色彩亮丽的衣服或者布条，从窗户里向外大幅度晃动，引人注意；如果是在晚上，应当使用手电筒引人注意。同时，利用窗帘、衣服等自制简易救生绳，用水打湿，一端紧拴在窗框、暖气管、铁栏杆等牢固物上，用毛巾等保护手心，再顺着绳索下滑，从窗台或阳台沿绳缓降到下面楼层或地面，安全逃生。

第五章　户外探险生存训练及事故救援

一、判断题

1~5：× ✓ × × ×　　6~10：✓ ✓ × × ✓

二、填空题

1. 有毒蛇的头型一般呈三角形，无毒蛇的头型一般呈椭圆形；有毒蛇的颜色比较鲜艳，有斑纹，无毒蛇的颜色较暗，斑纹不明显。

2. 国际通用的英文求救信号为SOS。

三、论述题

1. 简述在野外宿营时，选择营地应注意的问题和原则。

露营地点选择的要点：首先应考虑水源和燃料，同时还要考虑防避风雨和蚊虫。另外，还要注意防避雪崩、滚石以及突如其来的山洪和涨水等。

简单来讲，露营选址应注意以下几点：近水、背风、远崖、近村、背阴、避兽、防雷。

近水：扎营休息必须选择靠近水源地，如选择靠近溪流、湖潭、河流边。但也不能将营地扎在河滩上或在溪流边，一旦下暴雨或上游水库放水、山洪暴发等，就有生命危险。尤其在雨季及山洪多发区。

背风：在野外扎营应当考虑背风问题，尤其是在一些山谷、河滩上，要选择一处背风的地方扎营。要注意帐篷的朝向不要迎着风向。背风不仅是考虑露营，更适用于用火。

远崖：扎营时不能将营地扎在悬崖下面，因为一旦山上刮大风，有可能将石头等物刮下，造成危险。

近村：营地靠近村庄有什么急事可以向村民求救，在没有柴火、蔬菜、粮食等情况下就更加重要。近村也有近路，方便部队行动和转移。

背阴：如果是一个需要居住两天以上的营地，在好天气的情况下应该选择一处背阴的地方扎营，如在大树下面及山的背面，最好是朝照太阳，而不是夕照太阳。这样如果在白天休息，帐篷里就不会太闷太热。

防兽：建营地时要仔细观察营地周围是否有野兽的足迹、粪便和巢穴，不要建在多蛇多鼠地带，以防蛇鼠伤人或损坏装备设施。要有驱蚊虫药品和防护措施，在营地周围遍撒些草木灰，会非常有效地防止蛇、蝎、毒虫的侵扰。

防雷：在雨季和多雷电区，营地绝不能扎在高地上、高树下或比较孤立的平地上，因为那样会很容易招致雷击。

2. 在野外搭建帐篷时应注意哪些问题?

(1)选择好宿营地，选择方向，帐篷的门千万不要对着风吹来的方向。

(2)要清理地面，把地上所有尖锐的小石子、树棍、草梗、小树根清除掉，避免扎破及磨坏帐篷，甚至扎到你。

(3)地钉一定要打好，把外帐固定好，如果有风一定要拉好防风绳。

(4)注意帐篷之间的距离不要离得过近。

(5)如遇雨天，帐篷的附近要挖排水沟。

3. 简述在野外干旱缺水的情况下科学饮水的方法。

在饮用水紧缺的情况下，科学合理的饮水方法是：少喝，勤喝；喝水时，一次只喝一两口，将水在口中充分湿润口腔各部位后再慢慢咽下，止渴即止。如果因为一时口渴而狂饮，喝个够，那么身体会将吸收后多余的水排泄掉，造成水的白白浪费。如果在喝水时，一次只喝一两口，然后含在口中再慢慢咽下，过一会儿感觉到口渴时再喝一口，慢慢地咽下，这样重复饮水，既可使身体将喝下的水充分吸收，又可解决口舌咽喉的干燥。一标准水壶(9~11 升)的水量，运用正确的饮水方法，可使一个单兵在运动中坚持6~8 小时，甚至更长些。

若身处沙漠戈壁等高温干热环境，每一个小时，人体通过呼吸和排汗损失 1 升宝贵的水分，如果不及时补充，12 小时内人就会倒下，24 小时内人就会死亡。在这种情况下，可以在嘴里含上一点水，然后用鼻子呼吸，口中的水可以让吸进的空气潮湿，让体内水分流失降到最低，有效地防止快速脱水。

4. 野外在没有指北针的情况下，辨别方向的方法有哪些？试举三种以上的方法。

太阳：太阳是我们白天寻找方向的最好参照物。除了太阳本身代表方向外，在地上垂直竖立一根木棍，把其尖端在地面的太阳光阴影标出，15 分钟后，再标记一次木棍尖端阴影，这两点之间的连线就是东西方向。

北极星(在北半球)：夜晚借助明亮北极星是最好的寻找方向的方法。大熊星座，主要亮星有七颈，在北天空排列成“斗”形，又像一把有柄的勺子，我国俗称北斗，是北半球夜间判定方位的主要依据。大熊星座 α、β(即北斗斗魁末端的北斗一、二)两星，叫指极星，将两星的连线沿 β 星至 α 星的方向延长，约在两星间隔约五倍处，有一颗较明亮的星，那就是北极星。

周边环境和植物：在北半球绝大部分地区，山麓南边的植被要比北边的茂盛，同一棵大树的树冠也是南面的较大，北面的较小；山坡上的积雪是向阳的一面先融化，背阴的一面后融化。苔藓喜欢阴湿，所以一般长在山坡背面，大树的北面。独株树的阳面(即朝南方向)枝叶茂盛，而阴面(即朝北方向)枝叶较稀疏。桃树、松树分泌胶脂多在南面。树墩的年轮，朝南的一半较疏，而朝北的一半较密。蚂蚁的洞穴多在大树的南面，而且洞口朝南。一些自然村落一般都是集中在山的南侧，而且大门多数是朝南开的。一般古庙、古塔、祠堂等建筑物都是坐北朝南的。

手表：如果手表带指北针的话，事情就简单了。只要将手表放平，将时针指向太阳，时针与表盘 12 点位置所形成的夹角，其角平分线所指的方向就是正南方。不过这种方法只是在北回归线以北才是精确的。其次，时间必须与当地的时区相吻合。

5. 野外求救信号的使用方法有哪些？试举三种以上的方法。

(1)烟、火信号：

燃放三堆烟、火是国际通行的求救信号。将火堆摆成三角形，间隔相同最为理想，可方便点燃。在白天，烟雾是良好的定位器，所以火堆要添加胶片、青树叶等散发烟雾的材料，浓烟升空后与周围环境形成强烈对比，易被人注意。在夜间或深绿色的丛林中亮色浓烟十分醒目。添加绿草、树叶、苔藓和蕨类植物都会产生浓烟。黑色烟雾在雪地或沙漠中最醒目，橡胶和汽油可产生黑烟。信号火种不可能整天燃烧，但应随时准备妥当，使燃料保持干燥、易于燃烧，一旦有任何飞机路过，就尽快点燃求助。白桦树皮是十分理想的燃料。为了尽快点火，可以利用汽油，但不可直接倾倒于燃料上。要用一些布料做灯芯带，在汽油中浸泡，然后放在燃料堆上，并将汽油罐移至安全地点后才能点燃。切记在周围准备一些青绿的树皮、油料或橡胶，以放出浓烟。此外，在大片的森林中，应该注意在点火前做好挖防火沟等准备工作，以防森林大火的发生。

(2)地对空信号：

寻找一大片开阔地，设置易被空中救援人员观察发现的信号，信号的规格以每个长 10 米、宽 3 米，各信号之间间隔 3 米为宜。“I”——有伤势严重的病人需立即转移或需要医生；“F”——需要食物和饮用水；“II”——需要药品；“LL”——一切都好；“X”——不能行动；“→”——按这一路线运动。

(3)其他信号：

①光信号。利用阳光和一个反射镜或玻璃、金属铂片等任何明亮的材料即可反射出信号光。持续的反射将产生长线和圆点，这是莫尔斯代码的一种；②旗语信号。左右挥动表示需救援，要求先向左长划，再向右短划。

(4)声音信号：

①喊叫；②“SOS”发音法，三短三长；③利用工具：为了增加声音效果，可用报纸、树皮等可以卷起来的材料卷个喇叭，呼喊起来不仅省力还能增加传音效果；④顺风呼喊。

第六章　溺水事故及紧急救援技巧

一、单项选择题

1~5：DDCBC　　6~10：ACACA　　11~15：DDCDA　　16. C

二、多项选择题

1. ABC　2. ACD　3. ABCE　4. ACE　5. ACD

三、填空题

1. 溺水过程十分迅速，常常在4~5分钟内即死亡。

2. 心脏骤停的严重后果以分秒来计算。心脏骤停3~5s，出现黑蒙；5~10s昏厥；12~20s意识丧失；30~60s瞳孔散大。

3. 将溺水者救上岸后要做4件事：立即拨打120请求医疗急救；清除其口、鼻中杂物；控水；心肺复苏。

4. 常用的人工呼吸法有：口对口吹气法、口对鼻吹气法、举臂压胸法和举臂压背法等。

四、名词解释

1. 溺水：又称淹溺，指人淹没在水中，常因失足落水或游泳时发生意外所致。是由于呼吸道被水、污泥、藻类等堵塞，或吸入水分，或因喉头、气管发生反射性痉挛，使呼吸道阻塞而产生的一种窒息现象。

2. 心肺复苏：是针对呼吸、心跳停止的患者所采取的抢救措施，即用心脏按压或其他方法形成暂时的人工循环，恢复心脏自主搏动和血液循环，用人工呼吸代替自主呼吸，达到恢复苏醒和挽救生命的目的。复苏的最终目的是脑功能的恢复。

3. 干性溺水：是指人被淹没以后，因受惊慌、恐惧、骤然寒冷等强烈刺激，引起喉头痉挛、声门闭锁，以致呼吸道完全梗阻，造成窒息。此类淹溺呼吸道很少或无水吸入。

4. 仰头抬颏法：是指救护人员用一手的小鱼际(手掌外侧缘)放置于患者的前额，另一手食指、中指置于其下颏将下颌骨上提，使下颌角与耳垂的连线和地面垂直。

5. 心脏性猝死：是指急性症状发生后1小时内发生的以意识丧失为特征的、由心脏原因引起的自然死亡。

6. 湿性溺水：是指人被淹没以后，本能地引起反射性屏气，避免水进入呼吸道，但由于缺氧，不能坚持屏气而被迫深呼吸，水经过咽喉进入呼吸道和肺泡，阻碍了气体交换。

五、判断题

1~5：✓✕✓✕✓

六、案例分析

1. 简要病史：患儿，男，汉族，10岁，于2013年7月12日在池塘边玩耍时不慎掉入池塘中，7分钟后被救出。当时查体：昏迷，躯体四肢冰冷，面色铁青，唇最明显，口鼻腔内有大量泡沫液，呼吸慢而浅，不规则，心率84次/分，心音弱，双肺布满湿啰音。(1)请问该患儿发生了什么情况？(2)如果你在现场，该如何实施急救？(3)人工呼吸时有哪些注意事项？

答：(1)该患儿发生了溺水现象。

(2)现场急救：

首先，接触病人，判断病情，作出诊断。

①立即到位并判断其意识：拍患者肩部并大声呼喊(喂、喂!)，压眶，判断；

②触摸其大动脉(颈动脉);

③检查：瞳孔、呼吸和皮肤黏膜。

其次，立即畅通气道，倒出胃内积水。

①患者体位摆放(地面，硬板床);

②畅通气道：立即将患者头偏向一侧，同时清除其口鼻内异物，取出义齿等。一手置于患者前额使头后仰(仰额)，另一手食、中指置于下颌骨近下颌处或下颌角处，托起下颌，同时立即清除其口鼻内异物、义齿等。

最后，进行人工呼吸(口对口)。

①用按于前额之手的拇指与食指捏住患者鼻孔，在患者口上垫纱布;

②术者深吸一口气，闭住气;

③对准并紧贴患者口，把患者口部全部包住;

④均匀用力向患者口内吹气，快而深，持续1~2秒，直至患者胸部上抬为止;

⑤一次吹气完毕后，立即脱口，同时松手;

⑥做深呼吸以行下次吹气。

(3)人工呼吸注意事项：

①吹气频率为12次/分;

②除需通畅呼吸道、吹气外，还应注意触摸患者颈动脉，观察其瞳孔;

③吹气时暂停按压胸部，必须在胸部按压松弛时间内完成。

2. 张某，15岁，暑假期间，由于天气炎热，就约上同学一起去长江游泳。虽然市政府有规定不许在长江游泳，且学校老师也三令五申进行了强调，但张同学觉得自己水性很好，应该不会有什么大的意外发生。但结果是，在张同学游泳的过程中，由于江水比较清凉，加之其下水前又没有做好热身活动，游泳不到半小时突然出现腰部肌肉剧烈抽筋，整个人开始下沉。好在伙伴们发现及时，再加上路人的积极救援，终于将张同学救上岸。经过及时对其进行心肺复苏，总算将他抢救过来。请你谈谈，心肺复苏成功的指标有哪些?

答：心肺复苏成功的指征有：①瞳孔：散大的瞳孔开始回缩，对光反射出现；②面色：由紫绀变红润；③心音、大动脉：心音、颈动脉搏动恢复；④呼吸：自主呼吸出现；⑤血压：上肢收缩压≥60mmHg。

第七章　急性化学中毒损伤的应急处理

一、单项选择题

1~4：DBAC

二、判断题

1~5：✓ ✓ ✕ ✓ ✓　　6~8：✕ ✓ ✕

三、问答题

1. 简述急性化学中毒事件具有的特点。

答：(1)事故性与群体性：常因违章操作、管理制度不全、劳动防护措施不力而发生，并且常出现群体中毒，为突发事件。

（2）复杂性与特异性：化学毒物可通过呼吸道、皮肤或化学烧伤创面进入体内，罹及多种器官、系统。如此复杂给治疗造成很大难度，但不同的化学物会影响相对应的靶器官，存在一定的特异性。

（3）剂量—反应关系：一般接触毒物浓度越大，接触时间越长，则中毒越深。

2. 当急性化学中毒事件发生时，循环系统常常会表现出何种反应？

答：（1）心律失常：洋地黄、夹竹桃、蟾蜍等中毒时兴奋迷走神经，拟肾上腺素药、三环类抗抑郁药等中毒时兴奋交感神经，氨茶碱中毒等通过不同机制引起心律失常。

（2）心脏骤停：①心肌毒性作用：见于洋地黄、奎尼丁、锑剂或依米丁（吐根碱）等中毒；②缺氧：见于窒息性气体毒物（如甲烷、丙烷和二氧化碳等）中毒；③严重低钾血症：见于可溶性钡盐、棉酚或排钾利尿药中毒等。

（3）休克：三氧化二砷中毒会引起剧烈呕吐和腹泻；强酸和强碱会引起严重化学灼伤致血浆渗出；严重巴比妥类中毒抑制血管中枢，引起外周血管扩张。以上因素都可通过不同途径引起有效循环血容量相对和绝对减少而发生休克。

3. 简述现场急救医疗救治的原则和具体措施。

答：原则：移离现场→保持呼吸道通畅→清除毒物及冲洗→共性处理→个性处理。

具体措施：

（1）尽快将中毒者救离事故地点，移至空气新鲜处并注意对其保暖。

发生化学品泄漏后，应立即疏散现场的无关人员，隔离毒物污染区。如果是易燃易爆物的大量泄漏，应立即报警，请求消防专业人员救援，并由应急救援指挥机构决定周围居民的疏散范围和疏散方向。环境污染区的确定一般由环保部门根据现场毒物测定情况结合气象条件确定。由公安部门实施隔离和警戒。

（2）保持呼吸道通畅。

将患者迅速搬移到空气新鲜场所，避免其活动和紧张；解开其衣领，卸去其假牙，清除其口腔异物和呼吸道堵塞物，保持其呼吸道畅通，并用简易呼吸器和急救用吸痰器，以利于呼吸道吸入的毒物自呼吸道排出；密切观察患者呼吸、脉搏、血压、体温等生命体征及意识、瞳孔变化；对吸入刺激性气体者，不论当时有无症状，都应安排安静休息，密切观察一个阶段（48~72h），防迟发性肺水肿发生。

（3）清除毒物。

当化学物污染衣服、皮肤时，应尽早脱去患者被污染的衣服，用流动清水及时冲洗被污染的皮肤，对于可能引起化学性烧伤或能经皮肤吸收的毒物更要充分冲洗，特别是皮肤皱褶、毛发处，冲洗20~30分钟，并根据情况考虑选择适当中和剂进行中和处理，如有毒物溅入眼睛或引起眼睛灼伤时要优先迅速冲洗。

当发生口服毒物的情况时，如摄入毒物者清醒，可于现场以手指、压舌板、羽毛、绵棒、卷纸或其他钝物刺激其软腭、咽后壁及舌根部催吐；也可先服牛奶或蛋清加水混合液200mL，然后加以催吐，但口服腐蚀剂或惊厥、昏迷休克者禁用。此法简单易行，在任何场合均可进行，引起呕吐较快，食物和毒物大颗粒可顺利排出，是最常用的方法，但胃排空不够彻底，受方法本身或患者配合程度的影响，效果的差别较大。

当发生伤口染毒时，为阻止毒素、毒物由伤口或随静脉进入全身，应迅速在伤口近心端用软布条、橡皮带等绑扎，其松紧程度以阻止静脉血回流为度，其后每间隔15~30min放松1min，防止组织坏死。限制患者活动。局部可用等渗盐水清洗伤口并冷敷。随后送医院再做进一步处理。

(4)危重的中毒者必须在现场处理后方可送上级医院，如呼吸困难或停止应立即给氧与人工呼吸，心跳停止的要立即进行胸外心脏按压，并及时通知医院做好抢救准备工作，送医院途中需安排有经验的医护人员陪同。

(5)当明确是什么化合物中毒时，应立即用特殊的排毒剂与特效解毒剂。

(6)抢救人员必须同时迅速控制中毒化学物的来源，防止再中毒。

(7)在急救的同时加强护理与卫生宣传，防止医源性疾病。

(8)救护者要做好自身防护，如佩戴有效的过滤式防毒面具与供氧面具、系好安全带等。

对存有窒息性、刺激性气体的现场应先通风，降低有毒气体的浓度；但施救者应戴防毒面具，系安全带，再进入现场施救，以防止更多的人中毒。

第八章　暴雨后的生活自救常识

一、单项选择题

1~5：CBDCD

二、填空题

1. 当意外坠井且一坠到底时，首先应往上游方向走，找到最近的井筒爬上去打开井盖。当水流较急时，坠井者可能会被管道内的水直接冲走，这时应留意每隔约40米出现的井室，尽量抓住井室与管道的转弯处。

2. 当遭遇电线意外落地且来不及避开时，应当立即单脚着地，使身体尽量保持平衡，不要跌倒，丢掉手中携带物品，蹦跳着朝安全地带前进。

3. 洪水过后在被迫涉水前，双腿部应涂上防水油膏，尤其是趾间。

4. 洪水过后在被迫趟水后，要及时用肥皂水清洗擦干腿脚，或者用适量医用酒精擦洗消毒，以免病菌滋生。

5. 洪涝期间饮水也需特别注意，尽可能喝以下三种水：经过烧开的水、包装完整的瓶装水或饮料、桶装水。

6. 洪涝期间饮水时，在紧急情况下，应通过视、嗅、尝来判断水质好坏。

7. 洪涝期间使用的餐、饮具应及时消毒，首选煮沸消毒，煮沸时间应在15min以上。

8. 10千伏电缆线落地，在它周围8米以内，是比较危险的。

9. 洪涝灾害过后，容易发生的疾病有肠道传染病、人畜共患疾病和自然疫源性疾病、皮肤病、意外伤害、食物中毒和农药中毒。

10. 受到洪水威胁时，如果时间充裕，应按照预定路线，有组织地向山坡、高地等处转移。

三、名词解释

1. 洪涝灾害：包括洪水灾害和雨涝灾害两类，其中由强降雨、堤坝溃决等引起江河湖泊及沿海水量增加、水位上涨而泛滥、山洪暴发所造成的灾害称为洪水灾害；由大雨、暴雨或长期降雨量过于集中而产生大量积水和径流，排水不及时，导致土地、房屋等渍水、受淹而造成的灾害称为雨涝灾害。

2. 消毒和灭菌：消毒是指杀死病原微生物，但不一定能杀死细菌芽孢的方法，可防止病原体的播散，所用的消毒用品称为消毒剂；灭菌是指用理化方法杀灭或去除物体上所有微生物，包括抵抗力极强的细菌芽孢，常用的灭菌方法有干热灭菌、湿热灭菌、过滤除菌和射线灭菌等。

3. 防疫：防止、控制、消灭传染病措施的统称，分经常性和疫情后两种，包括接种、检疫、普查和管理传染源、传播途径、易感人群。

四、案例分析

1. 2016 年 7 月 19 日至 22 日，受强降雨和上游来水影响，湖北省某市境内多条河流水位上涨漫溢，城区大面积被淹，多数村庄遭洪水围困，给该市造成巨大损失。据初步统计，该市受灾人口达 68 万，受灾面积达 2 万公顷，交通、电力、通信基本中断。该市市委市政府迅速部署抢险救灾工作，全力组织公安、交警、特警、民政、海事、卫生等部门组成救灾应急分队赴各地紧急转移民众。从 20 日至 22 日 16 时，已转移受灾民众 64 937人。

(1) 洪水来临时，救生物品有哪些？

答：①挑选体积较大的容器，如油桶、储水桶等，迅速倒出原有液体后，重新将盖盖紧、密封。

②空的饮料瓶、木酒桶或塑料桶都具有一定的漂浮力，可以捆扎在一起应急。

③足球、篮球、排球的浮力都很好。

④树木、桌椅板凳、箱柜等木质家具都有漂浮力。

(2) 遭遇洪水时应如何自救逃生？

①在受到洪水威胁时，如果时间充裕，应按照预定路线，有组织地向山坡、高地等处转移；在措手不及、已经受到洪水包围的情况下，要尽可能利用船只、木排、门板、木床等，做水上转移。

②当洪水来得太快、已经来不及转移时，要立即爬上屋顶、楼房高屋、大树、高墙，做暂时避险，等待援救，不要单独游水转移。

③在山区，如果连降大雨，容易爆发山洪。遇到这种情况，应该注意避免渡河，以防止被山洪冲走，还要注意防止山体滑坡、滚石、泥石流的伤害。

④在城市，如果连降大雨，应当注意防止城市内涝所造成的车库等低洼地带渍水。行人行走或车辆出行时，应避开危墙、危险区域，注意人身、车辆安全。

⑤发现高压线铁塔倾倒、电线低垂或断折，要远离避险，不可触摸或接近，防止触电。

⑥洪水过后，不要轻易涉水过河，不要徒步通过水流很快、水深已过膝盖的小溪。逃生时不要沿着行洪道的方向跑，而要向两侧快速躲避。

⑦洪水过后，要服用预防流行病的药物，做好卫生防疫工作，避免发生传染病。

2. 2015 年 11 月 8 日下午 1 时许，在福建省长乐市松下镇某汽车维修店附近，一名不满两周岁的男童在与伙伴玩耍时，不慎坠入路边一处无盖窨井中，被井中的污水冲走。事发后，男童父亲在沿路搜寻了十几个窨井后，最终在距离事发地点约三千米外的一处窨井中找到男童，可惜男童已不幸身亡。

2016年6月10日清晨6点多，宁波奉化北街一个水井里，一女子坠井身亡，令附近群众惋惜不已。

那么，如果发生意外坠井，应该如何自救呢？

答：①行人若不慎坠入雨水井中，千万不能慌张，不要乱动，以节省体力。

②屏住气，保持镇定，用手触摸井壁，找找有可没有供攀爬的扶手。

③如果一坠到底，则首先应往上游方向走，找到最近的井筒，顺着爬梯爬上去打开井盖。如果打不开井盖，可大声呼救，手机还能用的就立即打电话报警。

④若该井位置较偏，人烟稀少无人救援，可继续沿管壁、渠壁往上游走。

⑤当水流较急时，坠井者可能会被管道内的水直接冲走，这种情况下应留意每隔约40米出现的井室，尽量抓住井室与管道的转弯处。

⑥总之，坠井者要避免往下游走或长时间待在管道最下方，因为大量有害气体都聚集在这一区域，人吸入过多会导致昏迷。

第九章　新型冠状病毒引起的肺炎的防控

一、单项选择题

1~4：DDBA

二、填空题

1. 新冠肺炎的主要传染源为：新型冠状病毒感染的患者和无症状感染者。

2. 口罩的正确戴法是：鼻夹朝上，深色面朝外。

三、判断题

1~4：× × ✓ ×

四、论述题

试述新冠肺炎疫情期间，居家隔离医学观察人员感染防控措施。

(1)居家隔离医学观察人员可以选择家庭中通风较好的房间隔离，多开窗通风；保持房门随时关闭，在打开与其他家庭成员或室友相通的房门时先开窗通风。

(2)在隔离房间活动可以不戴口罩，离开隔离房间时先戴外科口罩。佩戴新外科口罩前后和处理用过的口罩后，应当及时洗手。

(3)必须离开隔离房间时，先戴好外科口罩，洗手或手消毒后再出门。不随意离开隔离房间。

(4)尽可能减少与其他家庭成员接触，必须接触时保持1米以上距离，尽量处于下风向。

(5)生活用品与其他家庭成员或室友分开，避免交叉污染。

(6)避免使用中央空调。

(7)保持充足的休息时间和充足的营养。最好限制在隔离房间进食、饮水。尽量不要共用卫生间，必须共用时须分时段，用后通风并用酒精等消毒剂消毒身体接触过的物体表面。

(8)讲究咳嗽礼仪，咳嗽时用纸巾遮盖口鼻，不随地吐痰，用过的纸巾及口罩丢入专门的带盖垃圾桶内。

(9)用过的物品及时清洁消毒。

(10)按居家隔离医学观察的要求，每日上午下午测量体温，自觉发热时随时测量并记录。出现发热、咳嗽、气促等急性呼吸道症状时，及时联系隔离点观察人员。

参考文献

[1]张玉贤．灾害来临怎么办？地震避险自救[M]．北京：中国质检出版社，2013.
[2]王恩福，王宝森．地震灾害紧急救援手册[M]．北京：地震出版社，2011.
[3]肖和平，于萍．地震与防震减灾知识 200 问答[M]．北京：地震出版社，2011.
[4]胡允棒．地震与建筑抗震知识问答[M]．北京：建筑工业出版社，2011.
[5]郑静晨，侯世科，樊毫军．灾害救援医学[M]．北京：科学出版社，2008.
[6]苏琼，刘志远，张天峰．灾害应急医疗救援特点分析[J]．健康世界，2015(5)：2.
[7]陈玉广，刘立夫．突发事故应急救护[M]．北京：中国人民公安大学出版社，2009.
[8]孙邵玉．火灾防范与火场逃生概论[M]．北京：中国人民公安大学出版社，2001.
[9]李楠．火灾、地震、泥石流安全自救常识[M]．长春：吉林摄影出版社，2011.
[10]王一镗，刘中民．灾难医学[M]．南京：江苏大学出版社，2009.
[11]国家减灾委员会办公室．避灾自救手册：火灾[M]．北京：中国社会出版社，2005.
[12]谢树俊，马玉河，徐桦，等．高楼失火自救[M]．天津：天津科学技术出版社，2010.
[13]杨玲，孔庆红．火灾安全科学与消防[M]．北京：化学工业出版社，2011.
[14]刘传胜．试分析野外饮用水的净化和消毒要点[J]．环境与生活，2014，14：115.
[15]韩力喆，王振．持续攀登，山地宿营地设计[J]．城市环境设计，2013，z1：232-233.
[16]刘纯．户外探险旅游存在的问题及应对措施[J]．产业与科技论坛，2009，06：42-43.
[17]周丽丽．蛇咬伤急救及护理[J]．现代医药卫生，2014，16：2554-2560.
[18]温新华．常用外伤的包扎方法[J]．现代职业安全，2010，06：108-111.
[19]武星户．雷击不是报应，科学可助逃生[J]．健康世界，2000(11)：26.
[20]陈颙，史培军．自然灾害[M]．北京：北京师范大学出版社，2007.
[21]郑静晨，侯世科，樊毫军，等．灾害救援医学手册[M]．北京：科学出版社，2009.
[22]李爽，桂莉．水中复苏的研究进展[J]．解放军护理杂志，2016，33(9)：54-57.
[23]冯庚．涉水安全与紧急救援——淹溺知识介绍(上)[J]．中国全科医学，2013，16(27)：3276-3278.
[24]冯庚．涉水安全与紧急救援——淹溺知识介绍(下)[J]．中国全科医学，2013，16(30)：3640-3642.
[25]冯庚．涉水安全与紧急救援——落水者的自救与求生[J]．中国全科医学，2013，16(33)：4008-4009.

[26]冯庚．涉水安全与紧急救援——上岸后的现场急救[J]．中国全科医学，2014，17(6)：726-728.

[27]葛均波，徐永健．内科学[M]．北京：人民卫生出版社，2013.

[28]2015美国心脏协会心肺复苏和心血管急救指南更新[J]．中国全科医学，2015(32)：3909.

[29]楼滨城，朱继红．2015美国心脏协会心肺复苏与心血管急救指南更新解读[J]．临床误诊误治，2016，29(1)：69-74.

[30]Bhanji F，Donoghue A J，Wolff M S，et al. Part 14：Education：2015 American Heart Association Guidelines Update for Cardiopulmonary Resuscitation and Emergency Cardiovascular Care[J]．Circulation，2015，132(18Suppl 2)：s561-s573.

[31]王永进．百草枯中毒治疗的研究进展[J]．中国急救医学，2003，06：49-51.

[32]王利春，王景林．相思豆毒素研究及应用[J]．生物技术通讯，2004，02：186-188.

[33]百度百科．一氧化碳中毒迟发性脑病．http://baike.baidu.com/item/一氧化碳中毒迟发性脑病/8289109？fr=aladdin.

[34]黄关麟．硫化氢中毒的诊断、治疗与预防[J]．中华全科医师杂志，2005，11：9-12.

[35]伦文新．一例氯气中毒治疗体会[J]．临床心身疾病杂志，2016，22(z1)：91.

[36]徐兰萍．光气中毒机制与治疗进展[J]．职业卫生与应急救援，2005，04：183-185.

[37]周通．急性氨中毒事件判定和诊断与治疗原则[J]．安全生产与监督，2015，09：15.

[38]徐志敏．氮氧化物气体中毒11例护理体会[J]．中国冶金工业医学杂志，2015，04：409-410.

[39]张伟玉．急性一甲胺中毒的诊断与治疗[J]．职业卫生与应急救援，1998，02：106-108.

[40]东黎光．有机磷中毒的治疗原则与方法[J]．中国实用乡村医生杂志，2009，16(1)：9-10.

[41]孙承业．急性毒鼠强中毒的诊断与治疗原则[J]．中华预防医学杂志，2005，02：27.

[42]中国红十字总会．灾害救援预防手册[M]．北京：社会科学文献出版社，2010.

[43]罗书练，郑萍．突发灾害应急救援指南[M]．北京：军事医学科学出版社，2012.

[44]暴雨倾城水中如何逃生[J]．中国汽车市场，2012(22)：25.

[45]高爱玲．都市洪水逃生[J]．现代职业安全，2010(6)：117.

[46]常晓．暴雨中的自救模式[J]．人人健康，2016(14)：14-17.

[47]徐辛悦．北京“7·21”暴雨灾害危机预警机制考量[J]．江苏警官学院学报，2013(2)：62-67.

[48]高峰．暴雨来袭如何自救[J]．城市与减灾，2012(5)：37-38.

[49]曾红，谢苗荣．灾害医学救援知识与技术[M]．北京：人民卫生出版社，2017.